高等学校“十二五”实验实训规划教材

金属压力加工实习与实训教程

阳 辉 主 编

任蜀焱 白 利 副主编

北 京

冶金工业出版社

2011

内容提要

本书是金属压力加工车间生产操作人员的实习与实训教材。本书内容共分10章，分别讲述金属压力加工实习与实训安全教育、金属压力加工实习大纲、金属压力加工车间生产工艺流程、热/冷加工车间生产技术操作规程、轧机拆装测绘实训、轧制工艺操作综合实训、轧制产品质量检测综合实训、轧制过程动态模拟与仿真实训及轧钢生产自动化操作平台实训。

本书可作为高等院校与职业院校材料成型及控制工程专业以及相关专业学生工程教育教学用书，也可供金属压力加工车间（轧钢、有色金属压力加工）生产企业职工培训用书。

图书在版编目(CIP)数据

金属压力加工实习与实训教程/阳辉主编.—北京：冶金工业出版社，2011.10

高等学校“十二五”实验实训规划教材

ISBN 978-7-5024-5723-5

Ⅰ.①金… Ⅱ.①阳… Ⅲ.①金属压力加工—高等学校—教材 Ⅳ.①TG3

中国版本图书馆CIP数据核字(2011)第207769号

出 版 人 曹胜利
地　　址 北京北河沿大街嵩祝院北巷39号，邮编100009
电　　话 (010)64027926 电子信箱 yjcbs@cnmip.com.cn
责任编辑 宋 良 王雪涛 美术编辑 李 新 版式设计 孙跃红
责任校对 石 静 责任印制 李玉山
ISBN 978-7-5024-5723-5
北京百善印刷厂印刷；冶金工业出版社发行；各地新华书店经销
2011年10月第1版，2011年10月第1次印刷
787mm×1092mm 1/16；11.5印张；275千字；172页
26.00元

冶金工业出版社投稿电话：(010)64027932 投稿信箱：tougao@cnmip.com.cn
冶金工业出版社发行部 电话：(010)64044283 传真：(010)64027893
冶金书店 地址：北京东四西大街46号(100010) 电话：(010)65289081(兼传真)

前　言

截至2010年，我国开设工科专业的本科高校1003所，占本科高校总数的90%；高等工程教育的本科在校生达到371万人，研究生47万人，因此促进高等教育改革面向社会需求培养人才，对全面提高工程教育人才培养质量，强化工程实践能力具有十分重要的意义。

本书结合金属压力加工车间生产实际，全面介绍车间各工序生产操作基本理论、基本工艺参数与基本工艺操作规程，同时强调安全生产与三级安全教育理念。学生校外实习结合校内丰富多彩的实训，如轧机拆装测绘、轧制工艺操作、轧制产品质量检测、轧制过程动态模拟与仿真及轧钢生产自动化操作平台实训等，力图全面提升学生从事本专业综合实践能力，强化工程教育与培养。

作为高等学校实践类教材，本书旨在全面推进高等教育教学质量与教学改革工程的实施，全面反映教学改革的成果，尽早实现教材建设和教学资源的统合，以满足不断深化的教学改革的需要。

本书主要作为高等院校与职业院校材料成型及控制工程专业以及相关专业学生教学用书，在编写上力求与工程实际相结合，具有可操作性与实用性。本书也可作为轧钢生产及有色金属压力加工企业职工培训参考用书。

本书由阳辉任主编，任蜀焱、白利任副主编。全书由重庆科技学院阳辉（第2~5章）、任蜀焱（第6~8章）、耿迅（第1章）、许文林（第9章）及陈永利（第10章）编写；同时，重钢股份公司中厚板厂白利参编第4章，山东华宝钢管有限公司郭建峰参编第5章，鞍钢股份有限公司李道刚参编第7章，攀钢集团有限公司宋建国参编第8章。阳辉负责全书的统稿与整理。

本书在内容的组织安排上立足于基本概念清晰，重点突出，面向生产实际，服务实践。

在本书的编写过程中编者参考了有关企业生产技术操作规程，在此，对提供相关文献资料的作者一并表示衷心的感谢！

由于水平有限，书中不妥之处，敬请广大读者批评指正！

编　者

2011年6月

目　录

1 金属压力加工实习与实训安全教育

1.1 金属压力加工车间安全生产特点

1.1.1 冶金行业概况

冶金行业包括钢铁冶金和有色金属冶金两大领域，是国民经济的支柱产业。工业、农业、国防、交通运输，乃至人们的许多日常生活用品都离不开金属材料。金属产量往往是衡量一个国家工业化水平和生产能力的重要标志。

冶金企业作为金属材料的生产单位，它的生产过程同其他行业相比，具有环节多、工序多、工艺复杂的特点。现代钢铁生产过程是将铁矿石在高炉内冶炼成生铁，用铁水炼成钢，再将钢水铸成钢锭或连铸坯，经轧制等塑性变形方法加工成各种用途的钢材。具有上述全过程生产设备的企业，称为钢铁联合企业。

一个现代化的钢铁联合企业，一般由以下生产环节组成：原料生产与处理、炼铁、炼钢、轧钢、能源供应、交通运输等，是一个复杂而庞大的生产体系。此外，在钢铁联合企业中还设有耐火材料厂、备品备件制造加工厂以及设备维修等辅助厂，燃气、氧气、热力、供水与供电等动力厂，行政业务管理部门、研究机构、检验中心与后勤福利等部门。企业规模越大，联合生产的程度越高，企业内部的单位就越多，单位之间的分工就越细。从安全生产的角度来看，这一特点反映了冶金企业安全生产的复杂性和艰巨性。因为冶金工业生产过程中的原料、半成品、产品及废渣等不仅面广量大，且既重又硬，其中的一部分又是在高温状态下周转，稍有不慎，便会对人体造成伤害。因而安全生产是冶金企业保持正常生产秩序的重要前提。

冶金企业的生产过程既有连续的，又有间断的。例如，高炉生产不能停顿，炼钢炉在冶炼过程中不能中途停止，钢材在轧制过程中也不允许中断。但是，间断生产的，如高炉铁水送往炼钢厂炼钢，就是一个间断的过程。钢水必须浇注成钢锭或连铸坯，才能送到轧钢厂轧制加工（热装钢锭除外），中间也有冷却过程。在轧制过程中，钢材从一个机架转移到另一个机架，等等。如何把这些间隙时间减小到最低程度，是冶金企业提高生产效率的重要途径。而主体设备生产的快速化，又会带动各种辅助工件和检测手段的快速化。这就表明冶金工业生产过程是连续与不连续的结合，而以连续化、快速化为发展目标，使劳动对象在整个生产过程中处于运动状态，使冶金产品生产过程具有节奏快、连续性强的特点。从安全生产的角度来看，这个特点决定了冶金企业安全管理适应市场变革的艰巨性。一个企业生产效率的高低和经济效益的好坏，除了取决于技术装备水平外，还取决于管理水平。而安全管理作为企业管理的一个重要组成部分，规章制度、条例、规程的科学性和执行制度的严肃性，是和企业的生产息息相关的。

冶金企业属于“资源密集型”企业，即它需要庞大且种类繁多的生产设备。冶金生产过程有的是以化学反应为主，有的则以物理变形为主；其物质手段有的以机电设备为主，有的则以容器和场地设备为主。技术越先进，各类设备在固定资产中所占的比例就越高。例如，一个年产300万吨钢的热轧厂，其设备总质量就有55000多吨，电动机总容量约为17万千瓦。由此可见，冶金生产过程具有设备大型化、机械化程度高的特点。从安全生产的角度来看，这一特点要求冶金工业的安全技术必须相应具备多样性，它不仅需要各种安全装置和防护设施，而且必须使其始终保持有效和可靠，为保障操作人员的人身安全创造物质条件。

冶金企业的作业方式综合性强，其主要作业和关键工序都不是单体操作能独立完成的，而是必须由人数不等的群体密切配合，对一定的劳动对象进行连续作业。这一特点决定冶金企业的作业人员都应在事事有章可循的前提下，做到人人有章必循，违反规程、违章操作都将造成伤及自身或他人的严重后果。据有关部门统计，冶金企业中因操作不当而发生的人身事故中，危及他人的比例，在死亡事故中占1/3左右，在重伤事故中占40%以上。可见，冶金工人自觉提高安全责任感，坚持安全操作是十分重要的。

1.1.2 金属压力加工车间安全生产的特点

轧钢是金属压力加工车间的主要工序。轧钢是将炼钢厂生产的连铸钢坯轧制成钢材的生产过程。热轧生产过程主要包括加热、除鳞、粗轧、精轧、控冷、剪（锯）切、矫直与包装等多个环节，具有企业规模大、工艺流程长、配套专业多、设备大型化、操作复杂与连续作业等特点。

随着轧钢企业规模扩大，产品拓深，设备的更新换代，自动化技术的日臻成熟，使得其安全化程度不断提高。轧钢生产规模大、工序连续化、产量高、自动化程度高、能耗大、上下工序联系紧密。因此，在追求效益的同时，要对新材料、新工艺、新技术的安全特性提高认识，才能最大限度地减少生产事故的发生。

金属压力加工车间主要安全危险的特点如下：

(1) 各种工业气体使用量大，危险性较大。轧钢车间大量使用煤气做燃料，煤气的输送管网和设备复杂，对主体生产系统影响大，一旦失控，立即影响到主体生产系统；煤气还极易造成中毒窒息、爆炸事故，导致人员大量伤亡。氧气是冶金工业重要的氧化剂，用量大，也极易发生爆炸事故。

(2) 大量使用起重机械、压力容器和压力管道等特种设备，危险性大。起重机械负荷大，吊运高温物体，作业环境恶劣，一旦发生事故，后果十分严重。另外，其运行线路长，监测、维护困难。

(3) 生产设备大型化、机械化、自动化程度高，高温作业、煤气作业岗位多。作业时经常涉及高空、高温、高速运动机械、易燃易爆、有毒气体泄漏、腐蚀等危险状况，作业空间狭窄，立体交叉作业，容易发生中毒窒息、火灾爆炸、灼伤、高处坠落、触电、起重伤害和机械伤害等事故。

(4) 主体生产对辅助系统的依赖程度高，一旦出现紧急状况，处置不当极易引发重特大事故。

(5) 粉尘、噪声、高温、有毒有害物质等危害严重，治理困难。在一些老企业，职业病患病人数超过了死亡人数。随着自动化水平的不断提高，单调作业引起人体疲劳等问题，隐形危害越来越大。

（6）高压管道多，事故隐患大。轧钢厂有很多高压管道，包括煤气、高压水、液压油等管道，有的压力超过20MPa，一旦管道破损，高压介质极易引发事故，造成人员伤亡。

（7）轧制速度快，容易发生飞钢事故。高速线材轧制过程中，速度超过120m/s，一旦咬入出现问题，极易飞钢。

1.2　安全生产的目的与意义

1.2.1　安全生产的目的

安全生产的目的就是通过采取安全技术、安全培训和安全管理等手段，防止和减少生产事故的安全，从而保障人民群众生命安全、保护国家财产不受损失，促进社会经济持续健康发展。

安全生产的目的具体包括以下几个方面：

（1）积极开展控制工伤的活动，减少或消灭工伤事故，保障劳动者安全地进行生产建设。

（2）积极开展控制职业中毒和职业病的活动，防止职业中毒和职业病的发生，保障劳动者的身体健康。

（3）搞好劳逸结合，保障劳动者有适当的休息时间，经常保持充沛的精力，更好地进行经济建设。

（4）针对妇女和未成年工的特点，对他们进行特殊保护，使其在经济建设中发挥更大的作用。

1.2.2　安全生产的意义

（1）安全为了自己。一旦发生工伤事故，不但给自己身体造成伤害，还会带来精神上的巨大痛苦。生产和健康是人民最根本的需求，保护职工的生命安全和身体健康，是贯彻落实“以人为本”思想的重要体现，是保护人民群众根本利益的重要表现，是安全生产的首要任务。

（2）安全为了家庭。我们都有一个美满幸福的家，每天上班，家里的亲人总是盼望我们能高高兴兴上班去，平平安安回家来，一旦上班违章作业、冒险蛮干，结果是导致自己受到伤害，也造成家庭的悲剧。

（3）安全为了企业。伤亡事故不仅给自己和家庭带来不幸，也给企业造成巨大的损失。伤亡事故不仅造成医疗、事故调查处理、抚恤等经济损失，还影响生产的正常秩序，而且在社会上造成极坏的影响，严重者甚至造成企业停产、破产。

（4）安全为了国家。近年来我国工矿商贸企业每年因工死亡1万多人，直接经济损失两三亿元，间接经济损失更是不可计数。工伤事故除造成了重大人员伤亡，给国家造成巨大的经济损失外，还造成了社会不稳定，影响我国的国际声誉。因此，党和国家历来十分重视安全生产工作，重视保护国家财产和人民群众的生命安全。党的十七大报告明确指出：“坚持安全发展，强化安全生产管理和监督，有效遏制重特大安全事故。”

1.3 安全教育的必要性和重要性

1.3.1 安全是生命的保障

人最重要的是什么？金钱？爱情？……不，是生命！

生命于人，只有一次，生命弥足珍贵，生命如花般美好，火般灿烂，生命是一首黄钟大吕的音乐，生命是一条奔腾驰骋的长河，生命是大千世界，是所有的奇迹和辉煌，生命是根基，生命是源泉，生命是一切的一切。

生命对于每个人都只有一次，唯一的一次，它是神圣不容亵渎，它不会重新来过。因而我们没有任何理由不珍爱自己的生命，不珍爱别人的生命。如何珍爱？答案只有唯一的一个：安全！

生命需要安全。没有安全，生命没有保障，没有安全，生命随时可能凋残，安全是生命的保护神，安全是生命的护身符。生命是"天"，安全是"地"，唯有立足"安全"这块地，方能顶起"生命"之蓝天。因为安全是生命的前提，安全是生命的保障，安全是生命的延续。

什么才叫安全？安全是什么？有人说无危为安，无损则全；有人说安全是根，安全为天。最简单的理解就是，没有危险、不受威胁、不出事故、不丢财物、不伤身体、不受惊吓、不痛不病，就是安全。

没有安全就没有生命，珍惜生命就必须要保证安全。生命时时刻刻都需要安全之神的保护。安全之于生命，须臾不可少；安全之于生命，片刻不能离。没有安全就没有生命的保障，安全是生命的长明灯，安全是生命的保护伞，安全是生命之影，生命之血，生命之根，生命之魂。

生命高于一切，安全是生命的保障，珍惜生命，注重安全，是每个人、每个员工都应该牢记在心的准则。

1.3.2 安全是生产的前提

社会发展是物质财富积累或经济增长的过程，而物质财富的积累是依靠人类的物质生产活动来完成的。安全生产是随着生产活动而产生的，一切生产经营活动伴随着安全问题，要搞好生产经营活动，就必须保证安全。

完成一项工作，会有多种方法，在不同方法中能否做出最佳选择，取决于人的素质。在人们的生产生活中，会有一定的危险因素存在。避免危险是人类的本能，但识别危险是后天形成的。一部人类的发展史，也可以说就是人类追求安全保护自己的历史，就是一场消除危险寻找安全的历史。比如为了安全饮食，人类发明了以火煮食；为了消除病痛，人类发现了各种药物和医病方法；为了预防袭击，人类修建了房子，建立了村子；为了防范洪水的危险，人们架起了桥……从人类诞生的那天起，人类对安全的追寻就从未停止过。

现代科技的发展让人类前进的步伐大大加快，也使人们保障安全的措施越来越先进，越来越实用而且坚固，但是各种危险同时也显著增加，特别是生产经营活动中的危险，更是浸透在每一件工作中。故而，在现代，生产经营的安全更为严峻和重要。"不安全不生产”应当作为每一个员工坚守的信条，任何时候都不能让步，因为让步意味着放弃安全，甚至放弃生命。

哪个企业不希望在一帆风顺中发展壮大？哪个员工不希望在安逸舒适的环境下工作？当一切都与不安全发生关系时，所有美好期望也只能是一厢情愿，最终化为泡影。安全就是指引企业不断前行的明灯，这盏灯一旦熄灭，企业将会失去前进的方向，在一团漆黑中低首彷徨。所以，为了企业的长治久安，百年不衰，为了员工的身心健康，幸福未来，切莫小视安全。

“安全是生命之本，违章是事故之源”，对于企业而言，安全生产更是第一要务。有了安全保障，企业才能立足生产；有了安全保障，企业才能经营创效。

安全是生产的护身符，只有紧握了安全，生产才能事半功倍。戴上安全的帽子，生产便拥有了在激烈竞争的市场上穿梭自如的勇气和力量。生产可以是一株春桃，一枝夏荷，一朵秋菊，一枝冬梅，而安全便是那和煦的细风，紊乱的阳光，丰腴的雨水，酥软的土壤。要想正常生产，必须先保障安全。

1.3.3 安全是效益的基石

安全和效益似乎历来就是一个对立的矛盾统一体。似乎要安全就会影响效益，要效益就得以牺牲安全为代价，其实不然，二者虽然看似矛盾，但矛盾的两个方面即安全和效益，是随着物质因素的内因和人为因素的外因变化而发展变化的，是可以相互促进实现“双赢”，而并非是绝对相互制约的关系。所以在物质因素一定的时候，人为因素就起到决定性作用，让我们在日常生产过程中树立安全第一的哲学观，安全效益的经济观，以人为本的理念，时刻牢记“安全就是效益”，只要把握内因和外因两者的本质关系，探索其中的本质规律，通过有效的外部作用来达到安全效益两者相辅相成并最终实现既要安全又要效益的总体目标，因为安全生产就是健康、幸福，是提高效益最有力的保障。

安全是一个严肃而又不得不老生常谈的话题，安全抓不好，对企业会产生巨大的影响。一起安全事故的发生不仅会造成无数生命无辜断送，还会使无数亲人无奈地承受生离死别的伤痛，无数幸福和欢乐刹那间化为乌有。事故发生后，作为企业，除了安抚那些悲伤残缺的家庭外，还要进行事故调查和漫长的停产整顿，而此时企业还能谈什么效益？有效益也是负数。安全事故会造成人员伤、残、亡和财产、人力、物力、劳动时间的浪费，造成对生产的重大影响，使生产停滞，企业受罚，有时甚至还会关停，企业以前创造的效益也就没有了，员工更没有效益了。没有了安全，就会面临危险，丢掉了安全，就可能要承受灾难。一念之差，违章作业，轻者受伤，重者亡命，后果不堪设想。同时还会给企业造成几千、几万甚至几十万、上百万的直接损失，而事故所带来的间接损失，更是不可限量，难以估算。这些本不应该有的额外负担，所花费、所吞噬的都是职工辛辛苦苦、拼命工作换来的血汗钱，企业没有了安全作为保障，还能有什么效益可言呢？

安全也是员工最大的福利。因为有安全，比有什么都要强，都要好，都要有效益。曾有一位企业领导在给员工讲解安全事故与效益的关系时打比方说：效益是饭，安全是碗，打坏了碗，饭就撒了；效益是饭，安全是锅，锅漏饭菜遍地流；没有安全牢靠的锅碗来盛效益饭，我们吃什么？只有吃苦头喝苦水……

平安是福。我们每日都在为自己或亲人默默祈祷；一生平安，一生幸福。可见，幸福是建立在安全和身体健康的基础上的，面对重大安全事故的发生，那触目惊心的惨状、刻骨铭心的伤痛，怎不叫人揪心！因此，在生产过程中，保障职工的人身安全就是给员工的最大的福利。安全有了保障，生产得到发展，效益得以提高，企业就有经济能力来改善生活环境、增加职工的收入，使职工的生活质量得到提高，家庭幸福才能得以维系。

安全是企业的效益，安全也是员工的效益。因为只有员工做好生产安全，才能保护自己不受伤害，自己不受伤害就能继续工作，有工作就有效益。而一旦受到伤害，不仅自己身体甚至生命受到损害，还要治伤，不能工作，何谈效益？“安全就是效益”，员工要牢记安全生产中的“三不伤害”原则，“不伤害自己，不伤害他人，不被他人伤害”。就能保证自己的安全，就有效益。

不伤害自己。这是一个看起来很幼稚的问题，就连小学生都能理解，但是在实际工作中，因违章操作伤害自己的事例却屡见不鲜。一次次事故的教训提醒着我们，要真正做到不伤害自己，不仅仅要从字面上来理解，更重要的是在思想上和行动上重视。

不伤害他人。一个珍惜生命的人，一个对自己负责的人，必然也应该对他人负责。如果由于自己的失误，造成对他人的伤害，甚至危及生命，不仅给他人带来痛苦，自己也将付出沉重的代价，这种痛苦和代价迫使你不能不对他人负责。

不被他人伤害。这就是要求我们在平时工作中要相互监督，发现违章行为要敢于抵制。倘若抱着“事不关己，高高挂起”的态度，那么在事故发生时，不仅是他人受到伤害，也许自己也是受害者。所以，不被他人伤害是对自己利益的维护，更是对自己生命的爱护。

“三不伤害”原则是珍惜生命、强调自我保护和相互珍重的具体体现。其实发生在我们身边的安全事故，绝大部分都是违背了“三不伤害”原则导致的。一个企业的安全生产依赖于每一位员工，无论哪一个岗位、哪一个人，都必须从强化责任、尊重生命、爱护自身的高度去重视安全生产，树立“三不伤害”的安全意识，充分认识安全生产与企业效益、个人利益之间的关系。只有每个员工都严格执行安全制度，才能搞好安全生产，才能保障生命安全，才能创造效益，享受效益带来的一切。

要求每一个员工要武装好自己，熟知熟会各项操作规程，认真学习安全法律法规，养成良好的安全操作习惯，杜绝习惯性违章，及时发现安全隐患。每位员工都应相互监督，相互提醒，相互检查，防止不安全因素存在。无危则安，安全就是人们在生活和生产过程中，生命得到保证、身体免于伤害、财产免于损失。

1.3.4 安全是幸福的源泉

说到幸福，我们的脑海中会呈现家人团聚，其乐融融的场景；说到幸福，我们的心中会涌起付出后而收获的成就感；说到幸福，我们的耳边会响起朋友的问候与祝福……幸福时刻太多，而承载这一切幸福的根源是什么？

是安全！

安全是幸福的源头，安全是幸福的保障，安全是幸福的出发点和落脚点。没用安全何来幸福。

安全就像一片蓝天，众人的平安共同撑起这片蓝天，在这片蓝天下，人们享受着生命的快乐，放飞着理想的希望，沐浴着幸福的阳光；安全就像一片海，微风轻拂，碧波荡漾，像是一个舒适的摇篮，带给我们无尽的幸福；安全又像是一座山，登上这座山的顶峰需要我们坚强的恒心和不屈的毅力；安全就像是一棵树，“背靠大树好乘凉”，这棵树，需要用爱心去浇灌，需要我们精心呵护，需要查找问题，治疗病害。这棵树，需要添枝加叶不断打理，才能枝繁叶茂，茁壮成长。无论您在何种岗位，都应该时刻绷紧安全这根弦，在工作中遵章守纪，按规操作，善于发现问题，及时排除隐患，只有这样，安全大树才能常青，安全才会与您永远相伴。“生命至高无上，安全责任为天”，安全是人类共同的向往，是快乐生活的根本，是幸福的源泉。

幸福是什么？幸福是一种美好的状态。当人们谈到幸福时，有谁会联想到瓦斯爆炸、轮船沉没、大厦倾覆、断肢残臂、血肉模糊？有谁会把没有安全感的生活当做幸福生活？有谁敢说安全不是长久地享受幸福生活的保证？安全是幸福之源！每一个人都想笑语常在，每一个家庭都愿幸福美满，每一个企业都愿兴旺发达，然而这一切都离不开安全，安全是企业发展的永恒主题，责任就是安全与幸福天平上的秤砣。你的责任感越强，你收获的也就越多。

生命因安全而美丽，幸福因安全而长远。要记住你的生命安全，承载着一家人的幸福与欢乐。生命对于每个人都只有一次，为了自己的梦想希望，为了家人的幸福美满，为了企业的兴旺发达，为了社会的和谐发展，为了世界多一份欢笑，为了我们的灿烂明天，牢记教训，保证安全。

1.4 新工人三级安全教育

搞好安全生产是发展冶金行业的前提，也是建设和谐社会的一项基本内容。我国高度重视安全生产工作，安全生产形势也逐渐稳步好转，伤亡人数明显减少。但是，我国安全生产工作还不能完全适应生产发展的需要，死亡事故频繁，重大事故时有发生。尽管事故发生的原因是多方面的，但一个重要的原因就是安全教育不够，尤其是对新进厂职工的安全教育做得不够。一些厂矿统计表明，26~35岁的青年工人和工龄在三年以内的新工人发生的伤亡事故明显高于其他人员，青年工人的重伤人数约占全部重伤人数的30%，死亡人数则超过40%。为了贯彻落实我国安全生产方针和安全生产法律法规，保障冶金企业职工的生命安全和身体健康，必须对工人加强教育培训，对新工人的安全教育培训工作尤为重要。

安全教育之所以重要，首先在于它能提高广大职工搞好安全生产的责任感和自觉性，为贯彻执行安全生产方针和政策、法律法规提供良好的思想基础；其次还在于它能帮助企业职工掌握安全技术知识，提高安全生产技能，把生产热情和科学态度结合起来，以避免工伤事故发生。

1.4.1 安全教育内容

安全教育的内容很丰富，从性质上可分为安全理念教育、安全知识教育、安全技能教育、典型案例教育。

1.4.1.1 安全理念教育

通过安全理念教育，可提高从业人员对安全生产的认识，端正安全生产的态度，建立正确的安全理念。其内容包括正面阐述安全生产的意义，安全生产方针政策、法律责任，先进的安全理念，以及事故规律及危害教育。让广大职工懂得企业安全是同经济效益与个人安全和家庭幸福密切相关的，促使职工积极主动地搞好安全工作。安全理念教育必须结合实际，一方面要树立正确的思想观念，同时对各种有代表性的模糊认识和不良倾向加以澄清和纠正。通过安全理念教育，要树立安全第一的思想，根除重生产、轻安全的思想；要树立以人为本的思想，根除冒险蛮干的思想；要认清事故的偶然性和必然性的关系，根除侥幸心理和麻痹思想；要树立事故是可以预防的观点，根除事故防不胜防、悲观消极、无所作为的做法。

1.4.1.2　安全知识教育

通过安全知识教育，可提高职工的基本素质。安全知识教育也是我们常讲的应知的内容，包括一般安全知识和专业安全知识两个方面。一般安全知识是企业职工都应具备的基本安全知识。例如，法律法规安全管理基本知识、企业内危险区域机器安全防护知识和注意事项、机械电气基本安全知识、起重运输的有关安全规则、尘毒防护知识、个人防护用品的正确使用等。专业安全知识包括使用设备的基本结构、基本原理和基本技能，生产基本工艺流程，主要危险有害因素及防范措施，一般事故的发生规律、预防及防范措施等。

1.4.1.3　安全技能教育

安全教育不仅要"应知"，还要"应会"，这就是安全技能教育。"应会"包括会操作、会维护、会处理一般故障，常见事故的紧急处置措施，现场急救技术等。安全教育课通过示范操作，师傅带徒弟的方法进行。通过安全技能教育，可防范工人的行为，养成良好的操作习惯，防止习惯性违章。这一点对新工人尤为重要。

1.4.1.4　典型案例教育

典型案例教育包括典型经验和事故教训两方面的教育。国内安全生产的好经验和好方法具有现实指导意义，一直为群众所接受，典型事故案例具有很好的警示作用。在安全教育中展开典型案例教育，不仅可以使人们看到事故后果的严重性、残酷性，从而产生思想上的转化，巩固正确的安全理念，端正安全态度，还可以从事故中吸取教训，防患于未然。

1.4.2　新工人三级安全教育的内容及要求

我国《安全生产法》明确规定："生产经营企业应当对从业人员进行安全生产经营和培训，保证从业人员具备必要的安全生产知识，熟悉有关的安全生产规章制度和安全操作规程，掌握有关的安全操作技能。未经安全生产教育和培训合格的从业人员，不得上岗操作。"

据此，国家安全生产监督管理总局 2006 年颁布的《生产经营单位安全培训规定》进一步规定："加工、制造业等生产单位的其他从业人员，在上岗前必须经过厂（矿）、车间（工段、区、队）、班组三级安全培训教育。"

企业对新入厂的工人进行三级安全教育，既是依照法律履行企业的权利和义务，同时也是企业实现可持续发展的重要措施。

1.4.2.1　厂级安全教育

刚进厂的新职工对一切都感到新奇，迫切希望了解工厂的情况和即将从事工作的情况。但往往由于他们对工作情况不熟悉，安全意识不强，好奇爱动，缺乏必要的工作经验和安全知识，容易酿成事故。据某厂对30多年来发生的500多起事故的统计分析可知，由于安全意识不强，违章操作造成的工伤事故占68%左右，其中新工人占有相当大的比例。因此，入厂安全教育是新工人必修的第一课。

厂级安全教育是对新入厂职工在分配工作之前进行的安全教育。厂级安全教育由厂安全科组织实施，主要内容为：安全生产方针政策、法律法规，本单位安全生产情况及安全生产基本知识；本单位安全生产规章制度和劳动纪律；从业人员安全生产权利和义务；事故应急救援、事故应急预案演练及防范措施；有关事故案例等。它可以通过企业负责安全生产的管理人员做报告，组织座谈，参观安全教育展览室，观看安全电影或录像，学习有关安全知识和文件等，使新入厂人员了解企业的基本情况、生产任务及特点、安全状况、事故特点及主要原因，以及一般的安全生产知识，从而理解安全生产的重要意义，提高对安全生产的认识，端正安全生产的态度。

A 我国的安全生产方针

我国的安全生产方针是：安全第一，预防为主，综合治理。

贯彻落实安全生产方针，首先，要树立正确的安全观，在思想上要重视安全，把安全工作放在“第一”的位置上，当安全与生产出现矛盾的时候，首先必须保证安全，决不能违章冒险蛮干。只有坚持“安全第一”，才能保持生产稳定、持续顺利进行。如果忽视安全，一味图快走捷径，则很容易发生伤亡事故，影响生产甚至停产，即所谓“欲速则不达”，甚至适得其反。

其次，要端正安全生产的态度，要变消极被动的“要我安全”为积极主动的“我要安全”，自觉遵守安全生产管理制度。

再次，要树立科学的安全观，树立“事故是可以预防的”观念，积极采用科学技术手段来预防事故，不是消极被动地承受生产事故造成的损失和灾难。

最后，坚持“预防为主，综合治理”的安全生产管理原则，将安全管理方式变事后为事前预防，采取法律、技术、培训、管理等多方面、全过程的综合治理。

B 安全生产法律法规

安全生产法律法规是调整安全生产关系的法律规范的总称，是我国法律体系的重要组成部分。在社会主义市场经济条件下，必须将安全生产管理纳入法制化轨道，用法律法规来规范企业的生产行为，要求企业依法生产经营，实现安全生产，保障企业的健康持续发展。对职工而言，安全生产法律法规，既是对职工的约束，促使职工自觉遵纪守法，同时也是对职工的保护，使职工懂法、守法，学会利用法律的武器来维护自己的生命安全与合法权益。

有人说，这个法律，那个规定，把人的手脚都捆起来了，没有了“自由”。还有人说，要是完全按照规程干，没有办法干活。这些说法是错误的，安全规程是成千上万人的鲜血和生命换来的教训，它反映了生产过程中的客观规律，谁也不能随心所欲地违背，否则，就要受到客观规律的惩罚。一旦发生伤亡事故，可能伤害你自己，也可能伤害他人。有了你的所谓“自由”，就没有他人的自由，把别人的生活和劳动权利都剥夺了，就要追究你的法律责任，你还谈什么自由？因此，只有遵守客观规律才会有最大的自由，违背规律就没有真正的自由。

每一个新工人进了工厂，就是企业的一分子，只有大家都在一个总的行为规范下，自觉遵守安全生产法律法规和规章制度，才能使大家都高高兴兴上班，平平安安回家。

a 《宪法》

我们的国家是人民的国家，广大人民群众的利益高于一切。保障从业人员的安全生产、劳动保护权益，是党和国家一贯坚持的方针，也是法律赋予从业人员的权益。

《宪法》是我国的根本大法。《宪法》规定：“国家尊重和保障人权。任何公民都享有宪法和法律规定的权利，同时必须履行宪法和法律规定的义务。”

我国《宪法》还规定：“加强劳动保护，改善劳动条件。”维护广大劳动者安全生产、劳动保护的合法权益，就是尊重和保护最基本的一项人权。

b 《安全生产法》

《安全生产法》是我国安全生产方面的基本法律，于2002年6月29日第九届全国人民代表大会常务委员会第二十八次会议通过，2002年11月1日起实施，是我国第一部综合性的有关安全生产的法律。《安全生产法》立法的宗旨是加强安全生产监督管理，防止和减少生产安全事故，保障人民生命和财产安全，促进经济发展。

《安全生产法》规定了7项基本的法律制度：

（1）安全生产季度管理制度；

（2）生产经营单位安全生产保障制度；

（3）生产经营单位负责人安全责任制度；

（4）从业人员安全生产权利义务制度；

（5）安全生产中的服务制度；

（6）安全生产责任追究制度；

（7）事故应急救援和处理制度。

《安全生产法》的颁布实施，是安全生产法制建设的里程碑，对我国安全生产意义重大，影响深远，它标志着我国安全生产工作进入了一个新阶段。

c 《劳动法》

《劳动法》于1994年7月5日第八届全国人民代表大会第八次会议通过，于1995年5月1日起实施。该法是调整劳动关系及与劳动关系密切联系的其他关系的法律规范，它以国家意志把实现劳动者的权利和义务建立在法律保障的基础上，既是劳动者在劳动问题上的法律保障，又是劳动者在劳动过程中的行为规范。该法涉及劳动保护与安全卫生方面的内容主要有：

（1）工作时间和休息休假的规定；

（2）劳动安全卫生的规定；

（3）用人单位在劳动安全卫生方面的权利与义务；

（4）劳动安全卫生设施和“三同时”规定；

（5）特种作业的上岗要求；

（6）劳动者在安全生产中的权利和义务；

（7）伤亡事故和职业病的统计、报告和处理制度；

（8）对女职工和未成年工实行特殊劳动保护的规定；

（9）社会保险和社会福利。

d　《职业病防治法》

《职业病防治法》于2001年10月27日第九届全国人民代表大会常务委员会第二十四次会议通过，于2002年5月1日起实施。制定、实施该法是为了预防、控制和消除职业病危害，防治职业病，保护劳动者健康及其相关权益，促进经济发展，是维护劳动者的健康权，促进我国经济持续发展的一部重要的法律。

e　《工伤保险条例》

工伤保险是社会保障的重要组成部分。它通过社会统筹来建立工伤保险基金，对因工作遭受事故伤害或者患职业病的职工暂时或永久丧失劳动能力，以及因这两种情况造成死亡的职工的亲属，进行医疗救治和经济补偿，以保障因工伤亡人员或其亲属的基本生活，以及为受工伤的劳动者提供必要的医疗救治和康复服务。《工伤保险条例》对工伤保险基金的征集与管理、工伤认定、劳动能力鉴定、工伤保险待遇、监督管理与法律责任等作了规定。基本要求如下：

(1) 工伤保险基本规定。

生产经营单位必须依法参加工伤社会保险，为从业人员缴纳保险费。

(2) 工伤认定的规定。

职工受到事故伤害以后，具有以下情形之一的，应当认定为工伤：

1) 在工作时间和工作场所内，因工作原因受到事故伤害的；

2) 工作时间前后在工作场所内，从事与工作有关的预备性或者收尾性工作受到事故伤害的；

3) 在工作时间和工作场所内，因履行工作职责受到暴力等意外伤害的；

4) 患职业病的；

5) 因工作外出期间，由于工作原因受到伤害或者发生事故下落不明的；

6) 在上下班途中，受到机动车事故伤害的；

7) 法律、行政法规规定应当认定为工伤的其他情形。

职工有下列情形之一的，视同工伤：

1) 在工作时间和工作岗位，突发疾病死亡或者在48小时之内经抢救无效死亡的；

2) 在抢救救灾等维护国家利益、公共利益活动中受到伤害的；

3) 职工原在军队服役，因战、因工负伤致残，已取得革命伤残军人证，到用人单位后旧伤复发的。

职工有前款前两项情形的，按照本条例的有关规定享受工伤保险待遇；职工有前款第3项情形的，按照本条例的有关规定享受除一次性伤残补助金以外的工伤保险待遇。

职工有下列情形之一的，不得认定为工伤或者视同工伤：

1) 因犯罪或者违反治安管理伤亡的；

2) 醉酒导致伤亡的；

3) 自残或者自杀的。

(3) 工伤认定程序和劳动能力鉴定申请的规定。

职工发生事故伤害或者经鉴定患有职业病以后，所在单位应在30日内向当地劳动保障行政部门提出工伤认定申请。用人单位不按规定报告的，工伤职工或者其亲属、工会组织可直接报告。

职工发生工伤，经治疗相对稳定后存在残疾、影响劳动能力和生活自理能力的，应当向当地劳动能力鉴定委员会申请进行劳动能力鉴定。劳动功能障碍分为10个伤残等级，最重的为一级，最轻的为十级。生活自理障碍分为3个等级：生活完全不能自理、生活大部分不能自理和生活部分不能自理。

职工一旦负伤，符合享受工伤保险待遇条件的，经劳动保障行政部门认定，可享受工伤医疗待遇、工伤伤残待遇和因工死亡待遇。

f 有关规程和标准

我国还制定了大量的有关冶金安全生产的规程、规范、标准，作为对安全生产法律规范的补充和完善，如《轧钢安全规程》、《工会法》、《职业病防治法》与《消防法》等。

C 职工安全生产的权利和义务

职工在生产劳动过程中，享有《安全生产法》等法律、法规的权利，同时也要承担相应的安全生产责任与义务，做到责、权、利、义的统一。

《安全生产法》规定，从业人员有以下安全生产权利：

（1）知情权。从业人员有权了解其作业场所和工作岗位存在的危险因素、防范措施及事故应急措施。

（2）建议权。从业人员有权对本单位的安全生产工作提出建议。

（3）批评、检举和控告权。从业人员有对本单位安全生产工作中存在的问题提出批评、检举、控告的权利。

（4）拒绝权。从业人员有权拒绝违章指挥和强令冒险作业。

（5）紧急避险权。从业人员发现直接危及人身安全的紧急情况时，有权停止作业或者在采取可能的应急措施后撤离作业场所。

（6）劳动保护权。从业人员有权获得国家标准或者行业标准的劳动防护用品。

（7）接受教育权。从业人员有权获得安全生产的教育和培训。

（8）享受工伤保险和伤亡赔偿权。因生产安全事故受到伤害的从业人员，除依法享有工伤社会保险外，依照有关民事法律有获得赔偿权利的，有权向本单位提出赔偿要求。

《安全生产法》规定，从业人员有以下安全生产义务：

（1）应当严格遵守本单位的安全生产规章制度和操作规程，服从管理。

（2）正确佩戴和使用劳动防护用品。

（3）应当接受安全生产教育和培训，掌握本职工作所需的安全生产知识，提高安全生产技能，增强事故预防和应急处理能力。

（4）发现事故隐患或者其他不安全因素，应当立即向现场安全生产管理人员或者本单位负责人报告。

D 违法和法律责任

a 违法

所有的单位和个人都拥有一定的权利，也必须尽一定的义务，承担一定的法律责任。违法与守法是相对的概念。所谓违法，就是行为主体的行为违反了法律法规规定的原则和内容。一切组织和个人凡是未做法律法规规定所做的事，或者做了法律法规所禁止的事，是违法。凡是有违法行为的人，就要承担相应的法律责任，受到相应的法律制裁。

b 法律责任

《安全生产法》第九十条规定："生产经营单位的从业人员不服从管理，违反安全生产规章制度或者操作规程的，由生产经营单位给予批评教育，依照有关规章制度给予处分；造成重大事故，构成犯罪的，依照刑法有关规定追究刑事责任。"这里讲的构成犯罪，主要是指构成《刑法》第一百三十四条规定的重大责任事故罪。根据《刑法》第一百三十四条的规定，重大责任事故罪是指工厂、矿山、建筑企业或者其他企业、事业单位的职工，由于不服从管理、违反规章制度，或者强令工人违章冒险作业，因而发生重大伤亡事故造成其他严重后果的，处3年以下有期徒刑或者拘役；情节特别恶劣的，处3年以上7年以下有期徒刑。

E 主要安全管理制度

安全管理制度是指为贯彻落实《安全生产法》及其他安全生产法律、法规、标准，有效地保障职工在生产过程中的安全健康，保障企业财产不受损失而制定的安全管理规章制度。企业最基本的安全管理制度介绍如下。

a 安全生产责任制

安全生产责任制是按照"安全第一、预防为主、综合治理"的方针和"管生产必须管安全"的原则，明确规定企业各级负责人员（厂、车间、班组)、各职能部门及其工作人员和各岗位生产工人在安全生产方面的职责。《安全生产法》规定生产企业必须建立、健全安全生产责任制。安全生产责任制是生产经营单位最基本的安全管理制度，是各项安全生产规章制度的核心。有了安全生产责任制，就能做到各项工作、各个岗位的安全生产任务都有人负责，这样安全生产工作才能做到事事有人管、层层有专责、人人管安全，使广大职工在各级负责人的领导下，分工协作，共同努力，认真负责地做好保护职工的安全和健康的各项工作。

安全生产责任制的内容概括地讲，就是规定了各级领导、各职能部门和每个职工在职责范围和生产岗位上对安全生产所应负的责任。

主要要求有：

(1) 厂长是本单位安全生产的第一责任人，对安全生产工作全面负责。分管负责人协助主要负责人做好分管职责范围内的安全生产工作。技术负责人对本单位的安全技术工作负责。

(2) 车间主任对车间的安全工作负责。

(3) 班组是搞好安全生产工作的关键，而班组长是班组安全生产工作的关键，其主要职责是督促安全生产工作，即督促本班组人员遵守有关生产规章制度和安全操作规程。

(4) 企业各职能机构对职责范围内的安全生产工作负责。

(5) 岗位人员对本岗位的安全生产直接负责。

b 安全检查制度

安全检查是消除隐患、防止事故、改善劳动条件的重要手段。通过安全检查可以及时发现生产过程中存在的事故隐患、人员违章和管理上的缺欠，以便及时纠正、整改，保证安全生产。

安全检查的类别有：日常性检查，即由安全管理人员和车间、班组进行的日查、周查和月查。这种检查可以随时发现问题，及时整改，及时反馈，是最基本的安全检查。还有各级管理部门开展的定期检查，职能部门开展的专业性检查，以及季节性检查和节假日前后进行的检查等。

班组是最基层管理的关键，班组安全检查的主要内容有：

（1）查现场安全管理。

1）查现场有无脏、乱、差的现象；

2）查职工"两穿一戴"情况，以及有无违章违制现象发生；

3）查现场薄弱环节及重点部位的安全措施。

（2）查安全生产责任制的落实。

（3）查安全基础工作：职工的安全意识，班组的安全自主管理，安全教育，安全活动等。

（4）查现场设施设备（含消防器材）的安全状态，各级危险源点受控情况等。

（5）查事故隐患，跟踪检查隐患整改的"四定"落实情况。

（6）查违章违制，各类事故的分析、等级、处理情况。

c　安全教育培训制度

对工人进行安全教育培训是提高职工安全生产素质和技能的重要手段。《安全生产法》第二十一条规定："生产经营单位应当对从业人员进行安全生产教育和培训，保证从业人员具备必要的安全生产知识，熟悉有关的安全生产规章制度和安全生产操作规程，掌握本岗位的安全操作技能。未经安全生产教育和培训合格的从业人员不得上岗作业。"

电工、焊割工、锅炉工、起重工、专用机动车司机等特种作业人员必须经过培训考核，取得特种作业人员操作证以后，才能从事相应工种的工作。

d　安全考核奖惩制度

安全考核奖惩制度是企业安全管理制度的重要组成部分，是安全工作"计划、布置、检查、总结、评比"原则的具体落实和延伸。通过对企业内各单位安全工作全面的总体评比，奖励先进，惩处落后，充分调动职工遵章守纪的积极性，变"要我安全"为"我要安全"，主动搞好安全工作。

F　安全理念

为了贯彻落实"安全第一、预防为主"的安全生产方针和安全生产法律法规，提高职工的安全生产意识，端正安全生产态度，冶金企业应该建立自己的企业安全文化，树立正确的安全理念。

（1）追求完美、零事故的安全目标。只有把安全工作做得完美无缺，设备、设施和环境无缺陷，安全工作才有保障。追求完美是人的天性，定下"零事故的安全目标"，有利于激发人们搞好安全工作的积极性、创造性和主动性。

（2）坚持"以人为本"的思想。安全工作的目的和出发点是为了保障人民群众的生命财产安全，同时，企业职工既是安全生产管理的对象，又是安全生产的主体。"以人为本"就是要重视人的因素。重视生命，尊重人权。职工应端正安全生产的态度，发扬安全生产的积极性和主动性，变"要我安全"为"我要安全、我会安全"。

（3）树立"安全就是政治、安全就是法律、安全就是效益、安全就是市场"的安全价值观。我国把安全生产视为"人命关天"的头等大事来抓，已建立起安全生产法律体系。漠视安全就是漠视法律，漠视党和国家的方针政策。一旦发生伤亡事故，特别是重大伤亡事故，就会给职工个人和家庭造成无法弥补的痛苦和损失，给社会造成巨大的危害，甚至产生不稳定的社会因素。而且，事故还给企业和国家造成巨大的经济损失，严重影响企业的经济效益和企业形象。

(4) 倡导“敬业爱岗、团结合作、奉献负责”的工作态度。安全生产，人人有责。只有企业的每一位职工都爱企业，抱有“敬业爱岗、团结合作、奉献负责”的态度，才能实现企业的安全生产。

(5) 坚持“三不伤害”的行为准则。在实际工作中，要将“不伤害自己、不伤害他人、不被他人伤害”的要求落实到每一个具体的行为当中，坚决杜绝不安全行为。

(6) 建立“遵章光荣、三违可耻”的安全道德规范。创建安全合作班组，每个班组都对安全承担责任，一个人发生“三违”行为就会影响到整个班组的荣誉。“违章指挥、违章作业、违反规章制度和劳动纪律”是造成事故的主要原因，因此，“三违”行为应受到大家的唾弃。

(7) 坚持“四不放过”的事故处理原则。不管是大事故还是小事故，都必须做到：事故原因没有查清楚不放过；同类事故的防范措施没有落实不放过；事故责任没有严肃处理不放过；广大职工没有受到教育不放过。

1.4.2.2 车间安全教育

车间安全教育是新职工分配到车间后，在尚未进入岗位前进行的安全教育。一般由车间安全工作的负责人组织实施，形式上有上课学习，组织座谈，由安全专职干部带领参观生产现场，解答问题等。主要内容为：车间的组织结构；车间生产规模及任务、工艺流程和生产设备及技术装备；车间安全生产规章制度；作业场所和工作岗位存在的危险有害因素，常见事故及预防措施；车间安全生产基本知识，包括机电安全知识，安全设备设施、个人防护用品的使用和维护；职业卫生知识，自救互救、急救方法、疏散和现场紧急情况的处理等。

新职工分配到车间，对于他们来说就是确定了专业，意味着他们将由此投身冶金生产，或者是某种专业工作。随之，安全教育也就是要围绕这些既定的专业进一步具体化。因此，车间教育是使新职工初步树立安全意识到进入实际掌握安全知识的重要一环。

A 车间安全教育的主要内容

车间安全教育的主要内容为：

(1) 车间的组织机构，即介绍由哪些生产单位、辅助单位、附加单位、管理机构组成，职工人数，安全管理组织形式。

(2) 车间生产规模及任务、工艺流程和生产设备及技术装备。

(3) 车间安全生产规章制度。

(4) 作业场所和工作岗位存在的危险有害因素，常见事故及预防措施。

(5) 车间安全生产基本知识，如机电安全知识，安全设备设施，个人防护用品的使用和维护；职业卫生知识，自救互救、急救方法，疏散和现场紧急情况的处理等。

(6) 有关事故案例。

B 车间安全生产规章制度

a 安全生产责任制

厂级安全教育已述及，这里应说明本车间有关领导及各职能小组的安全生产职责。

b　车间安全生产活动制度

安全生产活动的正常化，把安全生产列入定期的议事日程，是车间安全工作的重要内容。车间安全生产活动主要有：

(1) 车间每月月初召开一次安全生产会议，值班主任、工段（班组）长、各职能部门负责人、专职安全员参加。主要内容有：计划、布置、检查、总结、评比安全生产工作，研究解决安全生产的重大问题。

(2) 车间每周召开一次安全工作联席会，由主管安全生产的副主任主持，车间安全组全体成员、各工段主管安全生产的负责人和专职安全员参加。内容是回报、交流、传达、研究安全生产工作。

(3) 各工段每月月初在车间安全生产会议后召开一次安全管理组会议，计划、布置、检查、总结、评比工段安全工作。

(4) 各工段每周定期召开一次班组安全员碰头会，在工段长主持下，总结、交流、检查、回报各班组一周的安全生产工作，并讨论安全整改事项。

(5) 各班组每周安全活动，结合实际学习有关文件，开展各种形式的安全学习、竞赛活动。

(6) 工段安全员要向车间安全组回报当天工段安全生产情况。

c　车间安全操作规程

对生产工人来说，每一个工种都应该有操作规程。操作规程的内容，不仅包括生产工艺的要求，也包括人身安全和设备要求。

车间安全操作规程主要有：

(1) 安全管理规程，动火作业、危险作业、煤气作业、电器线路、物体堆放、起重运输的管路规程，以及各种安全标志的有关规定。

(2) 机电设备的安全操作规程，如各种机电设备安全操作规程以及维护检修规程。

(3) 专业、工种的作业规程，如电工、焊工等的安全作业规程。

d　车间安全教育培训制度

有了各种安全规章制度，还要使职工懂得这些规章制度，并要掌握和运用，这就要靠教育培训。

车间安全教育包括：

(1) 新职工的安全教育。新职工进入车间必须接受车间安全教育，掌握本车间的基本情况、基本安全规章制度和安全要求，经考试合格后，方可分配到班组。

(2) 日常安全教育。车间、各工段（班组）负责组织好日常的班前会、周一安全活动、班组的联保互保等安全教育。车间不定期组织各种专业安全培训，管理人员的安全考试，各工段要积极配合。各工段（班组）要不定期组织班组长、安全员进行安全教育培训。企业每年应对职工进行不少于20小时的在职安全教育。

(3) 四新教育。在采用新工艺、新技术、新设备、新材料时，要进行新的操作方法、操作规程、安全管理制度和防护方法的教育。

(4) 换工换岗安全教育。职工调换工种（岗位）时，必须进行相应的车间级、班组级安全教育，考试合格后方可上岗。新岗位如是特种作业，须按特种作业人员的要求培训、考核，并持证上岗。换工换岗安全教育的内容包括新岗位的三大规程、岗位危险因素、特种作业要求。车间、工段（班组）要建立完善的换工换岗安全教育台账。

(5) 复工安全教育。凡脱离岗位3个月以上的工人，复工时必须由车间、工段进行安全教育后，方可上岗作业；特种作业人员复工安全教育由安全部门负责。

(6) 节假日安全教育。遇节假日、职工病事假，各工段（班组）要在节前假后对职工进行安全教育；对休假3天以上的职工，工段（班组）应在其上岗前进行收心安全教育，如遇元旦、春节等重大节日，休假人数较多，各工段（班组）应集中召开安全收心大会。节假日收心安全教育内容有：安全准则、上级安全文件精神、安全要求、工作中安全注意事项。

(7) "三违"人员安全教育。"三违"人员一经查出，车间、工段（班组）必须分别进行安全教育，并按车间"三违"人员管理规定进行处理。对情节较重的"三违"人员，车间、工段（班组）有权予以停工办学习班，并在全车间曝光，组织全员安全教育学习。

(8) 事故后安全教育。凡公司、厂发生的重大工伤事故，车间、工段（班组）要及时组织职工传达学习，进行安全教育。车间内发生的轻伤以上事故，必须在全车间传达，进行通报，组织全员安全学习，进行安全教育，事故班必须组织讨论，吸取教训。事故教育内容有：事故发生的经过、原因，应吸取的教训，预防措施。必要时组织现场安全教育。事故后安全教育要认真做好记录备查。

e 车间安全检查制度

车间生产不断发生变化，要及时发现新的不安全因素，消除隐患，就必须进行检查。安全检查分为定期检查和不定期检查，还有综合检查和专业检查。主要有：

(1) 安全生产日常检查。白班由车间正、副主任轮流带队，组织车间安全员、科室领导、工段长、工段安全员等现场巡查。中、夜班由值班主任组织进行检查。

(2) 专业检查。由工程技术人员定期对设备设施、电器等进行检查。

(3) 工段安全生产自查。每月两次，由工段长负责检查本工段安全生产情况，包括操作制度、设备维护、产地管理、劳动纪律等。

(4) 季节性检查。雷雨期间，高温作业人员体检，防暑降温设备和冷饮卫生检查；寒冬期间，防火、防毒、防爆、防触电、防滑检查。

f 车间隐患整改制度

车间对查出的隐患要及时消除，尽最大努力预防事故发生。整改制度规定：

(1) 要做到"三定四不推"，即定负责人、定措施、定完成期限；凡班组能解决的不推给工段，工段能解决的不推给车间，车间能解决的不推给厂，厂能解决的不推给公司。

(2) 整改要求：边查边改，先易后难，及时解决。逐日核对，逐句检查，逐月汇总，确保条条有着落，件件有交代。

g 车间工伤事故管理制度

发生事故，领导要亲自处理，并吸收工人参加。

要做到"四不放过"，实事求是，严肃对待。"四不放过"：事故原因未查清不放过；事故责任人未受到处理不放过；事故责任人和周围群众未受到教育不放过；事故制订切实可行的整改措施没有落实不放过。

(1) 重大和险肇恶性事故，由车间主任组织召开紧急会议或现场会进行分析，各工段、班组、科室领导及有关工人一起参加分析，找出事故原因，分析事故责任，消除事故隐患，采取预防措施，杜绝相同事故发生。

（2）跨工段事故，由当班值班主任组织有关工段领导和人员参加。

（3）一般事故，工段长组织各班组长、安全员和有关人员参加分析。

（4）小事故与事故苗头，由组长或小组安全员召集成员分析。

所有事故，在分析清楚以后，要按车间规定填表上报。

h　车间安全指标考核与奖惩制度

（1）车间安全指标。安全指标的作用，一是作为车间的奋斗目标，二是作为该时期考核工作成果的标准。如某车间的安全指标体系包括车间总目标“001”（无死亡、无重伤、千人负伤率小于1）；围绕车间总目标分析接触各工段的小目标；落实各级、各部门对各项小目标应承担的管理责任，制定出相应的工作目标。

（2）奖励处罚规定。安全部门在车间奖金总额中提取一定费用作为安全奖励基金。凡在安全生产中做出重大成绩或贡献的集体或个人，安全部门可直接进行奖励。凡因工作不负责任，玩忽职守，违反安全制度或发生事故的集体或个人，安全部门有权决定扣发当月奖金。

C　新职工自我保护要求

a　加强自我保护意识

新职工个人保护，首先必须从加强安全仪式开始。新职工大多数刚踏上工作岗位，对安全生产需要有一个认识过程，需要通过一段时间的工作实践才能获得真正的认识。客观上，新职工的自我保护意识比较淡薄，所以，新职工要提高自我保护意识，就要做到自觉参加各项安全活动，努力学习安全知识、安全操作规程和各项安全规章制度，认真接受安全教育。懂得生产必须安全的重要性，懂得为什么要自我保护、怎样自我保护，懂得自我保护是保证个人安全、健康的保证。自我保护意识虽是安全生产中看不见的防线，但却是第一道而且是最重要的防线。

b　自我保护基本要求

（1）当每天走上工作岗位前，应穿好工作服，戴好安全帽，系好帽带，穿戴本工种规定的其他防护用品。

（2）进车间的时候，要特别注意运行中的起重机、电瓶车等各种车辆。发现吊物过来，要及时避让，绝不能在吊物下面停留、观望和穿行。

（3）接受工作任务的时候，首先要从思想上重视，先动脑筋想一想作业环境有无危险因素，要接触哪些设备，工作中应该执行哪些安全制度。有不清楚的地方，虚心向师傅请教。安全方面做到心中有数了，然后着手仔细检查所用的工具，开始专心工作。

（4）当遇到艰苦繁重的工作任务时，总是希望找到比较简单、方便、省力的工作方法。但更要注意严格执行安全规程，决不可自信有能力“做好自己的事情”而冒险作业。有的职工在工作中贪图方便，冒险操作，造成血的教训是很多的，要引起高度重视。

（5）工间休息时，不要在电气房、配电房、煤气聚集的危险场所休息，不要在与本岗位工作无关的地方逗留。

（6）不得在仓库、油库、油泵房、木模间、油漆间以及易燃易爆场所吸烟。

（7）工作任务完成以后，要及时清除操作场所的垃圾，操作工具要摆放整齐。

（8）工作中若有人和你嬉戏，你应不受影响，专心工作。

(9) 工作中与其他同事发生矛盾，受到委屈的时候，千万不要争吵，不要投物、打架，要及时报告领导，采取妥善处理办法。

(10) 遇到生产与安全发生矛盾的时候，必须要牢记“生产服从安全”是处理这种矛盾的准则。要及时报告领导，采取妥善处理方法。

(11) 工作中与他人或其他部门发生矛盾的时候，要妥善处理，注意安全生产，要发扬“一盘棋”的精神。工作中，人与人之间，部门与部门之间要相互谅解、配合、支持、爱护，因为安全是大家的事，是有关生命安危的大事。

(12) 当开动电机车在轨道上工作的时候，要认真执行铁路两边和两端1米内不准堆物件，并做到“先看清、后响铃、再开动”的安全运行要求。

总之，新工人走上岗位工作，安全是第一要紧的事，为了健康和幸福，必须不断地激励自己，时刻想到安全生产，努力实践，为车间圆满完成各项生产任务做出应有的努力。

D 先进安全管理方法

a 标准化作业

标准化作业是在系统调查的基础上，对作业过程和动作进行分解，按照安全技术操作规程和其他规章制度的要求，遵循安全、省力、优质、高效的原则，编制出来的一套作业程序。标准化作业对控制作业程序性强和关键性岗位的人为失误效果显著。

标准化作业程序主要包括操作程序和作业要领，对于不便在作业要领中交代的对作业安全至关重要的问题，应在作业注意事项中说明。作业程序可用流程图或表格的形式表达。

b 危险预知活动

何谓危险预知活动？就是指对隐患的预测，对事故的预防，对每天开工前的安全生产情况做到一清二楚。危险预知活动是在班组长主持下进行的群众性的危险预测预防活动，通过研究人的不安全行为，分析事故发生机理，从而制定出针对个人危险的预防措施。该活动是控制人为失误，提高职工安全意识和安全生产技能，落实安全技术操作规程，进行岗位安全教育，实现“三不伤害”的重要手段，适用于程序性不强、一般性的作业。

危险预知活动包括危险预知训练和工前5分钟活动两步骤。

(1) 危险预知训练。利用安全活动日进行，其具体做法是：依靠集体力量，发现本岗位的危险因素，主要包括以下内容：

1) 明确作业地点、作业人员和作业时间。

2) 了解作业现场状况。

3) 分析可能出现哪类事故，以及生产事故的原因，包括不安全行为的表现形式、特点和性质；特定的危险环境中人的思维活动。

4) 分析可能的事故后果。

5) 提出解决这些危险的措施和目标。

6) 最后通过活动来加强对危险的确认，并明确行动目标。

在进行危险预知训练活动时，以5~6人为宜，选出一人主持，一人记录，一人负责讲解。可采用对照检查的方式，充分依靠班组成员的智慧和经验。在班组长主持召开、全体成员参加的危险预知活动中，班组成员可根据自己的经验和掌握的信息，各抒己见，畅所欲言。要求每一个人都要发言，不得对发言的对错进行批评。班组长要把大家讨论的重点引导到“危险在哪？隐患是什么？”这个主题上来，使得讨论的重点突出、目的明确，进而找出岗位作业中存在的潜在危险。在讨论的过程中，还应适时地使用安全检查表，把不安全行为和不安全状态都摆出来，加以确认，使班组成员对危险有深刻的认识，以达到提高安全意识和预防事故能力的目的。

（2）工前 5 分钟活动。工前 5 分钟活动是利用作业前的较短时间，在作业现场对有关的作业人员、工具、对象、环境进行“四确认”，并将危险预知训练活动提出的事故预防措施落实到作业中去。一般来说，班组长应至少提前 30 分钟进入生产现场，用一看（看现场，看设备，看记录）、二听（听上一班的交接，听工人谈生产、谈安全、谈问题）、三问（问是否有反常情况，本班该注意什么）的方法，切实做到对安全生产情况心里有数，并针对存在的隐患制定出相应的对策。当班组内的设备、工艺、环境、人员情况有变化时，应及时做好危险预知活动。该活动一般和班前会一起进行。

c　6S 活动

6S 活动是在日本广泛开展的一项安全活动，推行整理（SEIRI）、整顿（SEITON）、清扫（SEISO）、清洁（SEIKETSU）、素养（SHITSUKE）、安全（SECURITY）六个项目的活动，简称 6S。实行 6S 活动的目的是搞好现场文明生产，改变工作环境，养成良好的工作习惯，提高工作效率和工人的素质，确保安全生产。要创建无事故、舒适而明快的工作环境场所，关键在于及时处理无用物品，理顺有用物品，做到物品的拿取简单方便，安全保险。6S 的基本要求是：

整理——分开有用物品和无用物品，及时处理无用物品。

整顿——有用物品须分门别类，拿取简单，使用方便，安全保险。

清扫——随时打扫和清理垃圾、飞尘和污物。

清洁——经常保持服装整洁，工作场所干净。

素养——人员遵章守纪，领导率先垂范，养成习惯。

安全——保证安全生产。

E　进入工作区域必须遵守的安全规定

（1）进入现场“两必须”。

必须“两穿一戴”，穿着工作服、工作鞋和戴安全帽；进入 2m 以上高处作业，必须佩挂安全带。

（2）现场行走“五不准”。

不准跨越皮带、辊道和机电设备；不准钻越道口栏杆和铁路车辆；不准在铁路上行走和停留；不准在重物下行走和停留；不准带小孩或闲杂人员到现场。

（3）上岗作业“五不准”。

不准未经领导批准私自脱岗、离岗、串岗；不准在班前、班中饮酒及在现场做与工作无关的事；不准非岗位人员触动或开关机电设备、仪器、仪表和各种阀门；不准在机电设备运行中进行清扫及各级传递工具物品；不准私自带火种进入易燃易爆区域并严禁在该区域抽烟。

（4）操作确认制（一看、二问、三点动、四操作）。

一看：看本机组（设备）各部位及周围环境是否符合开车条件；二问：问各工种联系点是否准备就绪；三点动：眼睛看着操作开关，口念操作含义，确认无误，发出开车信号，手指点动一下；四操作：确认点动正确后按规程操作。

（5）检修确认制（一查、二定、三标、四切断、五执行）。

一查：查施工现场和施工全过程的不安全因素；二定：定施工方案和安全措施；三标；设立警示标志；四切断：切断能源动力和工艺介质；五执行：按检修安全规程进行检修。

（6）停送电确认制（一问、二核、三执行、四检）。

一问：问清停送电的对象、时间、要求，并记录；二核：核实停送电是否具备条件，看准停送电开关或按钮；三执行：执行停送电操作规程；四检：停送电后要严格验电，挂接地线，切断开关要挂牌。

（7）行走确认制（一认、二看、五不准）。

一认：场内行走认准安全通道；二看；看准地上障碍物和道路状况，瞭望吊车运行情况；五不准：同现场行走“五不准”。

（8）起重指吊人员确认制（一清、二查、三招呼、四准、五试、六平稳）。

一清：清楚吊物质量、重心、现场环境、行走线路；二查：检查绑挂是否牢靠，起吊角度是否正确；三招呼：招呼一下吊车司机和地面人员；四准：发出的口令、手势要准；五试：点动一下，上升半米高试试看；六平稳：行走和放置要平稳。

（9）吊车司机确认制（一看、二准、三严格、四试、五不、六平稳）。

一看：看车况是否良好，看行走路线和地面环境是否良好；二准：看准吊具吊件、地形地物和手势，听准口令；三严格：严格听从一人指挥，严格按规程操作；四试：点动一下，上升半米高，试试看；五不：下边有人不走，吊物歪斜不走，无行车信号不走；六平稳：开动大小要平稳，开动大小车要平稳，吊物落地要稳。

（10）高处作业确认制（一看、二设、三穿、四查、五稳、六禁止）。

一看：看气候、场地、设施、有什么危险，攀登是否牢靠；二设：设高处作业区警示标志或监护人；三穿：佩戴好安全带（安全带和电工攀登工具要检查）；四查：检查脚手架、跳板、安全网是否牢靠，检查安全带是否挂好；五稳：人要站稳，工具物料要放稳；六禁止：禁止酒后和带病登高作业。

（11）电焊工确认制（一查、二清、三禁止、四防、五操作）。

一查：检查电焊机、电源及接地是否良好；二清：清理施焊周围的易燃物；三禁止：禁止对带压力容器、情况不明容器和易燃易爆的容器施焊（属推广新技术带压施焊，需经厂、矿主管领导批准）；四防：防止焊机受潮漏电；五操作：按安全操作规程施焊。

（12）气焊（割）工确认制（一查、二清、三防、四禁止、五操作）。

一查：查乙炔、氧气管道是否漏气，查氧气瓶同乙炔瓶的距离；二清：清理焊割周围的易燃物；三防：防止氧气瓶爆炸，防止氧化瓶和乙炔瓶旁边出现明火；四禁止：禁止焊割压力容器、情况不明容器、易燃易爆物，禁止氧化阀门沾油；五操作：按安全操作规程操作。

（13）锅炉工确认制（一清、二勤、三查、四必须、五操作）。

一清：交班清楚锅炉状况；二勤：班中勤看水位表、压力表；三查：检查安全阀、排污阀等重要部件；四必须：超过规定压力，安全阀未启动，必须停止检查；五操作：按安全操作规程操作，认真监视。

(14) 机动车驾驶确认制（一问、二查、三看、四驾驶）。

一问：问清运输任务和行车路线；二查：检查刹车、转向、音响、信号、照明等是否灵敏完好；三看：看所装物料是否符合规定（如超重、超高、超宽、超长、倾斜等）；四驾驶：持证，按交通规则驾驶。

(15) 自身防护确认制（一审、二查、三明确、四观察、五默念、六认真）。

一审：审察自我身心状况；二查：查劳动防护用品穿戴，查工具情况；三明确：明确现场和生产过程中致害因素和防止方法；四观察：工作时，上下左右勤观察；五默念：默念操作规程；六认真：集中精力，认真操作。

F 检修作业安全规定

技改、检修作业是冶金企业常见的工作，不同于生产工艺流程的正常作业，与建筑施工作业也有差别，其特点是任务重、工期紧、作业空间狭窄、施工任务多，具有随机性、分散性和流动性等特点，协调难度大、不确定因素多、危险因素多。根据近来冶金企业所发生的安全事故情况来看，技改、检修施工作业事故发生率要高于冶金企业其他生产作业区域事故的发生率。从事故伤害形式看，高处坠落、物体打击、机械伤害、触电、煤气中毒所占比例很高，冶金行业往往是在技改、检修作业过程中发生煤气中毒导致群体死亡。从事故发生的原因看，大多事故是违章违规作业，安全管理制度及安全措施不到位或不落实，作业人员安全意识缺乏或安全意识不强、冒险蛮干，技改检修施工作业组织不合理等的安全事故。从事故发生的地点看，90%以上的事故都发生在炼铁、炼钢、焦化等系统的技改、检修作业场所。因此，搞好技改、检修施工作业人员的安全教育培训，提高检修作业人员的安全生产意识，对冶金企业预防安全事故，促进安全管理工作意义重大。

检修作业的安全规定如下：

(1) 检修前的准备。

1) 检修作业开始前应办理好各项手续。

2) 根据检修项目的要求，制定相应的技改、检查施工方案，建立、健全检修组织，落实检修人员，制定安全可行的安全措施。

3) 检修项目负责人必须按检修项目的要求，组织检修任务人员到检修现场，交代清楚检修项目、任务、检修方案并严格落实检修项目的安全措施。

4) 检修项目负责人对检修作业的安全工作负有全面责任，并指定专门监护人员负责检修作业全过程的安全工作。

5) 检修作业如需高处作业、动火作业、动土、断路、吊装作业、抽堵盲板、进入管道和设备作业等，需按规定办理相关的安全作业手续。

6) 在设备清洗、危险介质置换后应有分析报告。检修项目负责人应会同相关设备技术人员、工艺技术人员进行检验并确认设备、工艺处理及盲板抽堵等符合检修作业安全要求。

(2) 检修前的安全检查和措施。

1) 应对检修作业使用的脚手架、起重机械、电气焊用具、手持电动工具、扳手、管钳、锤子等各种工器具进行检验，凡不符合作业安全要求的工具不得使用。

2) 检查断电措施的可靠性，切断需检修设备上的电器电源，经启动复查确认无电后，在电源开关处挂上“禁止启动”的安全标志并加锁。

3）对检修作业所使用的气体防护器材、消防器材、通讯设备、照明设备等器材设备应经专人检查，保证完好可靠，合理放置。

4）必须对检修现场使用的爬梯、栏杆、平台、盖板等进行检查，保证安全可靠。

5）对检修使用的盲板必须逐个进行检查，高压盲板须经探伤后方可使用。

6）对检修所使用的移动式电气器具，必须配有漏电保护装置。

7）对有腐蚀性介质的检修场所须备有冲洗用水源。

8）对检修现场的坑、井、洼、沟与陡坡等应填平或铺设与地面平齐的盖板，也可设置围栏和警告标志，设置夜间警示红灯。

9）应将检修现场的易燃易爆物品、障碍物、油污、积水及废弃物等影响技改与检修安全的杂物清理干净。

10）检查、清理检修现场的消防通道、行车通道，保证畅通无阻。

11）需夜间检修的作业场所，应设有足够亮度的照明设备。

（3）检修作业中的安全要求。

1）参加检修工作的人员应穿戴好劳动保护用品。

2）检修作业的各工种人员要遵守本工种安全技术操作规程的规定。

3）电气设备检修作业须遵守电器安全工作规定。

4）在生产和储存化学危险品的场所进行检修作业时，检修项目负责人要与当班班长联系。如生产出现异常情况或突然排放物料，危及检修人员的人身安全时，生产当班班长必须立即通知检修人员停止作业，迅速撤离作业场所。待上述情况排除完毕，确认安全后，检修项目负责人方可通知检修人员重新进入作业现场。

5）检修单位不得擅自变更作业内容、扩大作业范围或是转移作业地点。

6）对检修作业审批手续不全、安全措施落实不到位、作业环境不符合安全要求的，作业人员有权拒绝作业。

（4）检修作业结束后的安全要求。

1）检修项目负责人应会同有关检修人员检查检修项目是否有遗漏，工器具和材料等是否遗漏在设备内。

2）检修项目负责人应会同设备技术人员、工艺技术人员根据生产工艺要求检查盲板抽堵情况。

3）因检修需要而拆移的盖板、箅子板、扶手、栏杆与防护罩等安全设施要恢复正常。

4）检修所用的工器具应搬走，脚手架、临时电源与临时照明设备等应及时拆除。

5）设备、屋顶、地面上的杂物、垃圾等应清理干净。

1.4.2.3　班组安全教育

班组安全教育是新职工踏上岗位开始工作之前的具体教育。通常由班组长或班组安全员进行教育，内容包括：本工段或班组的概况，包括班组成员及职责、生产工艺及设备、日常接触的各种机具设备及其安全防护设施的性能和作用、安全生产概况和经验教训；班组规章制度，所从事工种的安全职责和作业要求，安全操作规程；班组安全管理制度；如何保持工作地点和环境的整洁；劳动防护用品（用具）的正确使用方法；合格班组建设；班组危险、有害因素分析；事故案例等。然后采用“以老带新”或“师傅带徒弟”的方法，进一步巩固岗位操作技能。

A　班组安全教育的重要性和内容

班组是企业最基本的生产单位，抓好班组安全管理是搞好企业安全生产的基础和关键。根据有关单位统计分析，90%以上的事故发生在生产班组，80%以上事故的直接原因是生产过程中由于违章指挥、违章作业和各种设备、环境等隐患没有及时发现和消除所造成的。因此，要有效地防止各类事故，关键在于狠抓班组安全建设。

新职工是班组这个集体中新的活力。但是，由于新职工对安全管理情况不了解，对生产工艺、设备及安全操作规程不熟悉，对环境不能马上适应，再加上年轻好动，极易成为事故的发生源。所以，对新职工的现场安全教育是班组安全管理的重要任务。

班组安全教育，是在新职工经过厂级、车间级安全教育后的更为实际、直观的认识教育和具体的操作教育，使新职工在以后的班组生产工作中，能正确地实行安全管理标准化，作业程序标准化，生产操作标准化，生产设备、安全设施标准化，作业环境、工具摆放标准化，从而达到提高自身保护能力，减少和杜绝各类事故，实现安全生产和文明生产的目的。

班组安全教育的主要内容：

(1) 本工段或班组的概况，包括班组成员及职责、生产工艺及设备、日常接触的各种机具、设备及安全防护设施的性能和作用、安全生产概况和经验教训。

(2) 班组规章制度，所从事工种的安全生产职责和作业要求，安全操作规程；班组安全管理制度；如何保持工作地点和环境的整洁；以及劳动防护用品（用具）的正确使用方法；合格班组建设等。

(3) 班组危险、有害因素分析。

(4) 事故案例等。

B　班组概况

班组工作内容丰富，各项管理制度是从不同的角度去要求每个职工，使职工在班组建设中发挥他们的作用。为了使班组安全教育更具有系统性、实用性，对新职工首先要进行班组概况介绍，其主要内容有：班组骨干及其职责，班组生产的产品、产量等，生产工艺流程及主要生产设备，安全操作规程、劳动纪律和作息制度。

a　班组骨干及其职责

(1) 班组长的职责。

1) 在车间、工段的领导下，全面负责本班组的工作。

2) 做好班组的思想教育工作，组织职工学习安全操作规程和有关安全生产规定，教育工人严格遵守劳动纪律，按章作业，争创先进班组。

3) 安排小组的生产，检查、解决生产中的安全问题，完成生产及安全任务。

4) 在班组管理中突出两个第一：抓好产品质量第一，搞好安全生产第一。

5) 检查督促组员执行各项规章制度，指导小组骨干开展工作，负责小组各项记录。

6) 经常检查本班组作业场所、机器设备、工具和安全卫生装置以及危险源，发现问题及时处理。

7) 主持并开好班务会、生产会、骨干会、班前班后会，以及质量、安全、经济等分析会议。

8) 组织班组职工参加安全生产竞赛与评比，学习推广先进安全生产经验，带领班组开展标准化班组建设活动。

9）组织本班组成员分析伤亡事故原因，吸取事故教训，提出改进措施。

（2）工会组长的职责。

1）关心组员，了解组员的思想和生活状况，做好思想工作，维护职工的合法权益。

2）协助班组长组织组内、组外的劳动竞赛。

3）协助班组长动员组员参加思想政治、安全、技术、文化学习，组织业余文化活动，建立良好的安全文化氛围。

4）负责班组工资、奖金、生活用品、劳保用品的发放，严格遵守制度，保证无差错。

5）组织小组民主生活会，实事求是地向上级反映班组成员意见及劳动保护方面的问题。

6）发展会员和做好工会小组的日常工作。

（3）班组安全员的职责。

1）在班组长的领导下，认真贯彻上级对安全生产的各项要求和规定。

2）做好班组长的助手，协助开好班组安全活动会。积极开展“三互”（互相帮助、互相监督、互相保护）、“六保”（保安全思想工作人人做、保安全措施及时落实、保安全规程自觉遵守、保安全设施齐全可靠、保施工现场安全、保“三个百分百”严格执行）活动，监督全组成员重视安全工作。“三个百分百”：确保安全，必须做到人员百分之百，全员保安全；时间的百分之百，每一时每一刻保安全；力量的百分之百，集中精力、集中力量保安全。

3）配合班组长组织班组成员搞好各项安全活动，做好出席人数、发言及整改要求的记录和统计工作。

4）搞好班组经常性的安全教育，正常开展安全活动。做好班前布置检查，班中现场巡查，班后小结讲评。

5）协助班组长做好新工人和临时借调人员上岗前的现场和岗位安全教育。

6）依靠班组成员，做好作业现场、设备、工具、劳保用品的日常检查，对危及安全的人和物，及时向班组长和上级领导反映，提出改进意见和建议。

7）班组停产检修或进行特殊施工时，做好现场检查和监护工作。

8）督促班组成员严格遵章操作，发现违章违纪，及时进行教育、劝阻；如劝阻不听，可能引发事故时，有权责令其暂停操作，并向班组长汇报。重大问题，可直接向上级有关部门汇报。

9）凡班组内发生的隐患或事故，协助班组长做好现场管理，护送受伤人员接受治疗，并及时向工段、车间值班室汇报，不得隐瞒、谎报或故意拖延迟报。

（4）班组设备员的职责。

1）协助班组长组织本班组成员认真执行设备管理规章制度。

2）做好设备定人定机工作。

3）按设备润滑要求督促本班组成员正确、及时地润滑设备，并与检修工一起进行定期清洗换油。

4）组织本班组成员参加设备生产点检，对自己无法解决的问题要及时向班组长和有关人员反映。

5）根据设备存在的问题，提出检修项目交工段汇总，并按检修计划组织班组成员参加检修保养活动。

6）参加设备事故分析活动，教育本班组成员从事故中吸取教训。

7）参加设备的技术状态和清洁度鉴定，做好检修后的验收工作。

8）积极参加和支持设备的技术革新和技术改造工作。

9）做好本班组区域内的房屋建筑管理，发现问题及时向车间、工段汇报。

（5）班组质保员的职责。

1）认真学习有关治安保卫及消防业务知识，不断提高工作能力。

2）经常向班组职工进行法制教育和道德教育。

3）认真做好防盗、防火、防灾的预防工作，督促组员遵守有关规章制度，负责消防器材的保管，维护生产秩序和公共秩序。

4）在重要节假日和其他特别需要加强治安的时候，发动和组织班组职工加强巡逻和重点守护。

5）如发生案件，要认真保护好现场并迅速报告工段和车间保卫部门，积极协助破案。

6）积极推行综合治理，负责做好帮助后进职工思想转化的工作。

除了上述人员外，还有其他岗位人员，这里不作一一介绍。

b 生产概况介绍

班组生产工艺流程、生产设备及其产品是班组各项经济效益的基础，同时，也与安全生产关系密切。因此，新职工进入班组以后，必须对班组的生产工艺流程、生产设备及其产品的种类、作用有一个概略的了解。还应介绍常用或专用工具、作业的环境条件、安全生产的特点等。

c 组员分工情况介绍

从生产的连续性来看，各组的工作不是独立的，班组内各成员的工作也是紧密相连的，每个人要想顺利、安全地完成各自的生产任务，必须有其他人员来配合和协助，也不离开检修工人对生产设备的维护保养和检修。所以说，在生产过程中，只有互相配合，互相支持，才能把生产搞好。因此，在班组安全教育中，明确组员分工，培养新工人的团队合作精神是很重要的。

C 班组规章制度

俗话说："不以规矩、不成方圆"，必要的规章制度，是保证企业生产正常进行、保证职工安全生产的必不可少的条件，是社会化大生产的客观要求，是提高劳动生产率的重要因素，也是培养职业道德的重要内容。

劳动纪律、操作规程、组织纪律、班组建设工作制度和班组安全生产制度等各项规章制度，是从生产实践中总结出来的，是安全生产的客观要求，是直接保证和维护职工自身安全和利益的重要手段，也是国家法律法规、标准规范的延伸。因此，每个新入厂职工，必须要认真学习和严格遵守这些规章制度，提高保护自身和他人安全的能力。

a 班组安全生产规章制度

班组安全生产制度，是从长期安全工作的经验教训中总结出来的，是保障职工安全健康，防止事故发生的根本保证，是厂规厂纪的重要组成部分，是每个职工必须严格遵守的安全工作法规。在执行过程中，要与思想政治工作相结合，与经济责任相结合，严格要求，严格管理，严格考核，以确保安全技术操作规程和岗位操作规程细则的严格执行。

班组安全生产规章制度的主要内容有：

（1）新职工到岗位前必须进行三级安全教育，熟悉周围环境。6个月后，经过安全知识和操作技术培训，考试合格后，方准独立操作。

（2）新入场职工要实行师傅带教。师傅要关心徒弟的思想、安全、操作技术，徒弟要尊重师傅。

（3）各个岗位的操作人员，必须使用规范的劳动防护用品和安全装置。

（4）由班组长或安全员主持，每星期组织一次安全活动，总结安全工作，提出防范措施，学习先进的安全管理方法，并做好记录。

（5）生产过程中发生人身及险肇事故，一定要及时上报。根据事故分析，主要责任者一方必须填表，工伤报表最迟在3天内送车间安全组。

（6）班组安全员要坚持“一班三查”制度，班前查、班中查、班后查，查到人员违章要及时制止，并进行安全教育；查到不安全因素要及时汇报，采取临时安全措施防止发生人员伤亡，直到问题解决。

b 工人安全生产职责

（1）自觉遵守安全生产法律、法规以及厂规厂纪和安全生产规章制度、操作规程。

（2）接受安全教育培训，积极参加安全生产活动，主动提出改进安全工作意见。

（3）认真执行岗位安全检查表，对检查发现的事故隐患，做到及时整改，并填写好报表。确属本人无力解决的，要立即向班组汇报。

（4）做好自身安全防范，正确使用和妥善保管劳动防护用品及操作工具，开展“三互、六保”活动。

（5）整理工作地点，保持清洁文明生产。

（6）有权拒绝违章指挥和强令冒险作业。

（7）发现直接危险及人身安全的紧急情况时，有权停止作业或采取应急措施后撤离现场，并积极参加抢险救护。

c 安全操作规程

新职工到班组后，必须指派师傅带教，并进行所在岗位的安全操作规程教育。

d 三项纪律

劳动纪律、组织纪律、操作规程称为三项纪律，主要内容是：

（1）职工应严格遵守规定的上下班时间，不准迟到、早退。

（2）要服从当班安排，不得借故不接受班组长的工作分配。

（3）职工在工作时间内不准打瞌睡、干私活、擅自离开工作岗位，不准在工作时间阅读与本职工作无关的书刊。

（4）不准将无关人员带入生产现场。

（5）小调班和工作休息时，不得串岗或进更衣室，应在指定的或安全的场所休息。

（6）如有特殊情况需要离岗时，必须班组长同意方准离开工作岗位。

（7）上班前不准饮酒，操作时不准和他人谈笑，更不准在班上打闹、打架。

e 班组建设工作制度

班组建设主要有班组规划、班组成员台账、安全检查及隐患整改记录、交接班记录、合理化建议、技术革新台账、班组会议及安全活动记录台账、组员奖励台账、班组家庭访问及困难补助台账、班组基金台账以及班组个人规划等。其作用是班组能及时、准确地掌握每个职工的工作、学习、思想等情况，结合上级布置的任务，使班组能团结一致并发挥个人的积极性，将班组工作做得更好。

班组建设评比条件：

（1）合格班组条件：

1）按月完成厂下达的主要技术经济指标和生产、工作任务。

2）认真贯彻质量管理制度，做到连续6个月无质量事故苗子。

3）积极开展安全活动，做到连续6个月无人身、设备事故苗子。

4）积极参加争创“六好班组”活动，并获得一次季度验收“六好班组”称号。“六好班组”：任务完成好、安全管理好、服务技能好、文化建设好、成本控制好、团队精神好。

5）按照厂的规定积极参加技术、文化、安全培训，开展劳动竞赛。

6）连续6个月无人受行政拘留以上处罚。

7）职工思想稳定，小组团结和睦，遵守各项制度。

（2）优秀班组条件：

1）全面达到合格班组条件。

2）全年无安全、质量事故苗子。

3）获得两次以上季度验收“六好班组”称号。

4）全年无人受行政拘留以上处罚。

5）班组骨干力量强，有竞争意识，班组成员发扬主动出击精神，积极为完成车间生产任务献计献策。

（3）模范班组条件：

1）全面达到优秀班组条件。

2）连续千日以上无安全、质量事故，产品质量居领先地位。

3）年内有6个月以上达到“六好班组”标准。

4）班组精神面貌好，民主气氛浓厚，思想政治工作活跃，已经成为职工的第二家庭。

5）班组长具有较高的管理水平和威信，班组骨干充分发挥了作用，整个班组在工段甚至全厂具有相当大的影响。

（4）奖励办法：

1）凡获得合格班组、优秀班组和模范班组称号者，应红榜公布并进行总结交流，先进事迹在全厂进行宣传。

2）合格班组和优秀班组给予奖励。

3）模范班组可推荐为年度厂的直至公司的先进班组，并享受相应的奖励待遇。

4）模范班组悬挂流动红旗。

f　班组安全教育

班组安全教育是三级安全教育的最后一级教育。上岗前教育的内容更贴近班组生产实际，教育方法更偏重于实际操作和现场岗位管理。班组安全教育首先应加强安全理念的教育，提高新职工对安全工作的认识，端正安全工作的态度，强化安全生产意识，提高新职工搞好安全生产的责任感和自觉性。

其次要加强现场管理及操作技能的教育培训。新职工由于对新工作环境、设备、生产工艺、安全操作技术等不熟悉，较易发生工伤事故，因此，对他们进行安全教育是十分必要的。班组长在对新职工进行教育时，要将本班组的工作范围、主要生产设备、工艺、危险源、安全规章制度、安全操作规范及本班组历年发生的工伤事故或重大险肇事故等告诉他们，并为他们制定专门带教师傅，规定带教师傅在传授生产技术的同时要传授安全技术（包括劳动防护用品的正确使用）。对新职工的安全状况，应进行定期分析，发现问题及时解决，以避免发生事故，使新工人尽快地在安全生产中发挥作用。

g 班组安全检查

安全检查室贯彻“安全第一、预防为主、综合治理”方针的重要措施，是依靠群众发现隐患、防止事故的一个重要手段，班组要建立安全管理网络，加强班前、班中、班后的安全检查工作。

通过安全检查，发现的问题有两个方面，一是人的不安全行为（违章），二是物的不安全状态（隐患）。对于人的不安全行为视不同情况采取不同的措施。例如，有人违章操作或出现不安全行为，发现后要立即阻止和纠正；发现新工人操作生疏，有碍于安全时，要及时调配力量并加强培训。对于物的不安全状态，如设备、作业环境等，一定要做到“三定”、“二不推”。“三定”，即对隐患整改要做到定责任人、定措施、定期限。“二不推”，即个人能整改的不推给班组，班组能整改的不推给车间。要求整改要及时，措施要有力，要落实到人，而且要做好整改记录。对于班组不能解决的重大隐患，必须及时报上级部门，在处理之前，要相应做好预防性措施。

要加强岗位检查，及时消除危险因素和制止不安全行为。对本班组作业环境在交班前、接班后要认真进行检查，检查情况要向本组人员通报。对重点部位和易发生事故环节要采取相应的控制措施，作业中出现的不安全行为要及时制止，发现的不安全因素要及时整改，暂时不能整改的隐患要采取有效的针对性控制措施。

根据在安全检查中发现的问题和整改落实的情况，要按有关规定，视不同情况进行严格考核或教育。

安全检查方法可采用安全检查表法。该法规范全面、简单易行，新工人易掌握。每天上岗之前，作业人员对作业环境、设备的安全防护装置、信号、润滑系统、工具及个人防护用品的穿戴等进行全面检查，确认符合安全要求后，方可开始工作。

h 交接班制度

交班人员应提前半小时做好交班准备，接班人员应提前 15 分钟到达交接班现场做好接班准备。

当班的组长要正确、清楚、可靠地做好各种生产记录，并当面反馈给下一班的组长。接班的组长不仅要看上一班的记录、听交班者的介绍，还要到异常的设备或作业点进行查看，为当天的安全生产提供依据。

交班者应做到：

（1）交班前，应认真检查生产现场和机械设备的运转情况。

（2）机械设备要按规定进行维护。本班能处理的故障，一律处理完毕再交班；不能处理的应向接班者说明原因，提出处理意见并上报，填写好交接班记录。

（3）清点好材料、工具和备件。

（4）工作场地必须清扫干净。

（5）将本班生产情况向对口接班者交清。接班者未到达岗位的，交班者不得离开。

接班者应做到：

（1）接班前参加班前会，接班者应提前15分钟到岗位上检查了解上一班的安全、生产、设备、环境等情况。

（2）接班中发现问题，要及时向上一班提出，按照责任制的有关规定，妥善解决，解决不了的要报告领导。

（3）凡由于接班不严而遗留影响安全的问题，一律由接班者负责。

交接班实行“五不交”：

（1）生产、设备运行情况交代不清不交。

（2）工具摆放不整洁、数量不清不交。

（3）机械设备润滑不良不交。

（4）当班能排除的事故隐患或设备故障未排出不交。

（5）记录不完整、填写不清楚不交。

交接班经双方认可并在交接日志上签字后，交班人员方可离开岗位。

i　劳动防护用品使用制度

劳动防护用品是做好劳动保护工作的辅助措施，它与一般的职工福利有根本区别。正确穿戴好各类防护用品，是保证生产过程中防止工伤事故和避免职业病的重要措施。为此，每个职工进入工作场所必须戴好安全帽，扣好帽带，穿着规定的工作服和工作鞋，保证正确使用各类劳动保护用品。为了提高劳动保护用品的使用效益，职工还必须爱护公物，妥善保管，杜绝乱丢乱放，防止遗失和损坏。

j　班组安全活动

通过开展内容丰富、形式多样的班组安全活动，既可以提高职工的安全素质和安全生产技能，还可激发职工搞好安全工作的热情，促使职工重视和真正实现安全生产，也可使组员之间交流思想，增进感情，统一认识，形成团队精神。一般形式有：每天班前班后会说明安全注意事项、每周的安全活动日、安全生产会议、事故现场分析会、班组读报活动、安全竞赛、班组建“小家”活动、事故警告、“五个一”活动（一周查一个事故隐患，提一条安全建议，背一条安全规程，分析一次事故教训，一人当一周安全检查员）、事故告示、事故应急救援演习等。搞班组安全活动的关键是调动大家的积极性，让所有人员主动参与。

D　安全合格班组条件

安全合格班组建设，是搞好安全生产的重要标志，也是班组标准化建设的需要，它包括班组安全活动、安全生产考评等方面。其标准如下：

（1）认真学习并贯彻执行安全生产方针政策。

1）所有班组成员都必须认真学习安全生产方针、政策、法律法规和上级的有关规定。

2）所有班组成员都必须具有明确的“安全第一”的思想，当安全与生产发生矛盾，生产应服从安全。

（2）实行目标管理。

1）必须有明确、先进并切实可行的安全生产目标（无违章违纪、无险肇事故、无事故苗子、无人员伤亡事故、无误操作的设备或工具事故，污染治理达国家规定的标准）。

2）每个班组成员应了解本企业的安全生产目标的主要措施。

3）每个班组成员都能从自己做起，实现目标。

（3）严格执行安全生产规章制度。

1）班组内的技术规程、安全操作规程、设备维护检修规程、岗位责任制、交接班制度齐全，并认真执行。

2）每个班组成员要熟悉本岗位的安全操作规程及规章制度，要知道班组工作范围内的危险源、返还措施及应急措施。不盲目指挥，不冒险作业。

3）特种作业人员经过培训考核合格，持证上岗作业。

4）班组要制定联保互保制，三人外出工作，要指定一人负责安全；两人外出工作，要指定安全监护人。在工作中加强上下、左右的联系，紧密配合。

5）班组长与安全员要对新职工或由他处调入的工人进行安全教育。

6）上岗作业必须正确穿戴劳动保护用品。

7）接触尘毒的班组，要有专人负责有关设备的维护保养，并应建立专门的管理制度，使防尘毒效果达到要求。

8）要推行安全检查表制度，安全检查要做到规范化、制度化、标准化。

9）要开展班前五分钟讲话，班前查、班中查、班后查的“一讲三查”活动。

10）对工伤事故、设备事故、险肇事故均应严格执行“四不放过”的原则，进行及时、认真的分析、处理。

11）要建立违章违纪、险肇事故、事故苗子、工伤事故等的登记簿。实事求是地进行登记，不弄虚作假。

（4）搞好文明生产。

1）作业场所清洁，物料堆放整齐，安全通道符合要求，设备保养完好。

2）各种安全防护装置、设施齐全有效，灵敏度高。

3）班组范围内的各类设施、工具、车辆、工作现场、休息室、更衣室等必须做到安全无隐患，卫生整洁。

4）人人遵守劳动纪律，不脱岗、不串岗、不饮酒上班。

（5）有正常的安全活动。

1）班组要有正常的班前、班后活动，班组长在主持这一活动时，要严格按“五同时”办，每一个班组成员都必须在现场与上班人员进行对口交接班。“五同时”：企业组织及领导者在计划、布置、检查、总结、评比生产工作的同时，同时计划、布置、检查、总结、评比安全工作。

2）班组安全活动每周一次，每次不少于40分钟。活动要有具体的内容，要能联系班组安全生产实际。每次活动要认真做好活动内容、参加人员的记录。

3）每月要有一次查隐患、抓整改活动。从思想上、班组安全生产的现状、过去发生的事迹教训、兄弟部门发生的事故等方面进行系统的检查分析，举一反三，消灭事故隐患。

4）生产任务完成好。

班组生产中的危险、有害因素也就是危险源无处不在。要真正搞好安全生产，确保在生产过程中人身和设备的安全，学会识别危险、有害因素是每个新职工的必修课。危险、有害因素分类的方法有很多种，下面按照人和物两大类进行比较。分析生产过程中存在的危险、有害因素，应结合生产工艺流程和生产设备来介绍。

物的不安全状态包括：

（1）机器设备本身的缺陷。

（2）防护设施、安全装置没有、不完善，没有接地、接零或绝缘，危险标志不清等。

（3）工作场所的缺陷，如安全通道不畅通、存在危险物等。

（4）个人防护用品的缺陷。

（5）作业环境的缺陷，如通风不良、存在尘毒等。

要防止物的不安全因素，应做到：

（1）加强机器设备的维护检修。

（2）保证防护设施和安全装置完好，危险标志清楚；工作中要切实做到“四有四必”（即有轮必有罩，有台必有栏，有洞必有盖，有轴必有套）；进行电气作业时，应先检查绝缘和接地、接零情况，否则不能作业。

（3）加强作业场所的检查，保证安全通道畅通，危险物要及时排除或采取安全措施。

（4）选用合适的劳动保护用品。

（5）采取照明、通风、除尘等措施，保证作业场所环境良好。

人的不安全行为包括：

（1）不按规定的方法进行操作（违章作业）。

（2）对极可能造成人员伤亡的作业不采取安全措施。

（3）对运转中的设备进行清擦、加油、维修和调整。

（4）拆除或者破坏了安全装置。

（5）作业行为本身不安全。

（6）没有穿劳动保护用品或使用不正确。

（7）接触或置身于不安全场所。

（8）其他不安全行为。

为了防止人的不安全行为，应做到：

（1）加强现场管理和人员教育培训，养成良好的操作习惯，防止习惯性违章。特种作业人员应经培训考核，取得操作资格证后方准上岗作业。

（2）对危险性较大、可能造成自己和他人伤亡的作业，要采取安全防范措施，确认安全方可作业。

（3）严禁对运转中的设备进行清擦、加油、维修和调整，做到停机处理各类故障和杂物。

（4）严格执行压力容器、危险物品的操作、管理规定，防止发生事故。

（5）不得拆出安全装置，并经常检查，确保其有效。

（6）物件、工件要放好，特别是在高处作业时，要防止其脱落。

（7）要正确使用劳动用品。

（8）进入有运转的机器、通风不良的场所，首先应检查是否安全，否则不得进入。

思 考 题

1-1　安全教育的内容包括哪几个方面？

1-2　冶金行业安全生产有什么特点，主要危险有害因素有哪些？

1-3　金属压力加工车间常见的危险有害因素有哪些？

1-4　新职工的安全教育通常有哪些形式？

1-5　安全生产的目的和意义是什么？

1-6　安全教育的必要性和重要性是什么？

1-7　我国安全生产的方针是什么？

1-8　我国主要的安全生产法律有哪些？

1-9　《安全生产法》规定了哪7项基本法律制度？

1-10　哪些情况可以认定为工伤，工伤待遇有哪些？

1-11　从业人员安全生产的权利和义务有哪些？

1-12　车间安全培训的内容有哪些？

1-13　“6S”指的是什么？

1-14　班组安全教育的目的、意义是什么，内容有哪些？

1-15　班组规章制度有哪些？

2 金属压力加工实习大纲

2.1 金属压力加工认识实习大纲

2.1.1 实习目的及任务

认识实习是材料成型及控制工程专业学生的一门实践课，是学生学完基础课程和部分专业基础课程之后进行的，是以了解本行业的生产操作过程为主的独立实践教学环节，是教学计划的重要组成部分。

通过参观现代钢铁、有色金属生产企业，使学生初步认识冶金生产全流程各工序配置与先后顺序，了解压力加工生产车间工艺流程布置与设备配置、生产操作与管理水平。通过本实践教学环节提高学生对专业的感性认识，为后续专业课程的学习及所从事的行业打下基础。

2.1.2 实习基本要求

培养学生获取感性知识的能力和方法，并通过参观一些现代钢铁、有色金属生产企业尤其是金属压力加工企业的生产过程，使学生初步认识本专业的生产工艺布局及设备配置情况。培养学生不怕困难、一丝不苟和向实践学习的工作态度与作风。培养学生学习安全生产和确保安全的意识。

2.1.3 实习内容

（1）收集参观企业基本信息（体制、发展历史沿革、产品品种及规模、技术装备水平、职工队伍、效益等）；

（2）了解冶金行业尤其是钢铁行业从矿石开采到压力加工整个环节的大布局；

（3）了解压力加工车间工艺流程及设备配置情况；

（4）了解压力加工车间生产操作与管理情况；

（5）了解压力加工车间污染及治理方面情况；

（6）了解压力加工车间安全与防火方面情况；

（7）认识实习要通过老师的指导，工程技术人员和管理人员讲解，工人师傅言传身教和学生积极学习来完成。学生应严格遵守工厂或工地的各项规章制度和实习纪律，虚心学习，做好笔记，实习结束时，撰写实习报告。

2.2 金属压力加工生产实习大纲

2.2.1 实习目的及任务

生产实习是材料成型及控制工程专业学生的一个重要的实践性教学环节，是在学生完成专业基础课和部分专业课学习以后进行的。它是课堂教学的必要补充和继续，是贯彻理论联系实际原则使认识进一步深化的过程。同时是学生在校学习期间接触和了解社会、了解企业的重要环节，是学生向工人学习、向实际学习的最好机会。通过实习达到如下目的：

（1）全面了解压力加工的生产过程及设备概况，使学生获得实际生产知识，促进所学理论和实践的结合，使认识进一步深化。

（2）经过对生产问题的实际调查、学习和探讨，进一步掌握必要的生产技术，提高学生分析与解决实际生产问题的能力。

（3）为后续专业课的学习和相关课程设计收集和积累必要的资料。

（4）组织学生进行必要的社会调查，增强学生对现代企业和工人的了解；培养、增强纪律观念和劳动观念，争取业务和思想双丰收。

通过深入企业生产实习，使学生参与到生产岗位中去，熟悉具体生产工艺技术操作规程，虚心向现场学习、向生产工人学习，发现问题并力图分析与解决问题，培养学生的动手能力及岗位执行能力。

2.2.2 实习基本要求

（1）培养学生深入生产第一线岗位执行能力；

（2）培养学生熟悉生产现场工艺与设备的能力；

（3）培养学生理论联系实际，发现问题、分析与解决问题的能力；

（4）培养学生与人交往、团结协作及融入企业的能力；

（5）培养学生吃苦耐劳、克服困难的能力；

（6）培养学生安全意识与安全生产的能力。

2.2.3 实习内容

2.2.3.1 全厂概况

了解实习工厂所在地理位置、交通运输、建厂史、原料来源及种类，产品种类、产量，主要生产设备，生产工艺流程以及计算机控制系统在工厂生产技术和管理中的使用情况。

2.2.3.2 原料准备工序

（1）原料种类，规格尺寸，特性，原料的处理方法。

（2）加热的目的及方法，燃料及其成分，加热炉的产量。

（3）加热炉形式，炉子构造和辅助设备结构形式（进出炉设备，汽化冷却及余热利用装置、烧嘴等）作用及性能。

（4）加热操作规程、加热不同钢种加热制度的区别，加热时间、加热缺陷及其产生原因与防止方法。

（5）加热炉控制系统及热工仪表的功能和形式。

（6）加热工序的各种节能措施的手段。

（7）酸洗的目的、原理、连续酸洗机组的组成。

2.2.3.3　成型工序

（1）各压力加工设备的结构形式，主要的组成部分（压下机构、轴向调整机构、传动方式、轴承装置、安全保护装置等）、机架数、换辊方式、机架形式、主机列的组成，设备控制系统。

（2）主电机数量、形式、性能。

（3）各种辅助设备的种类、结构形式、用途及性能。

（4）产品品种、尺寸规格、成型方式、工艺规程。

（5）产品生产过程中常出现的各种缺陷及产生原因与防止方法。

（6）产品生产工艺参数及控制系统，生产过程在线检测的设备形式、用途及性能。

（7）材料成型过程的控轧控冷、润滑方式与产品质量的关系。

2.2.3.4　精整工序

（1）各种精整设备的名称、用途、工作原理、结构形式及性能。

（2）产品的各种精整（冷却、剪切、矫直、热处理和包装等）处理方式、操作制度以及与产品质量的关系。

（3）产品质量检查及缺陷处理方法。

2.2.3.5　深入相关工厂实习

要求学生积极参加生产劳动，坚守岗位，听从带队老师和工人师傅的指挥。遵守企业的一切规章制度。虚心向工人、工程技术人员学习，搞好厂校关系。保守国家机密，爱护国家财产，注意设备安全和人身安全。实习中要做到多看、多记、多问。实习完成后要写出生产实习报告，要求叙述清楚，文字精练，字迹清晰，并有自己的独立见解，附上实习车间（或厂）的平面布置简图。

2.3　金属压力加工毕业实习大纲

2.3.1　实习目的及任务

毕业实习是材料成型及控制工程专业学生的一个重要的实践性教学环节。它是学生学习完所有专业课程后，进入毕业设计（论文）之前到各类专业相关企业的生产现场进一步了解企业生产工艺、设备和生产技术管理，为毕业设计（论文）收集相关资料而进行的一个重要的独立性实践性教学活动。

学生通过到各类企业的生产现场实习了解各类企业的各类产品的生产过程、工艺规程及设备情况，熟悉与本车间有密切联系的相邻车间的产品、生产主要过程、设备及与本车间的相互关系和对车间产品质量的影响因素等，获取生产实际知识，培养学生利用所学知识分析和解决生产工艺及技术问题的能力，为毕业设计（论文）收集相关资料。

2.3.2　实习基本要求

（1）培养学生收集现场数据与资料的能力；

（2）培养学生结合现场发现问题、分析及解决问题的能力；

（3）培养学生善于向实践、向社会学习的能力；

（4）培养学生与人交往、团结协作及融入企业的能力；

（5）培养学生吃苦耐劳、克服困难的能力；

（6）培养学生安全意识与安全生产的能力。

2.3.3 实习内容

（1）工厂整体概貌，包括实习工厂所在地理位置、工厂各主要车间组成、相互关系与总体布置交通运输情况。

（2）工厂各车间的产品方案（断面形状、尺寸、钢种及不同品种规格在总产量中的比例等）。产品的技术要求和执行标准。

（3）车间原料种类、运输情况和原料处理。

（4）不同产品的金属消耗系数和成品率等，编制金属平衡表。

（5）产品生产工艺流程，车间各主要工序操作规程，各种产品主要工序的工艺制度。

（6）车间各种工艺图和规程图表（孔型图、压下规程、轧制表、辊型设计资料等）。

（7）车间主、辅设备图和生产自动控制系统。

（8）车间平面布置情况及存在的问题和改进意见。

（9）车间技术经济指标，车间生产组织管理系统。

思 考 题

2-1 简述对实习单位总的认识，内容包括铁、钢、轧整个系统布置，原料及产品供销情况，产能、人员编制、装备水平及发展概况等。

2-2 简述轧钢厂命名方式、建厂历史、产量大小、从业人员规模。

2-3 简述轧钢厂用坯断面形状、品种、规格、来源及运输情况。

2-4 简述轧钢厂产品大纲、产品用途、销售情况等。

2-5 简述轧钢厂用水、电（强电、弱电）、燃气、蒸汽、氧气、氮气等情况及输送、运输情况。

2-6 简述轧钢厂轧辊消耗、轧辊供应及运输情况。

2-7 轧钢厂（车间）共有几跨，跨距、柱距是多少，厂房长度、宽度尺寸是多少？

2-8 轧钢生产工艺流程是怎样的，各工序的作用是什么？

2-9 轧钢车间各设备间相互位置关系如何，车间原料库、中间库、成品库面积多大，车间平面布置图如何绘制？

2-10 钢厂人员编制怎样，上班工作制度如何运转？

2-11 钢厂污水处理与环境保护如何进行？

3　金属压力加工车间生产工艺流程

3.1　热加工车间生产工艺流程

热加工指加工温度处于再结晶温度以上温度范围内的加工。金属铸造、热轧、锻造、焊接和金属热处理等工艺的总称为热加工。有时也将热切割、热喷涂等工艺包括在内。热加工能使金属零件在成型的同时改善它的组织，或者使已成型的零件改变结晶状态以改善零件的力学性能。铸造、焊接是将金属熔化再凝固成型。

热轧、锻造是将金属加热到塑性变形阶段，再进行成型加工，如合金钢需加热到形成均匀奥氏体后，再进行热轧、锻造。温度低塑性不好，易产生裂纹；温度过高金属件易过分氧化，影响加工件质量。

金属热处理只改变金属件的金相组织，包括：退火、正火、淬火、回火等。

这里只探讨钢材的热轧生产工艺，按钢材品种分热轧棒线、热轧型钢、热轧中厚板、热轧带钢及热轧无缝钢管生产工艺等。

3.1.1　热轧棒线生产工艺

某棒材车间主要生产的钢种有普通碳素结构钢、优质碳素结构钢、低合金钢、锚链钢、标准件钢和合金结构钢等。产品规格为$\phi16\sim45$mm 圆钢及$\phi12\sim40$mm 带肋钢筋；年产 60 万吨。全轧线共有 18 架轧机，分为粗轧、中轧、精轧机组，分别由 6 架平-立交替布置的短应力线轧机组成（其中，第 16、第 18 架为平-立可转换轧机），各架均由直流电动机单独传动。整个轧线采用全连续无扭轧制，粗、中轧机组采用微张力轧制，在中轧机组与精轧机组之间、精轧机组各架轧机之间均设置立活套，实行无张力控制轧制，从而生产出高精度的产品，终轧速度最快为 16m/s。在中轧机组及精轧机组前各设一台启停式飞剪对轧件进行切头、切尾及事故碎断。冷床形式为步进齿条式冷床，冷却后的钢材经冷剪剪成定尺，检验后打捆包装入库。生产工艺流程如图 3-1 所示。

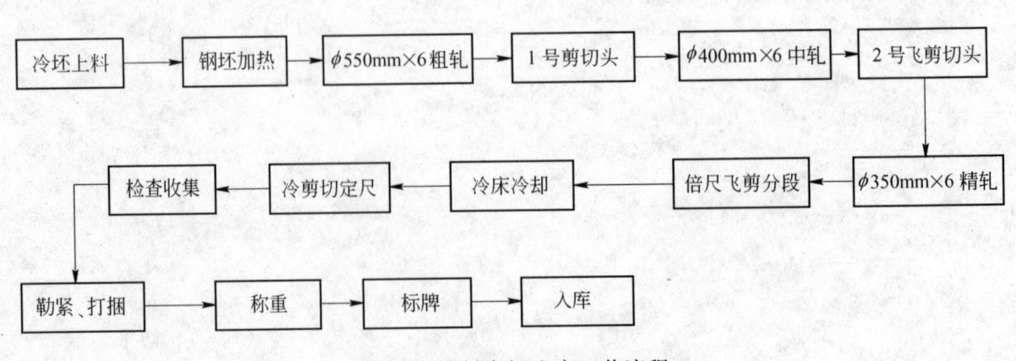

图 3-1　棒材车间生产工艺流程

某高速线材生产车间工艺流程如图3-2所示。

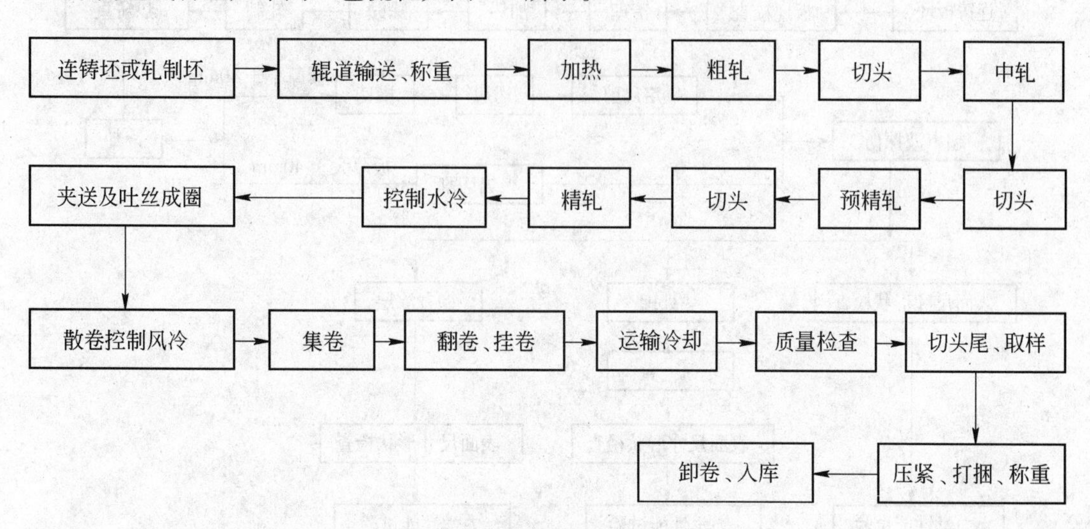

图3-2 高速线材车间生产工艺流程

3.1.2 热轧型钢生产工艺

某中型型钢车间生产的主要型钢品种有槽钢12号~16号；工字钢14号~16号；角钢8号~12.5号；球扁钢14号~20号；轮辋钢7.00T、7.50V；矿用槽帮钢和刮板钢；圆钢ϕ50~66mm、ϕ75mm；薄板坯（9.5~15.3）mm×240mm。年产量达30万吨左右，其ϕ650mm/550mm型钢轧机为往复跟踪式布置，二辊式轧机；第1、2机架为直流、可逆式，第3~6机架为交流电动机传动、不可逆；成品轧件经热锯后冷却、离线矫直、检验入库。生产工艺流程如图3-3所示。

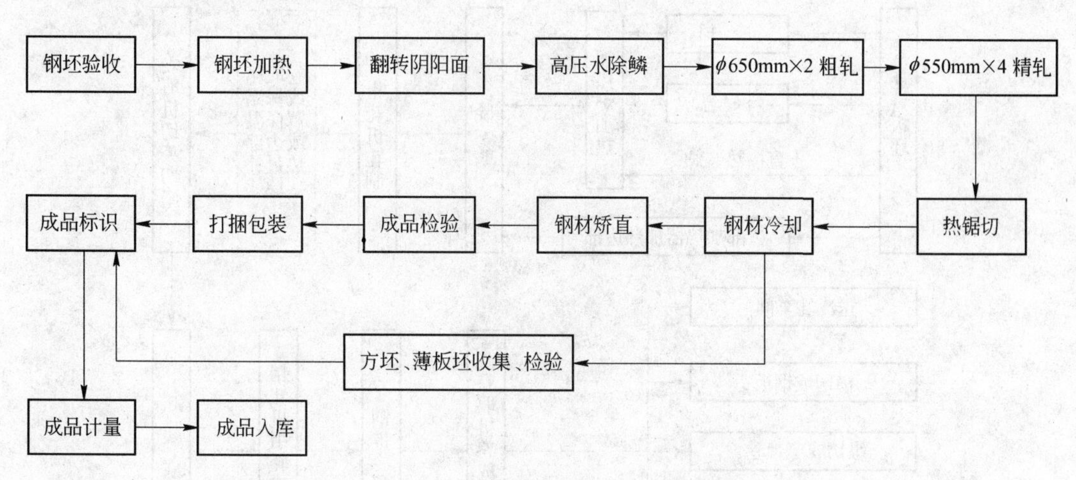

图3-3 中型型钢车间生产工艺流程

3.1.3 热轧中厚板生产工艺

中厚钢板生产工艺流程如图3-4所示。

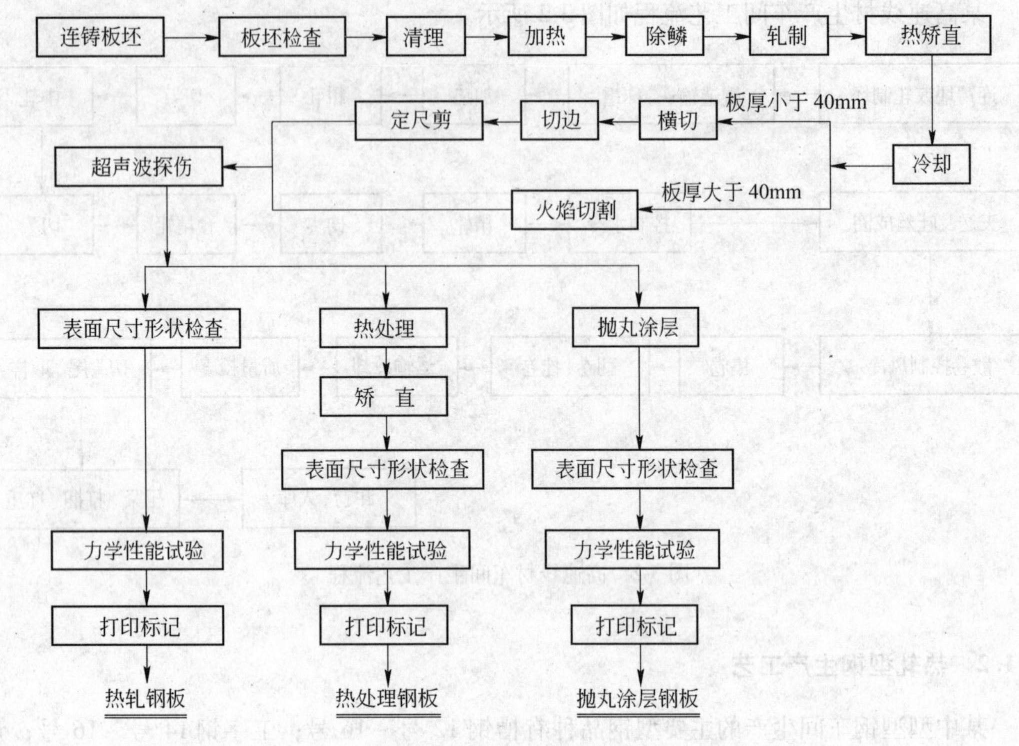

图 3-4　中厚板生产工艺流程

3.1.4　热轧带钢生产工艺

热轧带钢生产工艺流程如图 3-5 所示。

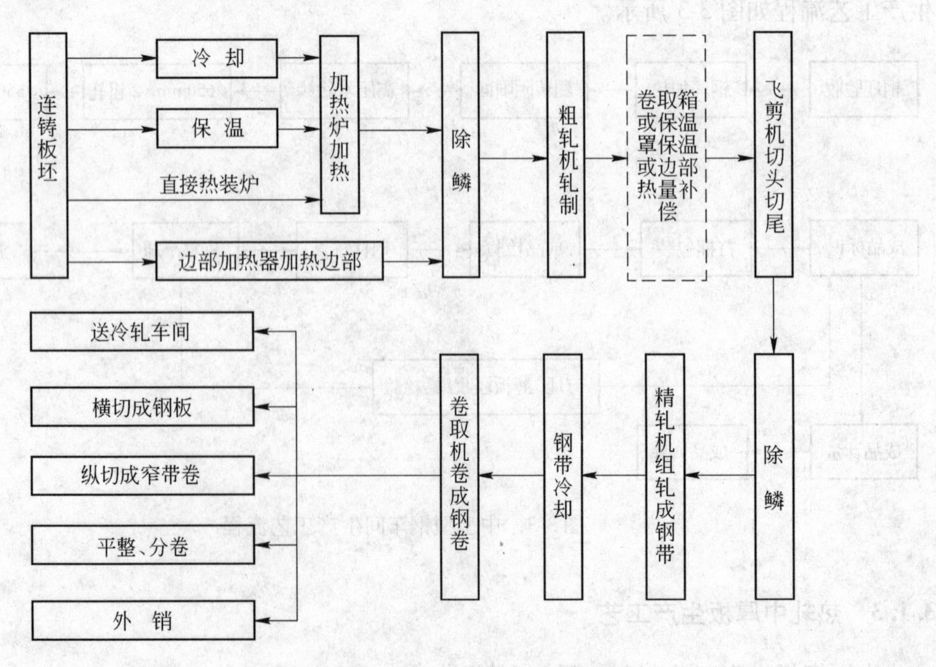

图 3-5　热轧带钢生产工艺流程

3.1.5 热轧无缝钢管生产工艺

热轧无缝钢管生产工艺流程如图3-6所示。

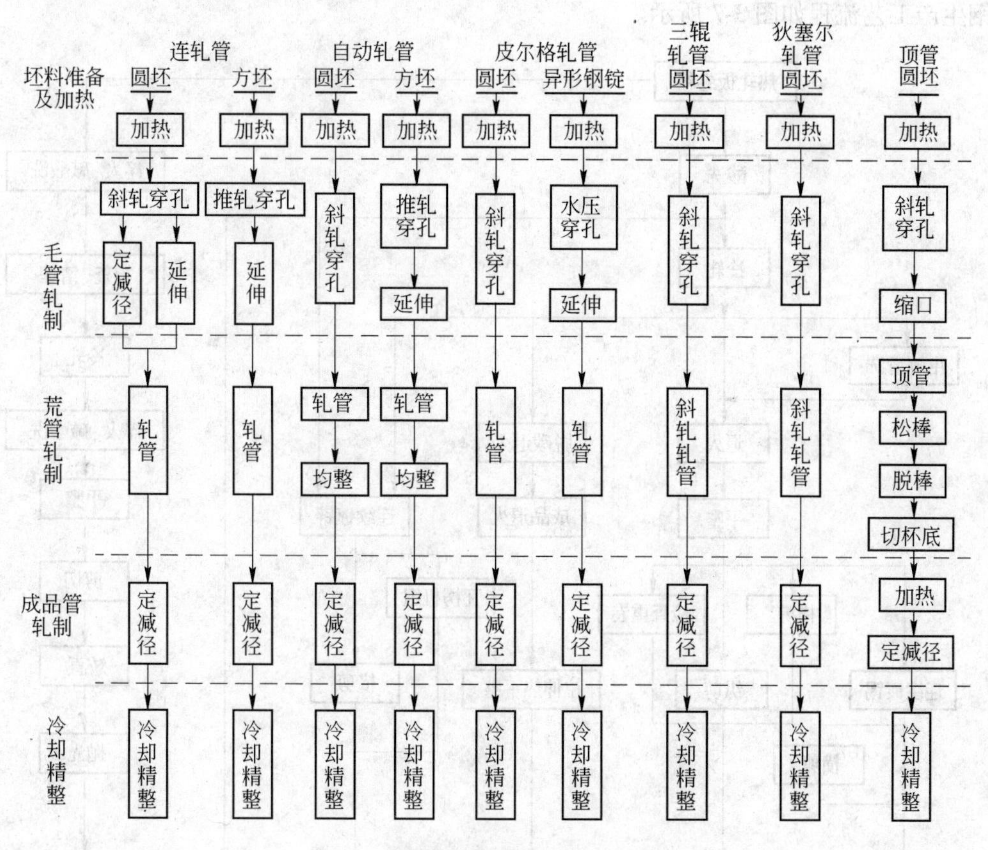

图3-6 热轧无缝钢管生产工艺流程

3.2 冷加工车间生产工艺流程

广义上的冷加工通常指金属的切削加工。用切削工具（包括刀具、磨具和磨料）把坯料或工件上多余的材料层切去成为切屑，使工件获得规定的几何形状、尺寸和表面质量的加工方法。切削加工是机械制造中最主要的加工方法。虽然毛坯制造精度不断提高，精铸、精锻、挤压、粉末冶金等加工工艺应用日广，但由于切削加工的适应范围广，且能达到很高的精度和很低的表面粗糙度，在机械制造工艺中仍占有重要地位。

这里探讨的冷加工指在低于再结晶温度下使金属产生塑性变形的加工工艺，如冷轧、冷拔、冷锻、冷挤压、冲压等。冷加工在使金属成型的同时，通过加工硬化提高了金属的强度和硬度。

钢材的冷加工工艺有冷轧带钢生产工艺、无缝钢管冷加工工艺、焊管生产工艺、拉丝生产工艺、冷弯型钢生产工艺等。

3.2.1　冷轧带钢生产工艺

冷轧板带钢产品主要有金属镀层薄板、深冲钢板、电工用硅钢与不锈钢板等。冷轧板带钢生产工艺流程如图 3-7 所示。

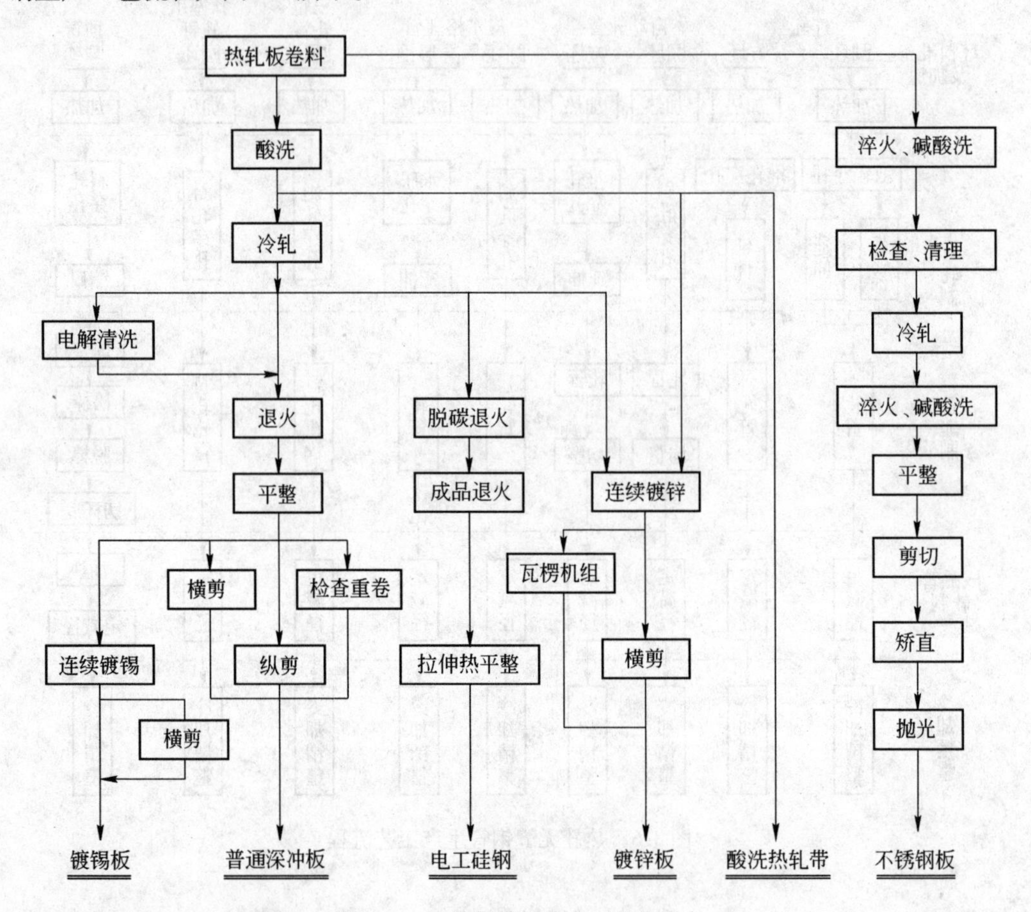

图 3-7　冷轧板带钢生产工艺流程

3.2.2　无缝钢管冷加工工艺

以热轧无缝钢管或焊接钢管为原料，用冷轧、冷拔方法生产精密、薄壁、高强度钢管的车间为冷轧冷拔钢管车间。根据产品品种、钢类及有关技术标准要求，选择合适的冷轧冷拔生产工艺。由于冷轧冷拔方法各有其不同特点，尽量采用冷轧冷拔联合生产方法，以充分发挥两种方法的优点。一般利用冷轧减壁和成壁，再用冷拔定径。图 3-8 为碳素钢和合金钢钢管冷加工生产工艺流程。

3.2.3　焊管生产工艺

以钢带或钢板为原料，在常温或加热状态下，经弯曲成型生产焊接钢管的车间为焊接车间。焊接钢管用于流体输送、机械制造、建筑结构等方面。图 3-9 为中小直径直缝电焊钢管常用的生产工艺流程。

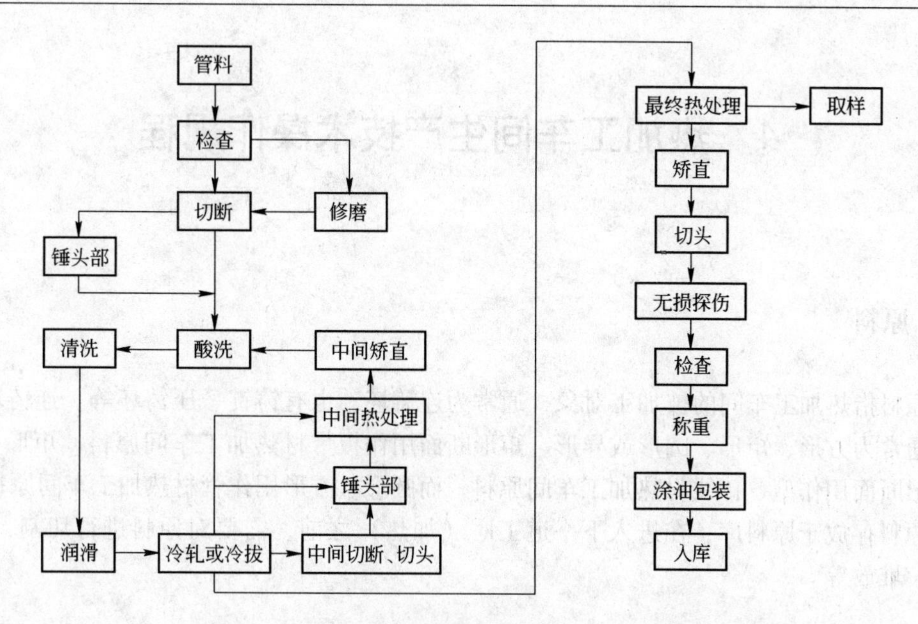

图 3-8 碳素钢和合金钢钢管冷加工生产工艺流程

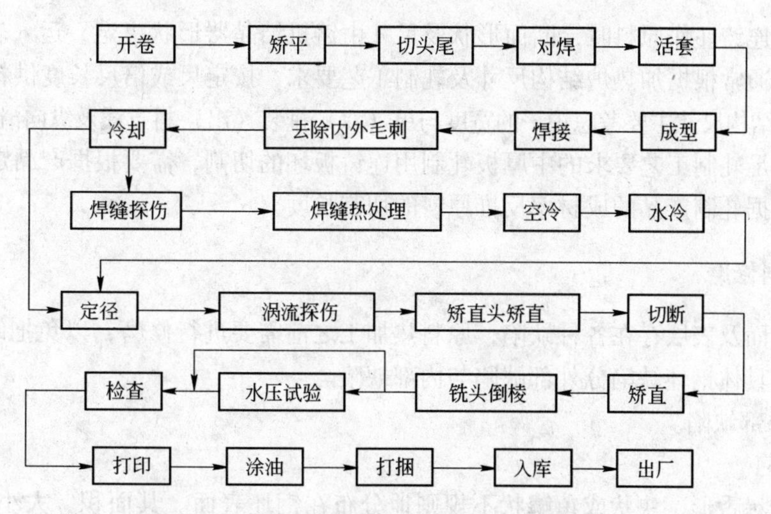

图 3-9 中小直径直缝电焊钢管生产工艺流程

思 考 题

3-1 什么是热加工与冷加工？

3-2 试给出热轧棒线生产工艺流程。

3-3 试给出热轧型钢生产工艺流程。

3-4 试给出热轧中厚板生产工艺流程。

3-5 试给出热轧带钢生产工艺流程。

3-6 试给出热轧无缝钢管生产工艺流程。

3-7 试给出冷轧带钢生产工艺流程。

3-8 试给出无缝钢管冷轧生产工艺流程。

3-9 试给出焊管生产工艺流程。

4 热加工车间生产技术操作规程

4.1 原料

原料指热加工车间的被加工对象，通常为连铸坯，也有铸锭、压铸坯等。连铸坯断面形状通常为方形、矩形、圆形或异形。矩形断面用作板带材热加工车间原料，矩形、方形及异形断面用作型、棒线材热加工车间原料，而圆形、方形用作管材热加工车间原料。

原料存放于原料库，在进入下一道工序（加热）之前，需要对原料进行切割、修磨、吊运、堆放等。

4.1.1 原料切割

对于用连铸坯作原料时，断面形状及尺寸由铸机结晶器形状决定，运入轧钢车间的连铸坯长度，通常根据加热炉结构尺寸及轧制工艺要求，按定尺或倍尺长度供料。

加热炉结构尺寸主要考虑炉子的宽度与单（双）排装（出）料方式及纵向滑道间尺寸等。

对于满足轧制工艺要求的中厚板轧制用连铸板坯的切割，需要根据产品定（倍）尺长度要求，根据轧制产品的成材率反推原料的切割长度。

4.1.2 原料修磨

原料表面及表层存在各种缺陷，原料热加工之前需要进行修磨，以免把缺陷带入轧制产品中去。具体钢坯缺陷分外部缺陷与内部缺陷。

（1）外部缺陷。

1）结疤。

特征：星舌形、块状或鱼鳞状不规则地分布在钢坯表面。其面积、大小和厚度不均，外形轮廓不规则，有的闭合，有的张开，有的一端与钢坯连成一体，有的陷在钢坯内，既有单个的，又有成片的。钢坯浇注及开坯轧制过程均可能造成结疤。炼钢结疤有时在轧制过程中会随着轧件的不断延伸而脱落，有的掉在导卫装置中，阻碍下一根轧件进入。轧钢结疤在轧制过程中一般不易脱落，但易开裂翘起，有的挂在导卫装置上影响轧件出入。

2）耳子。

特征：钢坯表面上平行于轧制方向的条状突起部分称为耳子。它在轧制过程中会造成成品折叠。

3）表面裂纹。

表面裂纹种类很多。现场常见的有烧裂、网状裂纹、横裂、纵裂、发纹等。

烧裂：钢坯表面的一种横向开裂。裂缝短、开度大，破裂的外形很不齐整，多在角部出现。

网状裂纹：钢坯表面的裂纹深度和宽度都比较大，数量多，无一定方向，呈网状。

横裂：呈“之”字形或近似直线形的横向裂纹。

纵裂：一般与钢坯长度方向一致，呈直线形。

发纹：在钢坯表面延伸长度方向分布、深浅不等的发状细纹。

所有裂纹如果深度浅，则可以在加热、轧制过程中消除。如果深度较深，则影响最终产品的质量，必须予以清除。

4）断面形状不规则。

特征：连铸坯较多出现的有钢坯角度不充满，呈塌角现象，或钢坯绕轴向扭转出现脱方。当使用推钢式加热炉时，容易造成拱钢。这种钢坯不能满足孔型设计要求，是造成轧制操作故障的原因之一，而且会影响成品质量。

（2）内部缺陷。

1）非金属夹杂。

特征：一般呈点状、块状和条状分布，大小与形状无规律，多见于钢坯端部（有时黏附在钢坯表面）。实践证明，如果夹杂严重，在一般轧制条件下，轧件会产生分层、开裂等缺陷。用带有非金属夹杂的钢坯轧制型钢，由于非金属夹杂在继续热轧中被压碎，并呈线条状分布，使金属基体的连续性遭到破坏，型钢强度、韧性及塑性降低。

2）缩孔。

特征：在钢锭浇注过程中，由于浇注温度太高，浇注速度太快，导致钢水在由下向上、由边缘向中心的凝固过程中，收缩的体积得不到补充而在钢锭上部中心处产生一段不规则的孔穴，称为缩孔。缩孔周围往往出现严重的疏松及非金属夹杂。钢锭的缩孔在轧制过程中因其表面已被氧化而不能焊合。对镇静钢锭如果钢坯切头不足，钢坯头部就残留有缩孔。它在轧制中容易开裂或形成劈头，使轧制无法继续进行。未开裂的缩孔则被带到成品中。

3）皮下气泡

特征：由于沸腾钢沸腾不好，钢液中的气体来不及排出，被已凝固的钢锭包住形成气泡，离钢坯表面太近，称为皮下气泡。轧制时，由于气泡外露，经延伸变成裂纹，皮下气泡形成的裂纹，不止一条，常常是多条，裂纹与裂纹平行。皮下气泡必须在炼钢、铸坯时设法消除，否则它形成的裂纹越轧越深，最终将被带到成品中。

4.1.3 原料吊运

（1）应经常检查吊具、夹具是否符合安全规定，吊钢重量不得超过吊具和行车的额定重量。锭坯堆放的高度和间距均应符合安全规定。

（2）装卸车和移行、整理要听从管理工的指挥，特别要注意核对钢号、炉号、断面、数量，不得有误。分多次吊完的，要中途核查。装卸、整理完一个炉号后，才可开始下一个炉号。

（3）根据按炉送钢制度，同一钢号、同一炉号、同一断面的原料应尽量堆放在一起，如有困难，分处堆放应与管理工联系，管理工应填写记录卡，分开管理，做到证物一致。

（4）钢坯堆放整齐，垫块摆放正确，防止倒垛，如有倒垛的则按规定整理。

（5）日常点检吊具有无破损、变形等不能正常使用现象。

（6）会同质检人员核查坯料是否与计划要求相符、坯料记录是否与实物相符，钢号、炉号、坯（锭）型尺寸、块数有无差错，严防混炉事故发生。

4.1.4　原料堆放

（1）捡钢收集时，坯料上下斜差最多不得大于150mm，每一吊钢坯的总重量不得超过落行行车的额定负载重量。

（2）长尺连铸坯堆码时，必须整齐稳固，一炉钢集中堆码，防止上大下小现象。

（3）一垛长尺连铸坯堆垛总错位量在长度方向不大于250mm，在宽度方向不大于100mm。

（4）垛与垛之间留有大于500mm的间距，行与行之间留有500mm间距，钢坯堆垛高度不得超过1.8m，距离公路和厂房柱须在1.5m以上。

（5）对于红送原料需要存入保温坑保温，并对有表面缺陷的坯料同样需要修磨。

4.2　加热

4.2.1　装料

4.2.1.1　钢坯装炉前的检查与验收

首先，在钢坯装炉之前，应根据通知单（或生产流动卡片）按原料的输送单逐项对照实物检查炉缸号、钢号、根数、总质量等。如发现其中有任何一项不合格者，一律不得收料，应及时与配批工联系。装完后在卡片上签字。按有关规定认真填写装钢记录。其次，应按本企业的技术条件规定检查钢坯的尺寸、外形和表面质量。当发现严重缺陷时，如开裂、缩孔过深者应当立即排出；当发现钢坯表面裂纹、表面非金属夹杂物和钢渣未清理或清理的凹坑深宽比不符合要求时，坯料长度超出规定、长度方向翘曲、断面尺寸超出公差或对角线公差超出规定等都必须挑出。上述坯料都不得和合格坯料混在一起装炉，否则要降低产品质量或造成生产事故。凡不符合连铸坯厂技术条件者，经检查人员同意后甩出处理。按照装炉顺序填写炉（批）号、钢号、钢质、根数和质量等装炉记录。装特殊钢种时要记录装钢时间，装完后在卡片上签字。

4.2.1.2　原料的组批

原料组批与上料必须依据生产计划，岗位人员应对库存的钢坯量、钢种、堆放位置等做到心中有数，按照按炉送钢制度进行组批，同时还要兼顾生产的实际条件。

（1）投料时应按料的来源分别组批。

（2）每批应同一牌号、同一等级组成。

（3）每批不多于6个炉号，碳含量之差不得大于0.02%，锰含量之差不得大于0.15%。

（4）品种钢（优质碳素钢、低合金钢、合金钢等）应集中轧制。

（5）品种钢严格执行按炉送钢制度，不得组批。

4.2.1.3　按炉送钢制度

按炉送钢贯穿于整个生产过程的始末。在原料验收、堆放、切断、清理等一系列过程中要严格执行按炉送钢制度。生产时也必须按炉号装出炉。装入连续加热炉内的坯料，其炉号、钢号、各炉道装入块数都要记录清楚，前后两个不同炉号坯料中间可用隔离料分开，并且在前炉末根上压一或两个半块耐火砖；下一支坯料即为新炉号，及时将流动卡片交给出钢工。由于轧机事故或其他原因出现的回炉钢，对符合回炉条件的钢坯应抓紧及时进行回炉，随同一炉号加热轧制或重新组号，不得任意加入其他熔炼号内，避免混号。回炉钢应用高温蜡笔标上原批号，以待回炉。各种炉号的钢坯装炉时应做详细而正确的记录，这对加热控制炉温及出炉均有意义。混钢种、混钢号是重大的责任事故，开停炉或交接班都要核对炉内钢料批号。

4.2.1.4 装料操作

A 吊运

(1) 检查吊具的安全状态（有无破损、裂痕等）并决定能否使用：夹持式吊具应检查开口度大小和灵活性；电磁吸盘式吊具应检查电线（缆）是否破损，链索式吊具应检查各部件磨损情况；以上各吊具的吊环均要保证完好，发现问题及时汇报并更换。

(2) 挂吊、堆垛、摘吊过程要严格按安全和技术规程作业，吊具与所吊重物质量之和不应超过天车最大起重力。

(3) 掌握吊具保养和修复技能。

B 推钢操作

推钢机是端进端出连续式加热炉的装出炉附属设备，钢料借助于推钢机的推力进入炉内。端进侧出的加热炉除推钢机外，还需要一部出钢机配合出钢。

推钢机的种类很多，按照驱动推杆运动的机构形式分为螺旋式、齿条式、活塞式和曲连杆式、液压式几种。目前用得最多的是螺旋式和齿条式。现只介绍齿条式推钢机。齿推钢机的优点是推力可以很大，机械传动效率高，推钢速度较螺旋式快和工作可靠。缺点是机构复杂，体积和质量大，制造比较困难，造价较高和占地面积大。这种推钢机一般用在大中型轧钢车间的加热炉上。

图 4-1 为齿条式推钢机的一种。推钢机安装在炉子装料口处的地基上，并且推头与料口相对，推头固定在推杆上，推头是与被推动的钢料接触的机件；推杆放在支撑辊上，在其中设有两个压辊，这样就保证了推杆在前进或后退时不至于上下摆动，在推杆下面有齿条，齿条和推杆用螺丝彼此连接；齿条与主动齿轮是互相啮合的，当电动机转动时经减速使主动齿轮转动。齿轮齿条啮合传动使推杆前行并推动钢料前进，然后电动机反转，则推杆即回到原来的位置。

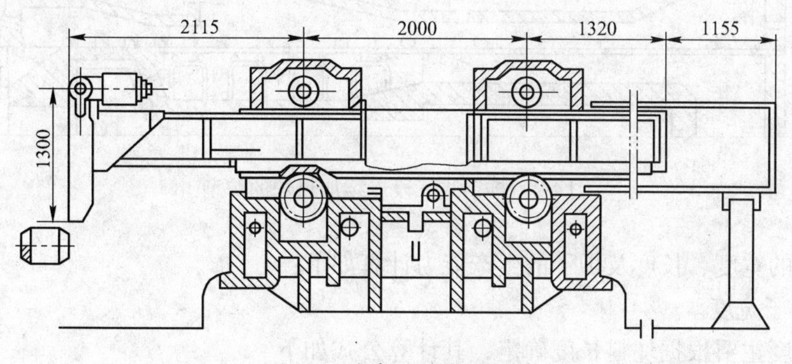

图 4-1 齿条式推钢机结构

坯料装入连续式加热炉时，坯料在装料台上排钢要整齐规则，有剪口的坯料应根据情况将坯料翻转保证前后坯料接触，防止推钢时拱钢。

为了保证加热质量，装入连续式加热炉内坯料端部即炉筋管的中心线不应小于200～250mm，与炉墙距离也不应小于200～300mm。这些距离对加热操作的顺利与否起着重要作用，疏忽一块料，都有可能造成事故。

为了避免刮炉墙、卡炉底管道等事故，应将每支坯料正确装炉，在推料时应勤检查坯料在炉内运动情况，当发现跑偏时可在推钢机推头处加入楔铁，使跑偏逐渐纠正。对于炉底不平应及时清除氧化铁皮的瘤疤。

生产过程中要随时观察炉内原料运行状况，发现钢坯顶偏要及时用推钢机头找正。钢坯装炉后，推进要顺直，不允许落道和刮炉墙。凡炉内发生刮墙、崩钢等事故时，严禁硬行推钢，待事故消除后，才能继续顶进，事故甩出的钢坯要及时分清炉（批）号，并做好标记。装钢工与出钢工要密切联系，机头顶实后，发给出钢工出钢信号。开停炉或交接班都要校对炉内钢料批号。

4.2.2　加热炉结构

加热炉可分为均热炉和各种形式的连续加热炉两大类。连续加热炉是轧钢车间应用最普遍的炉子。连续加热炉又分为推钢式加热炉、步进式加热炉、环形加热炉和感应加热炉等几类。

加热炉一般由炉膛、燃料系统、供风系统、排烟系统、冷却系统、余热利用装置等部分组成。炉膛是由炉墙、炉顶、炉底（包括基础）组成的一个空间，是钢坯进行加热的地方。下面着重介绍几种常见连续加热炉。

4.2.2.1　推钢式加热炉

推钢式连续加热炉中的钢坯在炉内是靠推钢机沿炉底滑道不断向前移运，钢料被加热到需要的温度，经出料口出炉，再沿辊道送往轧机，即端进端出方式。推钢式连续加热炉按温度制度又可分为两段式加热炉、三段式加热炉、多点供热式加热炉。

推钢式三段连续加热炉（图4-2）采用预热期、加热期、均热期的三段温度制度。在炉子的结构上也相应地分预热段、加热段和均热段。一般有三个供热点，即上加热、下加热与均热段供热。断面尺寸加大的钢坯多采用三段连续加热炉。

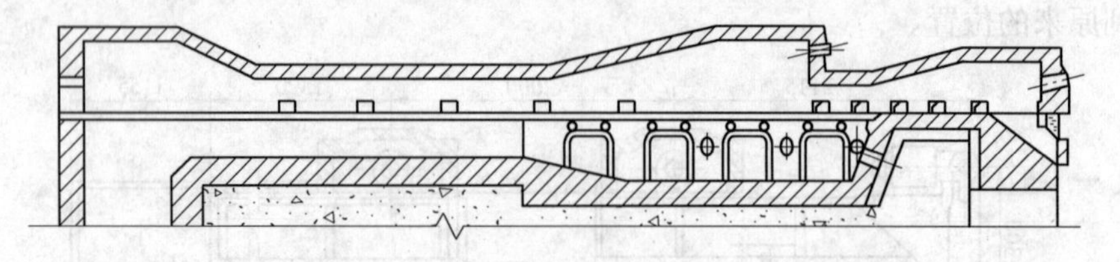

图4-2　推钢式三段连续加热炉的炉型

加热炉的宽度、长度及炉子的生产能力计算如下：

（1）炉子宽度。

炉子宽度主要根据坯料长度确定，其计算公式如下

$$B = nl + (n + 1)\delta \tag{4-1}$$

式中 l——坯料的长度，m；

n——坯料排列数；

δ——料间或料与炉墙的空隙距离，m，一般取0.2~0.3m。

（2）炉子长度。

炉子长度主要根据加热炉产量决定。炉子有效长度为

$$L = \frac{Qbt}{nG} \tag{4-2}$$

式中 Q——炉子的生产能力，t/h；

b——每根钢坯的宽度或两根钢坯的中心距，m；

t——加热时间，h；

G——每根钢坯的质量，t。

在推钢式连续加热炉中还要受加热炉允许的最大推钢长度的限制。一般工程上用推钢比 i 来确定，推钢比一般取200~400。

$$i = \frac{推钢长度}{钢料最小宽度}$$

（3）加热炉的生产能力计算。

加热炉的生产能力是指加热炉的小时产量。

1）按加热时间进行计算。

$$Q = \frac{L}{b} \times n \times G \times \frac{1}{t} = \frac{LnG}{bt} \tag{4-3}$$

式中 Q——加热炉小时产量，t/h；

L——加热炉有效长度，m；

b——加热钢料的断面宽度或两根钢料之间的中心距，m；

n——加热炉内装料的排数；

G——每根钢料的质量，t；

t——加热时间，h。

2）按炉子生产率指标计算。

$$Q = \frac{PF}{1000} = \frac{PlL}{1000} \tag{4-4}$$

式中 Q——加热炉小时产量，t/h；

P——有效炉底强度，kg/(m^2·h)；

l——钢料长度，m；

L——加热炉有效长度，m。

4.2.2.2 *步进式加热炉*

步进式加热炉是各种机械化炉底炉中使用最广、发展最快的炉型，是取代推钢式加热炉的主要炉型。20世纪70年代以来，国内外新建的热轧车间，很多采用了步进式炉。

步进式加热炉与推钢式加热炉相比，其基本的特征是钢坯在炉底上的移动靠炉底可动的步进梁做矩形轨迹的往复运动，把放置在固定梁上的钢坯一步一步地由进料端送到出料端。移动梁的运动是可逆的，当轧机故障要停炉检修，或因其他情况需要将钢坯退出炉子时，移动梁可以逆向工作，把钢坯由装料端退出炉外。移动梁还可以只做升降运动而没有前进或后退的动作，即在原地踏步，以此来延长钢坯的加热时间。

步进式加热炉从炉子的结构看，可分为上加热步进式炉、上下加热步进式炉、双步进梁步进式炉等。上加热步进式炉基本上没有水冷构件，所以热耗较低。这种炉子只能单面加热，一般用于较薄钢坯的加热。

上下加热的步进式加热炉如图 4-3 所示，相当于把推钢式炉的炉底水管改成了固定梁和移动梁。固定梁和移动梁都是用水冷立管支承。炉底是架空的，可以实现双面加热。这种炉型主要用于大型热连轧机钢坯的加热。

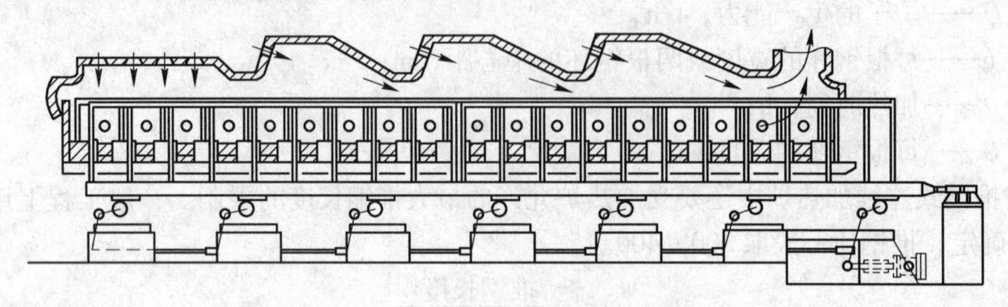

图 4-3　上下加热的步进式加热炉

步进式炉的关键设备是移动梁的传动机构，目前广泛采用液压的传动机构。现代大型加热炉的移动梁及上面的钢坯重达数百吨，使用液压传动机构运行稳定，结构简单，运行速度的控制比较准确。

4.2.2.3　环形加热炉

环形加热炉是由可以转动的炉底部分及固定的炉墙和炉顶部分构成的环形隧道组成，其外观结构如图 4-4 所示。环形加热炉是借炉底的旋转，使放置在炉底上的钢料由装料口移到出料口的一种炉型。炉子用侧进料、侧出料方式，并且用侧烧嘴加热。沿炉长也可分为预热段、加热段、均热段。

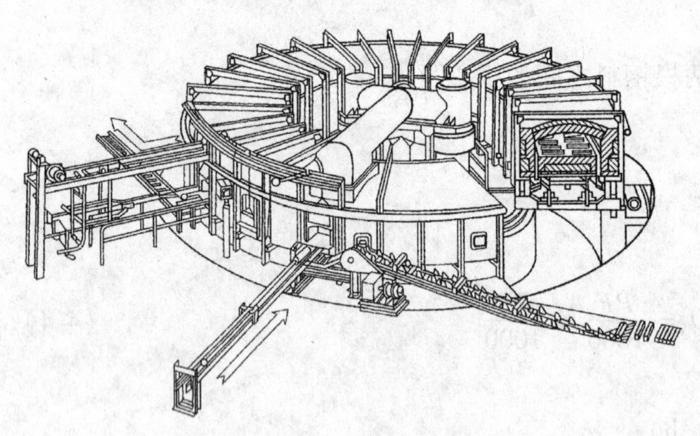

图 4-4　环形加热炉

环形加热炉主要用于加热圆钢坯或其他异形钢坯，也可以加热方坯。这种炉型广泛应用于热轧无缝钢管生产车间。

4.2.2.4　感应加热炉

感应加热是靠感应线圈把电能传递给要加热的金属，然后电能在金属内部转变为热能。感应线圈与被加热金属并不直接接触，能量是通过电磁感应传递的。感应加热设备常用集肤效应、邻近效应、圆环效应三个效应来加热。

感应加热是根据交流电的集肤效应来实现的，感应电流在金属物料截面上的分布不均匀，表面电流密度最大，所以热量由表面层传导到钢坯心部，出现外表面比中心温度高的特点，所以广泛用于工件的表面淬火热处理工艺。在轧钢车间多用于小断面钢坯的加热。

感应加热炉按电源频率不同可分为高频感应加热炉（10000Hz 以上）、中频感应加热炉（150～10000Hz）和工频感应加热炉（50～60Hz），目前，在钢管生产车间常用中频感应加热炉来加热小断面管坯，其外观如图4-5所示。中频感应加热炉的频率越高，其透热金属的表面层越薄，通过改变加热频率来调整加热的均匀性。

图4-5 中频感应加热炉外观图

中频感应加热炉具有加热速度快，氧化脱碳少；自动化程度高；加热均匀，温控精度高；低耗能、无污染；感应炉体的更换简便等特点。中频感应加热炉，在透热条件下，由室温加热到1100℃的吨耗电量小于360kW·h。

中频感应加热炉具有体积小、质量轻、效率高、热加工质量好及有利环境等优点，正迅速淘汰燃煤炉、燃气炉、燃油炉及普通电阻炉，是新一代的金属加热设备。

4.2.3 加热工艺

4.2.3.1 加热温度

对于普通碳素结构钢和低合金高强度结构钢来说，可根据铁碳平衡相图来确定钢加热温度的上限和下限。当钢处于奥氏体区其塑性最好，理论上加热温度的上限应当是固相线(1140~1530℃)，但是在温度较高时间又较长的情况下，钢的晶粒尺寸过大，塑性降低，形成过热，轧制时易出现裂纹，特别是当坯料加热到比过热更高的温度，时间更长时，不仅钢的晶粒更粗大，而且晶界出现熔化现象而后氧化，晶间失去塑性，形成过烧，所以钢的加热温度上限一般低于固相线100~150℃。

4.2.3.2 加热速度

加热速度指单位时间内原料表面温度变化的数值（℃/h），或原料单位厚度内表面温度变化数值所需要的时间（min/cm）。加热速度主要取决于钢的性质，原料规格如普通碳素钢和低合金钢的塑性较好、导热性也好，可以采取较大的加热速度。高碳钢和高合金钢则应采取较慢的加热速度。对于薄材来说，加热速度仅仅受到炉子给热能力的限制，但对于厚材来说加热速度受到两方面因素的限制；一方面是金属本身允许的内部温差，另一方面是炉子的加热能力。允许的加热速度还与金属的物理性质（特别是导热性）、几何形状和尺寸有关，因此对尺寸较大的高碳钢和合金钢坯料的加热要特别小心，而对薄材则一般可以采用任意速度加热而不致有产生裂纹的危险。

在加热初期，限制加热速度的目的在于减小温度应力。加热速度越快，表面与中心的温度差越大，温度应力越大，这种应力可能超过金属的强度极限，而造成金属的破裂。

对于塑性好的金属，温度应力的危害不大。因此，对于压力加工的低碳钢温度在500~600℃以上时可以不考虑温度应力的影响，但对于工件的热处理仍然需要认真考虑温度应力产生的影响。

在加热末期，金属断面同样具有温度差。加热速度越大，则形成的内外温度差越大，这种温度差可能超过所要求的烧透程度，而造成压力加工上的困难。因此，为了达到要求的烧透程度，往往需要保温均热，这就限制了坯料加热末期的加热速度。

但是，实际和理论都说明，为了保证所要求的最终温度差而降低整个加热过程的加热速度是不合理的。因此，往往是以比较快的速度加热以后，再降低它的加热速度或执行均热，以求得内外温度均匀，这个过程叫做均热过程。

4.2.3.3 加热时间

金属的加热时间是指金属在炉内加热至压力加工或热处理所要求的温度时所必须的最短时间。要精确地确定金属的加热时间是比较困难的，因为它受很多因素影响，目前大多根据现有炉子的实践经验大致估计，亦可根据推荐的经验公式进行计算。

一般采用经验公式进行计算，例如连续式加热炉加热钢坯常采用的经验公式为

$$\tau = CS \tag{4-5}$$

式中 τ——加热时间，h；

S——钢料厚度，mm；

C——单位钢料厚度加热所需要的时间，h/mm。

对低碳钢，$C=0.1\sim0.15$h/mm；对中碳钢和低中合金钢，$C=0.15\sim0.2$h/mm；对高碳钢和高合金钢，$C=0.2\sim0.3$h/mm，对高级工具钢，$C=0.3\sim0.4$h/mm。

在实际生产中，钢料的加热时间往往是变化的，这是因为加热炉必须很好地和轧机重合。在生产某些产品的过程中，炉子生产率小于轧机的产量时，常常为了赶上轧机的产量而造成加热不均，使坯料内外温差加大。有时为了提高产量和坯料出炉温度而将钢坯表面经烧化处理，而其中间温度仍很低，结果造成加热质量很坏。若炉子生产率大于轧机的产量时，则钢在炉内的停留时间大于所需要的加热时间，会造成较大的氧化烧损，这些情况均不符合加热要求。如遇到上述情况，应对炉子结构及操作方式作合理的改造或调整，使炉子产量和轧机产量相适应。

4.2.4 加热质量控制

钢坯加热时应保证：

(1) 加热温度应当达到加热工艺规定的温度，而且不产生过热和过烧；

(2) 钢坯的加热温度应沿长度、宽度和断面均匀一致，温度差必须在允许的范围内；

(3) 尽量减少钢坯加热时的氧化损失；

(4) 尽可能减少脱碳量及脱碳层深度。

为保证加热质量与加热控制，加热炉设有各种检测仪表，以检测各种参数。加热炉热工参数检测所用的仪表不外乎温度、流量、压力、成分检测仪几种。具体参数有水冷部件的回水温度、气动部件的压缩空气压力、排烟温度及燃料和助燃空气的预热温度、煤气报警系统等。

4.2.5 出料

连续式加热炉的出炉设备称为出钢机，具体有两种类型。

4.2.5.1 侧出料出钢机

推钢机将加热好的钢料推到出料位置时，炉头侧面的出钢机推杆伸入炉内，将钢料推到炉外辊道上。为了使机械简单并能保证机械安全运转，一般出钢机推杆采用摩擦辊传动的方式，这种出钢机称为摩擦式出钢机。

4.2.5.2 端出料出钢机

一般加热炉端出料时，推钢机将钢料推到出料端的斜坡上，靠钢料自重滑出炉外，这种方式不需要出钢机械。但对尺寸较大，质量较重的板坯用这种方式出炉则对出料辊道的冲击力很大，有时板坯偏斜后又滑不到辊道上，坯表面容易划伤。因此，目前大型板坯的出炉，一般都采用料杆式出钢机出料，靠料杆伸入炉内后升起，将加热好的坯料拖起移出炉外，然后料杆下降，将板坯放在送料辊道上。

出钢时必须严格执行“按炉送钢制度”，同一批号的坯料必须依次出完，不得串号、混号。

出钢应视轧机节奏和钢温状况均衡出钢，尽量避免轧机待钢现象。当接到停止出钢信号时应停止出钢。

做好坯料出炉记录，出炉记录应与装炉卡片相符，如有不符应立即检查，未弄清前不得出钢，当一个批号出完后，应通知轧机操作台下一批钢种、规格等有关信息。

当出钢机、出炉辊道、炉门、端墙、端墙水梁等出现故障后，应首先关闭电锁，将主令控制器打回零位，通知有关人员处理。

4.3 轧制

4.3.1 轧机类型

轧机是实现金属轧制过程的设备，泛指完成轧材生产全过程的装备，包括主要设备、辅助设备、起重运输设备和附属设备等，但一般所说的轧机往往仅指主要设备。主要设备的工作机座由轧辊、轧辊轴承、机架、轨座、轧辊调整装置、上轧辊平衡装置和换辊装置等组成。

轧辊是使金属塑性变形的部件。

轧机可按轧辊的排列和数目分类，可按机架的排列方式分类，也可按生产的产品分类，分别列于表4-1 ~ 表4-3。

表 4-1 轧机按轧辊的排列和数目分类

名 称	使 用 情 况
二辊式	可逆式：方坯初轧机，板坯初轧机，方-板坯初轧机，中厚板轧机，冷轧带钢轧机等 不可逆式：钢坯连轧机，叠轧薄板轧机，冷轧薄板或带钢轧机，连轧型钢，线材轧机，自动轧管机
三辊式	轨梁轧机，大型、中型、小型型材轧机，开坯轧机
劳特式	中厚板轧机
复二重式	小型及线材轧机
四辊式	中厚板轧机，冷、热带钢轧机，热薄板轧机，平整机
多辊式	有八辊、十二辊、二十辊、三十二辊等薄带和箔材冷轧机
行星式	热带轧机，开坯机
立辊式	钢坯连轧机，型钢连轧机

续表 4-1

名 称	使 用 情 况
万能式	板坯初轧机，中厚板轧机，热带轧机，H 型钢轧机，型钢轧机，线材轧机
斜辊式	二辊：无缝钢管穿孔机，延伸机，均整机。 三辊：无缝钢管穿孔机，轧管机，均整机
盘 式	无缝钢管穿孔机，轧管机
蘑菇式	无缝钢管穿孔机
轧辊 45°布置	高速线材轧机，定径机，减径机
轧辊 15°/75°布置	高速线材轧机

表 4-2 轧机按机架排列方式分类

形 式	适 用 条 件
单机架	二辊可逆式初轧机，三辊式轧机，劳特式中板轧机，四辊式钢板轧机，多辊式钢板轧机，炉卷轧机，其他特殊轧机
横列式	三辊式大、中、小型型钢轧机
多列式	三辊式大、中、小型型钢轧机，复二重线材轧机
连续式	钢板连轧机，钢坯连轧机，钢管连轧机，大、中、小型型钢轧机，线材轧机
半连续式	
棋盘式	中、小型型钢轧机，窄带钢轧机
顺列式	大、中型型钢轧机

表 4-3 轧机按轧制产品特征分类

产品类别及特征	轧 机 形 式
初轧坯	方坯、板坯、方-板坯初轧机
钢 坯	钢坯连轧机，三辊开坯机
钢轨，钢梁	800mm、950/800mm 轨梁轧机
型 钢	500 ~ 700mm 大型轧机 350 ~ 500mm 中型轧机 250 ~ 350mm 小型轧机
线 材	横列式轧机（一列、二列或多列式），半连续式轧机，平立辊交替连续式轧机，45°高速无扭线材轧机，15°/75°高速无扭线材轧机
中厚板	二辊式轧机，四辊式轧机，三辊劳特式轧机
宽带钢	热轧半连续、3/4 连续式、全连续式轧机；冷轧单机架轧机，连续式轧机；炉卷轧机
窄带钢	热连续式、半连续式轧机、行星式轧机；冷轧单机架轧机，连续式轧机
箔 材	单机架轧机，连续式轧机
无缝钢管	自动轧管机组，周期式轧管机组，三辊式轧管机，连续式轧管机，顶管机组
焊 管	炉焊、电焊（包括直缝焊管、螺旋焊管、UOE 焊管）成型轧机
车轮、轮箍	车轮、轮箍轧机
冷弯型材	冷弯机组
特殊产品	特殊用途轧机

续表 4-3

产品类别及特征	轧机形式
钢 球	钢球轧机
轴 类	楔横轧机
扳手等	周期断面轧机
变截面板簧	变截面板簧轧机

4.3.2 轧制操作

4.3.2.1 压下调整

（1）检查压下机构操作手柄、按钮和调整机构的灵敏性和准确性；

（2）检查压下机构电器、机械、液压和润滑的完好性、灵敏性和安全性，有问题应及时处理；

（3）按操作规程要求步骤启动压下机构；

（4）将轧辊压靠至规定压靠力，然后将辊缝指示数字清零；

（5）手动调整的轧机应将实际轧件尺寸与规程要求尺寸对照来校正压下，自动调整的轧机应将实际轧件尺寸与规程要求和厚度仪表读数对照来校正压下；

（6）做好岗位记录。

4.3.2.2 导卫调整

在型钢轧机中，导卫装置是轧机不可缺少的主要配件，它的作用是使轧件按着规定的方向和位置进出孔型，避免轧件缠辊，同时保证人身和设备安全，但假如导卫装置安装不当，孔型正确也不会轧出合格的产品来，相反好的导卫装置有时可以弥补孔型设计上的不足。发现由于导卫装置造成的产品缺陷后，应根据孔型使用和钢料情况，做出正确分析、判断，调整后如果不解决问题，应及时恢复原状，并再重新分析做出适当的处理。生产中如发现异常，应先检查轧机各零部件是否松动、变形或移动位置，而后再检查导卫装置的工作情况，发现问题应及时发出信号，并停止喂钢，彻底解决问题后再轧钢。在处理事故时，为避免发生人身或设备事故，必须和操作人员取得联系。当导卫装置夹住钢需要人工撬钢或翻钢时，如果多人操作应站在同一边，不要交叉站立，以免工具伤人。处理因导卫装置问题造成的事故如缠辊事故，必须停车处理，如果属于影响钢材质量或者出现耳子、轧件出槽乱跑等现象，一般是在不停车的情况下进行处理，这时要注意人身安全。当调整导卫装置时，不宜调整幅度过大，应当少量调整，逐步使生产正常，另外要注意调整时对产品质量的影响。如果属于导卫装置安装有较大的问题，应停车进行调整。

4.3.2.3 换辊

（1）将新辊置于换辊小车上；

（2）按作业计划要求，及时停下轧机，将速度主令放置零位，关闭主机转速电锁；

（3）启动压下或压上装置，将轧辊置于换辊位置；

（4）将压下主令放置零位，关闭压下电锁；

（5）启动液压系统，松开液压压紧、轴间锁紧等装置；

（6）启动换辊小车将轧辊抽出；

(7) 启动换辊小车横移机构使新辊处于待装位置；

(8) 启动换辊小车将轧辊送入牌坊内；

(9) 调整下轧辊高度，使之符合技术规程要求；

(10) 启动液压装置，压紧上下辊系及锁紧轴间固定装置；

(11) 吊走旧辊，放置指定区域；

(12) 打开电锁，搬动主机速度手柄，以最低速度缓慢转动轧机，观察支撑辊是否转动；

(13) 搬动压下手柄，观察压下调整是否灵活；

(14) 做好新辊辊径、辊型、辊号等内容的换辊记录；

(15) 对于开口牌坊轧机及无换辊小车装置的轧机需要使用吊车将旧辊吊出或抽出，再换上新辊，然后按技术规程要求进行轧辊的调整，并做好换辊记录；

(16) 对于配置有轧制自动化系统的轧机，在换完辊后立即将辊号、辊径、辊型等参数输入计算机系统。

在实际工作中，有些互不影响的步骤可能互相穿插进行，不一定完全按照以上顺序。但拆辊总体步骤应符合由上到下，由外到里的原则，装辊则相反。

4.3.2.4　轧制调速与转向

对于中厚板生产，轧制调速的目的是改善咬入，缩短轧制时间；轧制的转向是实现可逆轧制条件，在同一机架来回轧制。半连续式热带钢生产的粗轧机上同样需要轧制调速与转向。

(1) 对于中厚板轧机，可操纵轧机速度手柄，按技术操作规程要求，实现升速咬入、降速抛出的速度控制制度。

(2) 对于中厚板轧机，轧件被抛出轧机后立即停止轧机，并进行逆回转动。同时，按规程要求启动压下操作手柄，调整第二道次辊缝，并将轧件喂入辊缝，从而实现可逆式轧制。

(3) 对于连轧作业线，一般设有张力调节装置，且辊缝、各机架速度、机架间张力均可自动调节。调节的依据是张力检测，轧件尺寸检测、速度检测、轧制压力检测、温度检测等反馈信号，也可通过压下手柄、转速手柄、张力调整手柄进行人工干预和修正。

4.3.3　轧制工艺

4.3.3.1　压下制度（孔型设计）

压下制度的内容包括轧制方式（中厚板生产）、轧制道次数、道次压下量（率）等。

型钢生产的压下制度通常称孔型设计，即设计各道次的孔型形状、尺寸以确保轧制出合格断面形状及尺寸的产品。

在确定道次最大压下量（率）时，主要考虑：

(1) 咬入条件；

(2) 在设备能力允许的条件下尽量提高产量；

(3) 提高板形及尺寸精度质量；

(4) 应保证产品组织性能和表面质量。

4.3.3.2 温度制度

温度制度针对热轧板带钢生产，其内容包括开轧温度、道次轧制温度、终轧温度、卷取温度等，还包括轧制延续时间、间隙时间及冷却速度等的确定。热轧时的终轧温度、终轧后冷却速度、卷取温度等是决定产品组织转变及最终性能的重要因素。

热轧时轧件的温度下降与辐射、对流、接触传导的热量损失有关，也与轧制变形功、摩擦所转化的热量有关。热轧时的辐射散热是最主要的，对流、接触传导的热量损失与轧制变形功、摩擦所转化的热量引起的温升相抵消。

4.3.3.3 速度制度

速度制度的内容包括主电机传动方式、各道次轧制时的咬入（穿带）速度、抛出（甩尾）速度、稳定轧制速度（或最大转速）等。

对于可逆轧机的速度制度一般有三角形速度制度与梯形速度制度两种，如图 4-6 所示。

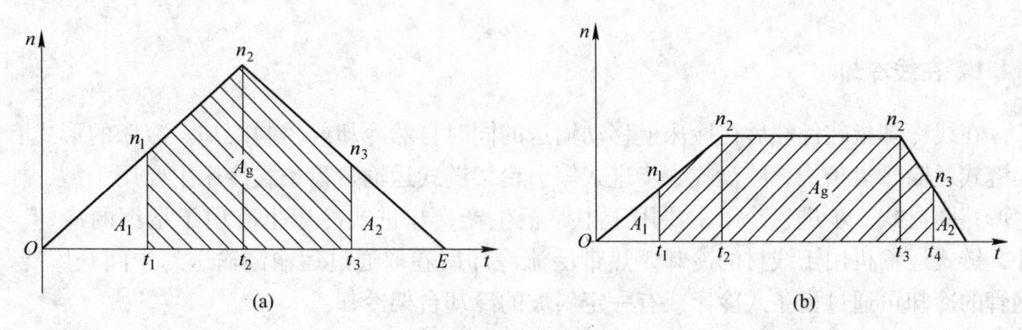

图 4-6 速度制度图

（a）三角形速度图；（b）梯形速度图

4.3.3.4 辊型制度

辊型制度的内容包括板带轧机整个辊系总的辊型值大小的确定、辊型值的分配、轧辊辊型曲线的选择、换辊制度及新型板形轧机（如 CVC 轧机）辊型曲线的确定等。

型钢轧机的辊型是由孔型设计决定的，孔型在轧辊上的分布称配辊。

4.3.4 轧制产品质量控制

轧制生产中的产品由于生产操作、工艺参数控制、来料质量、轧机设备故障等因素可造成产品质量缺陷。具体缺陷分为：

（1）轧件尺寸偏差。

轧制最终成品尺寸不符合产品标准要求，需要改判。这是由于轧机压下调整不到位，轧机弹跳把握不准，或由于型钢、轧管孔型设计本身错误、轧件宽展变形判断不准确等造成。

（2）轧件表面质量缺陷。

轧件表面质量缺陷具体表现在表面氧化铁皮、麻点、凹坑、裂纹等。轧件表面氧化铁皮、麻点等是由于轧制前坯料表面氧化物未除尽或轧制过程中二次氧化铁皮未去除干净等原因造成；轧件表面的凹坑是由于轧制时异物压入引起的；轧件表面的裂纹是由于轧件温度不均、材质不均等因素造成局部拉应力超出材料的断裂极限造成的。

(3) 轧件形状缺陷。

轧件形状缺陷具体表现在轧件断面形状如脱方、脱圆、断面凸度，轧件纵向弯曲、瓢曲、扭曲等。轧件断面形状脱方、脱圆是由于孔型设计、轧辊调整等原因造成；板带钢断面凸度是由于轧辊凸度、轧辊弹性弯曲等因素造成的；轧件纵向弯曲等缺陷是由于轧件宽度方向上压下不均造成宽度方向金属流动的差异性引起的，可通过矫直等手段消除。

(4) 轧件内部缺陷。

轧件内部缺陷表现为内部分层、内部裂纹、化学成分不合格、性能不合格等。轧件内部分层、内部裂纹等是由于材质、轧件温度不均，如加热阶段均热不充分等造成的；化学成分不合格是由于冶炼造成；材料性能不合格与材料成分设计不合理、轧制工艺参数如温度、压下率、冷却速度控制不当等有关，轧后可通过热处理加以解决。

4.4　冷却

4.4.1　在线冷却

在线冷却指轧件轧后在冷床上移动输送的同时自然冷却或控制冷却。冷床的形式有台架链式运输、齿条式、圆盘式、步进式等。台架链式运输、齿条式冷床主要用于型、棒材生产；圆盘式、步进式冷床主要用于中厚板生产；步进式冷床也有用于型钢的冷却。另外，链式运输机用于线材的冷却，热带层流冷却后卷取通过运输链输送到中间仓库冷却；钢管的冷却可通过齿条式冷床或有一定斜坡的冷却台架冷却。

冷床尺寸大小主要为冷床的长度与宽度。冷床的宽度指轧件长度的摆放方向，取决于轧件轧后的长度或切割长度；冷床的长度指轧件在冷床上开始冷却到下冷床终冷移动的距离，它取决于冷却时间、冷却方式、冷却开始与终冷温度、轧机小时产量等。

在生产中，冷却时间一般多采用经验公式确定：

$$t = G \times F \times \Delta t \tag{4-6}$$

式中　t——钢材的冷却时间，h；

G——钢材单位长度的质量，kg/m；

F——钢材单位长度的表面积，m^2/m；

Δt——质量为 1kg、散热面积为 $1m^2$ 的钢材冷却时间，h，其数值可由表 4-4 查得。

表 4-4　冷却时间

成品厚度/mm	空气流动速度/$m \cdot s^{-1}$	冷却时间/h	
		冷却到 100℃	冷却到 50℃
20	0	0.012	0.018
20	2	0.007	0.010
50	0	0.013	0.021
50	2	0.009	0.013
100	0	0.015	0.022
100	2	0.011	0.016

冷却操作时钢材应按热工制度规定的冷却方式进行冷却，冷床操作注意排料整齐，收集筐内不得交叉放钢，以免造成大的弯曲。

4.4.2 堆冷

堆冷指将轧件吊运到指定地点堆放或放入缓冷坑堆放。为了消除钢材中白点和避免在冷却过程中因热应力与组织应力造成裂纹，对某些钢材（如重轨）装入缓冷坑进行缓慢冷却，即缓冷。缓冷坑的冷却适用于马氏体、半马氏体以及莱氏体钢，如高速工具钢、马氏体不锈钢、部分高合金工具钢以及高合金结构钢等，它们对冷却时产生应力的敏感性很强。某些高速工具钢、滚轴钢、合金工具钢等均需要缓冷。

缓冷操作要求：

（1）由开始装坑到装完，钢坯（材）入坑表面温度不得低于600℃，出坑温度不高于150℃。为保证缓慢冷却，每装一批应及时加盖保温。

（2）缓冷坑盖与缓冷坑之间必须密闭，调整冷却速度时可以打开盖上的小孔或把坑盖抬起 60～150mm。

（3）缓冷过程中要在装完最后一批钢坯（材）盖上坑盖 20min 之后进行第一次测温，以后每隔 2h 测温一次，并将结果记录在钢坯冷却记录上。

（4）生产缓冷钢材时，应提前预热沙子。钢材在沙中缓冷时，沙子应保持在 100℃以上。既可以使沙子保持干燥，也可以减少沙子吸热，从而降低钢材的冷却速度。

4.5 剪（锯）切

轧件的剪（锯）切可放在冷却工序之前或之后。放在冷却工序之前的剪（锯）切，主要适应冷床宽度尺寸的要求，放在冷却工序之后的剪（锯）切主要保证成品尺寸要求。

4.5.1 剪切机

剪切机是用于将轧件沿长度方向切头、切尾和剪切成定尺长度，以及沿轧件宽度方向切边和切成定尺宽度的设备。

通常根据剪切机的剪刃形状和剪刃彼此位置以及轧件情况的不同，剪切机可分为平行刀片剪切机、斜刀片剪切机、圆盘式剪切机和飞剪机，如图 4-7 所示。

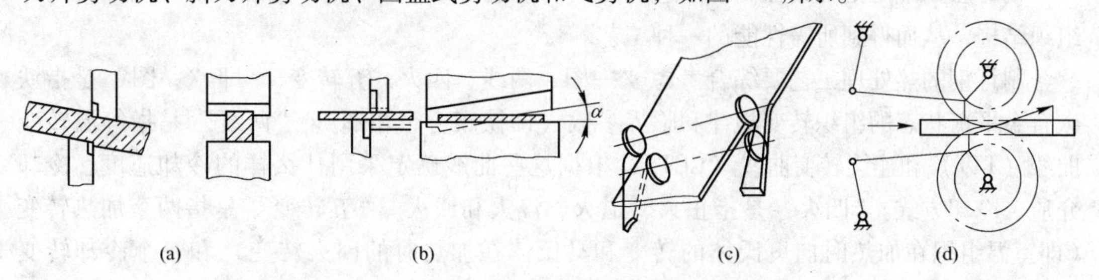

图 4-7 剪切机的类型

（a）平行刀片剪切机；（b）斜刀片剪切机；（c）圆盘式剪切机；（d）飞剪机

剪切机主要用于钢板、棒线的切割。

4.5.2 锯机

锯机广泛用于切断异型断面轧件、钢管等，以获得断面整齐的定尺产品。锯机可以分成热锯机、冷锯机、热飞锯机和冷飞锯机四类。锯机主要由锯片传动机构、锯片送进机构和调整定尺的锯机横移机构组成。

4.5.3 剪（锯）切操作

（1）根据剪切钢板的钢种、厚度调整滚切剪剪刃间隙值；剪口断面质量不好应及时调整剪刃间隙值；

（2）剪机的剪切速度，即每分钟剪切次数是根据所测得的板厚值由 PLC 来选择或者操作工给定；

（3）剪切过程出现设备故障不能保证设备运行及剪切质量时，应立即停车并通知有关部门及时处理；

（4）剪切时，不得推板头；推板头时，不得剪切；

（5）电机转动时，严禁任何人将手越过剪切线；

（6）应对剪切尺寸、剪切质量、剪台压痕负责；

（7）小块钢料的收集和记录应符合有关规定，每块均要用油漆标明批号、原块号、小块号和长度尺寸，并在每捆最上面一块用油漆写明捆号、班别和总块数，做好码单记录；

（8）锯切人员必须掌握好锯切的材质、锯切尺寸、炉号及码放地点；

（9）锯切期间应经常检查设备的运转是否正常，保证正常的锯切；

（10）锯切不能有大的斜口，锯切长度误差保持在公差要求范围之内；

（11）切头、切尾的尺寸不能低于 50mm，把切头（尾）按指定的地点放好，不同材质不能混放；

（12）锯切出的成品要码放好，并打号，不同材质、不同尺寸成品要分离开；

（13）下班后必须保持锯切地点的卫生，各种使用工具要有存放地点。

4.6 热处理

钢的热处理是指将钢在固态下进行加热、保温和冷却三个基本过程，以改变钢的内部组织结构，从而得到所需性能的一种工艺。

制订钢的热处理工艺要综合考虑“一图、两线、四火、五转变”。即“一图”是指铁碳合金平衡状态的组织转变规律和临界参数（即铁碳合金相图）。“两线”是指等温转变曲线（TTT）和连续转变曲线（CCT），根据这些曲线确定采用什么样的冷却速度、冷却介质、冷却方式。“四火”是指正火、退火、淬火和回火。“五转变”是指两个加热转变（即室温组织在加热时向奥氏体的转变和马氏体在加热时的回火转变）和三个冷却转变（即奥氏体向珠光体的转变、奥氏体向贝氏体的转变、奥氏体向马氏体的转变）。下面分别说明常见的热处理工艺方法。

4.6.1　钢的退火与正火

退火和正火是生产上应用很广泛的预备热处理工艺，在机器零件或工模等的加工制作过程中，经常作为预备热处理工序被安排在工件毛坯生产之后和切削（粗）加工之前，用以消除某工序带来的某些缺陷，并为后一工序作好准备。对于少数铸件、焊件及一些性能要求不高的工件，也可作为最终热处理。

4.6.1.1　钢的退火

把钢加热至临界点 A_{c1} 以上或以下温度，保温以后随炉缓慢冷却以获得近于平衡状态组织的热处理方法，称为退火。

退火的目的是降低硬度，改善切削加工性能；细化晶粒，改善钢中碳化物的形态和分布，为最终热处理作好组织准备；消除残余应力，以防钢件变形或开裂。

根据钢的成分和退火目的不同，退火可分为完全退火、等温退火、球化退火、均匀化退火（或称扩散退火）、去应力退火和再结晶退火等。各种退火方法的加热温度范围如图 4-8 所示。

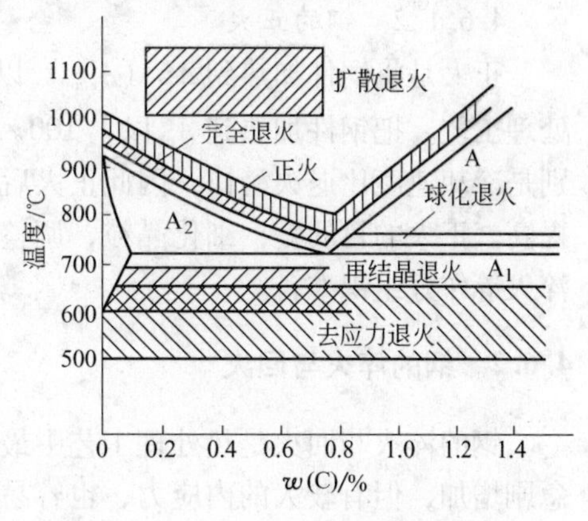

图 4-8　退火、正火加热温度示意图

（1）完全退火。

完全退火是把钢加热到 A_{c3} 以上温度，保温一段时间，然后缓慢冷却的退火方法。可使热加工所造成的晶粒粗大均匀细化，消除组织缺陷和内应力，使中碳钢和合金结构钢硬度降低，为切削加工和淬火作好组织准备。但是完全退火所需时间很长，特别是对于某些合金钢往往需要数十小时，甚至数天时间。

完全退火主要用于亚共析成分的各种碳钢和合金钢的铸件、锻件、热轧型材和焊接结构件的退火。它不能用于过共析钢，因为加热到 A_{ccm} 温度以上，在随后缓冷过程中，二次渗碳体会以网状形式沿奥氏体晶界析出，严重地削弱了晶粒与晶粒之间的结合力，使钢的强度和韧性大大降低。

（2）等温退火。

等温退火是将钢件加热到 A_{c3} 或 A_{c1} 温度以上，保温一定时间后，以较快的速度冷却到 A_{r1} 以下某一温度，并在此温度等温停留，使奥氏体转变为珠光体组织，然后在空气中冷却的退火工艺。等温退火不仅可大大缩短退火时间，而且由于组织转变时工件内外处于同一温度，故能得到均匀的组织和性能。等温退火主要用于处理高碳钢、合金工具钢和高合金钢。

（3）球化退火。

使钢中的碳化物球状化，获得粒状珠光体的退火方法称为球化退火，主要用于共析钢、过共析钢和合金工具钢。其目的是降低硬度，均匀组织，改善切削加工性，并为淬火作组织准备。

（4）均匀化退火。

均匀化退火又称扩散退火，它是将金属铸锭、铸件或锻件加热到高温，在此温度长时间保温，然后缓慢冷却的退火工艺。其目的是为了减少金属铸锭、铸件或锻件的枝晶偏析和组织不均匀性。均匀化退火的加热温度取决于钢种和偏析程度，一般为 A_{c3} 以上 150 ~ 250℃，保温时间 10 ~ 15h。均匀化退火后的钢，其晶粒往往过分粗大，因此需再进行一次完全退火或正火处理。

（5）去应力退火和再结晶退火。

去应力退火又称低温退火。它是将钢加热到 400 ~ 500℃（A_{c1} 温度以下），保温一段时间，然后随炉缓慢冷却到室温的工艺方法。去应力退火主要用于消除铸件、锻件、焊件的内应力，稳定尺寸，从而减少使用过程中的变形。

再结晶退火是把冷变形（如冷拔）后的金属加热到再结晶温度以上保持适当的时间，使变形晶粒重新转变为均匀等轴晶粒，同时消除加工硬化或残留内应力的热处理工艺。经过再结晶退火，钢的组织和性能恢复到冷变形前的状态。

4.6.1.2 钢的正火

正火是将钢件加热到 A_{c3}（A_{ccm}）以上适当温度，保温一定时间后，在空气中冷却的热处理工艺。把钢件加热到 A_{c3} 以上 100 ~ 150℃ 的正火称为高温正火。正火与退火的主要区别是冷却速度比退火稍快，因此正火后得到的组织比退火细小，钢件的强度、硬度也稍有提高。正火的目的是：细化晶粒，调整硬度，消除网状渗碳体，为后续加工、球化退火及淬火等作好组织准备。

4.6.2 钢的淬火与回火

钢的淬火与回火是热处理工艺中最重要，也是用途最广泛的工序。淬火后的钢的硬度急剧增加，但有较大的内应力，也容易产生变形即裂纹。为了降低内应力和脆性，淬火后要进行回火处理，所以淬火和回火又是不可分割的、紧密衔接在一起的两种热处理工艺。淬火与回火作为钢件最终热处理，也是强化钢材的重要热处理工艺方法之一。

4.6.2.1 钢的淬火

淬火是将钢件加热到临界点 A_{c3}（亚共析钢）或 A_{c1}（共析钢和过共析钢）以上一定温度，保温一定时间，然后以大于临界冷却速度获得马氏体（或下贝氏体）组织的热处理工艺。

淬火的主要目的是为了获得马氏体或贝氏体组织，然后与适当的回火工艺相配合，以得到零件所要求的使用性能。

碳钢的淬火加热温度可根据 $Fe\text{-}Fe_3C$ 相图来选择。亚共析钢淬火加热温度一般在 A_{c3} 以上 30 ~ 50℃，可得到全部细晶粒的奥氏体组织，淬火后为均匀细小的马氏体组织。共析钢和过共析钢适宜的淬火加热温度为 A_{c1} 以上 30 ~ 50℃，此时的组织为奥氏体或奥氏体与渗碳体，淬火后得到细小马氏体或马氏体与少量渗碳体。由于渗碳体的存在，提高了淬火钢的硬度和耐磨性。

淬火加热时间包括升温时间和保温时间两个部分。升温时间是指零件由低温达到淬火温度所需要的时间。保温时间是指零件内外温度一致，达到奥氏体均匀化的时间。生产中通常以总的加热时间来考虑。若加热时间过长，使奥氏体晶粒粗大，并引起钢件的氧化、脱碳，延长了生产周期，降低生产率，提高了生产成本；若加热时间过短，将使组织转变不完全，成分扩散不均匀，淬火回火后达不到需要的性能。

由C曲线可知，理想的淬火冷却介质在冷却过程中应满足以下要求：在650℃时，由于过冷奥氏体稳定，故冷却速度可慢一些，以便减小零件内外温差引起的热应力，防止零件变形。在650～500℃之间时，由于过冷奥氏体很不稳定（尤其是C曲线拐弯处），故在此温度区间要快速冷却，冷却速度应大于该钢种的马氏体临界冷却速度，使过冷奥氏体在650～500℃之间不致发生分解而形成珠光体。在300～200℃之间，此时过冷奥氏体已进入马氏体转变区，故要求缓慢冷却，否则由于相变应力易使零件产生变形，甚至开裂。理想淬火冷却介质的冷却速度曲线如图4-9所示。到目前为止，在生产实践中还没有一种淬火冷却介质能符合这一理想的淬火冷却速度。

常用的淬火冷却介质有水、盐或碱的水溶液及油等。为了减小零件淬火时的变形，可用硝酸浴或碱浴作为淬火冷却介质，它们的冷却能力介于水和油之间。这类介质主要用于分级淬火和等温淬火中，如图4-10所示。

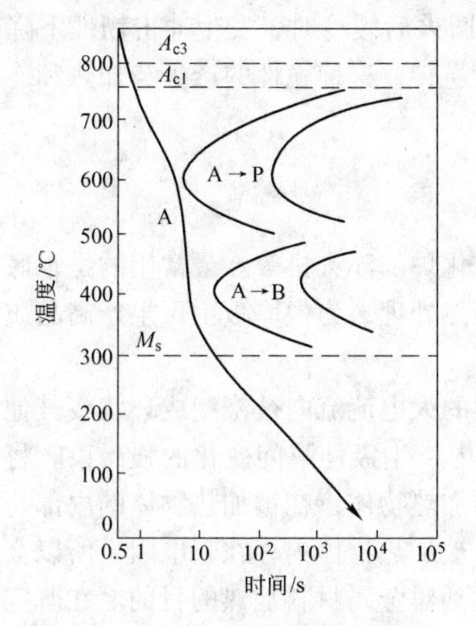

图4-9 钢的理想淬火冷却曲线

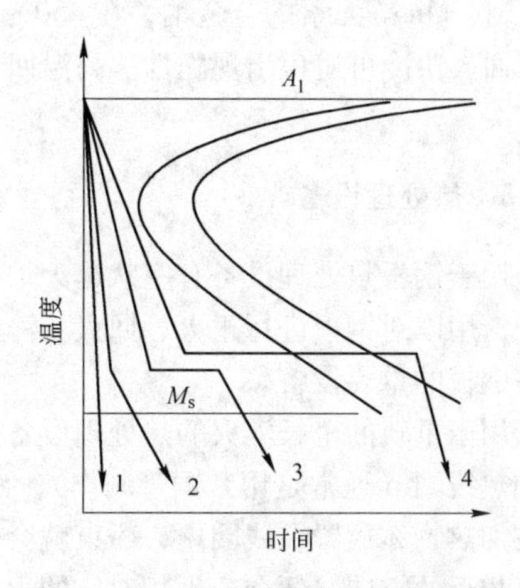

图4-10 各种淬火方法冷却曲线示意图
1—单液淬火法；2—双液淬火法；
3—分级淬火法；4—等温淬火法

4.6.2.2 钢的回火

将淬火后的工件，再加热到A_{c1}以下，保温一定时间，然后冷却到室温的热处理工艺称为回火。其目的是降低脆性，消除或减少内应力；获得工件所要求的力学性能；稳定工件尺寸。

淬火钢在回火过程中，随温度的升高，组织发生如下变化：在80～200℃温度区间回火，马氏体开始分解，这阶段的回火组织为过饱和的α-固溶体和与其晶格相联系的亚稳定碳化物所组成的回火马氏体。在200～300℃温度区间回火，马氏体分解继续，主要是残余奥氏体分解转变为马氏体或下贝氏体，但马氏体很快会转变为回火马氏体。在300～400℃温度区间回火，亚稳定碳化物逐渐转变为稳定的细球粒状的渗碳体，并与α-固溶体转变为由保持针状外形的铁素体组成的复相组织，称为回火屈氏体。在温度大于400℃时，随着温度的升高，碳化物的球状粒子逐渐长大，在500～650℃形成粒状碳化物和铁素体的混合物，称为回火索氏体。

按照回火温度的不同，回火分为低温回火、中温回火和高温回火三种。低温回火（加热温度 150～250℃）主要为了减少钢中的残余应力和降低脆性，可保持高的强度、硬度和耐磨性能。低温回火组织主要为回火马氏体，用于高碳钢等工具钢的热处理。中温回火（加热温度 350～500℃）主要是获得一定的韧性，又有较高的弹性、屈服强度和硬度。中温回火得到的组织为回火屈氏体，主要用于模具、弹簧等。高温回火（加热温度 500～650℃）主要为获得适当的强度和硬度，足够的塑性和弹性，较小的内应力相结合的较好的力学性能。淬火后再高温回火的处理方式又称为调质处理。高温回火组织为回火索氏体，具有一定强度、硬度和良好韧性的综合力学性能。生产上一般工件的回火时间为 1～2h。

钢在 250～400℃和 450～650℃两个温度区间回火后，钢的冲击韧性明显下降，这种脆化现象称为回火脆性。在 250～400℃出现的低温回火脆性是由于回火马氏体中分解出稳定的细片状化合物而引起的。低温回火脆性不可逆转，防止低温回火脆性，通常的办法是避免在这个温度区间内回火或采取等温淬火。高温回火脆性通常是有些合金钢尤其是含 Cr、Ni、Mn 等元素的合金钢，在 450～650℃高温回火后缓冷时，发生冲击韧性下降的现象。回火快冷可避免出现脆性。高温回火脆性可以逆转，这种脆性的产生与加热和冷却条件有关。

4.6.3　热处理设备

用于钢板热处理设备有室状退火炉、辊底式常化炉加淬火机等。最常用的是辊底式常化炉，用以对钢板进行正火、回火、淬火、调质等热处理，为中厚板工厂生产高品质和厚规格钢板的重要设备。

用于重轨的全长淬火的热处理设备是利用高频的大电流流向被绕制成环状或其他形状的加热线圈（通常是用紫铜管制作），由此在线圈内产生极性瞬间变化的强磁束。将金属等被加热物体放置在线圈内，磁束就会贯通整个被加热物体，在被加热物体的内部与加热电流相反的方向，便会产生相对应的很大涡电流。被加热物体内存在着电阻，所以会产生很大的焦耳热，使物体自身的温度迅速上升，可达到对金属材料加热的目的。在既定的温度条件下喷水淬火以实现钢强韧化。

4.6.4　热处理炉操作

以辊底式常化炉为例，热处理炉的烧钢操作如下：

（1）根据计划处理的品种规格，按照调试好的热处理程序要求，在 HMI（人机界面，Human Machine Interface 的缩写）上输入相关热处理参数。

（2）按要求记录入炉钢板的规格、钢号、批号等参数。

（3）得到“允许装炉”指令后，在 HMI 上发出装钢指令，装料炉门自动开启，钢板通过辊刷后自动装入热处理炉，在 HMI 上按事前调试好的热处理程序控制炉底辊和燃烧控制器对钢板进行热处理，同时对炉内钢板进行跟踪，钢板入炉后入料炉门自动关闭。

（4）严格执行工艺制度，准确调整炉温，确保炉子各部位温度均匀，炉温不稳定不允许将钢板入炉处理。热处理制度以钢温为准，钢温检测以出炉检测温度为准。

（5）炉内各段温度、辊道运行速度、钢板在炉位置、钢板加热时间、空煤气流量、烧嘴脉冲燃烧策略等根据钢种、规格及热处理工艺制度由计算机系统自动设定，或经生产摸索后确定。

(6) 在钢板进行热处理时密切观察 HMI 上各项运行参数。

(7) 钢板热处理完毕后，达到出炉条件时，HMI 会提示“允许出炉”，得到“允许出炉”信号后，在出炉辊道上有空位时，在 HMI 上发出“允许出炉”指令，出料炉门自动开启，钢板按事前设定的出炉程序出炉。

(8) 按照“异常事故紧急停炉”及时处理热处理炉出现的故障。

(9) 勤观察煤气压力、空气压力、排烟温度和炉内温度情况。

(10) 空气与煤气的配比为 (1.46 ~ 1.55) : 1.0。

(11) 勤观察工艺氮气压力和炉膛压力，炉膛压力必须微正压，压力值约为 10 ~ 30Pa（最佳值视实际情况定）。

(12) 正确计算和设置炉内各段辊道速度，确保在炉内加热的钢板不得发生头尾相接和重叠，确保钢板的加热时间及加热温度符合工艺要求。

(13) 若遇煤气压力突然变化或者由于设备、管理等原因导致流通受阻而无法出钢，必须及时调整炉温、辊道运行速度等，确保工艺的执行，保证产品质量。

(14) 自身预热烧嘴前的空气、煤气流量调节旋塞阀调整定位后，阀位不得随意改变，若要调整阀门开度必须经专业技术人员同意并由专业技术人员指导进行。

(15) 随时观察炉辊运行情况，发现问题，及时处理并向有关人员报告。

(16) 钢板不得在出炉辊道和矫直机前辊道上长时间停留不动。若流通受阻，应使钢板在辊道上来回摆动。

(17) 看火工应严格执行工艺制度，并对产品的性能和表面质量负责。

(18) 热处理看火工艺待工艺摸索后再定。

4.7 矫直

矫直工序主要解决钢材产品平直度或板形问题。热轧中厚板的矫直工序主要放在轧制工序后上冷床前，热轧中厚板剪切线后设有补充冷矫直，也有中厚板热处理后的热矫直；热连轧带钢生产的精整作业线上有冷矫直。热轧型钢生产中异形断面的矫直工序放在精整作业线上以冷矫的方式进行。

矫直设备主要为辊式矫直机，广泛用于型钢、板带及管材生产；压力矫直机作为局部补充矫直如重轨头尾弯曲矫直；拉伸弯曲矫直机用于改善薄带钢平直度的矫直。

4.7.1 辊式矫直机

4.7.1.1 板、带材和型钢用的辊式矫直机

如图 4-11 所示，在辊式矫直机上轧件多次通过交错排列的转动着的辊子，利用多次反复弯曲而得到矫正。辊式矫直机生产率高且易于实现机械化，在型钢车间和板带材车间获得广泛应用。图 4-11a 为上工作辊可单独调整的矫直机，这种调整方式较灵活，但由于结构配置上的原因，它主要用于辊数较少、辊距较大的型钢矫直机。图 4-11b 是上工作辊整体平行调整的矫直机，通常出、入口的两个上工作辊（也称导向辊）做成可以单独调整的，以便于轧件的导入和改善矫正质量，这种矫直机广泛用于矫正 4 ~ 12mm 以上的中厚板。图 4-11c 是上工作辊整体可以倾斜调整的矫直机，这种调整方式使轧件的弯曲变形逐

渐减小，符合轧件矫正时的变形特点，它广泛用于矫正 4mm 以下的薄板。图 4-11d 是上工作辊可以局部倾斜调整（也称翼倾调整）的矫直机，这种调整方式可增加轧件大变形弯曲的次数，用来矫正薄板。

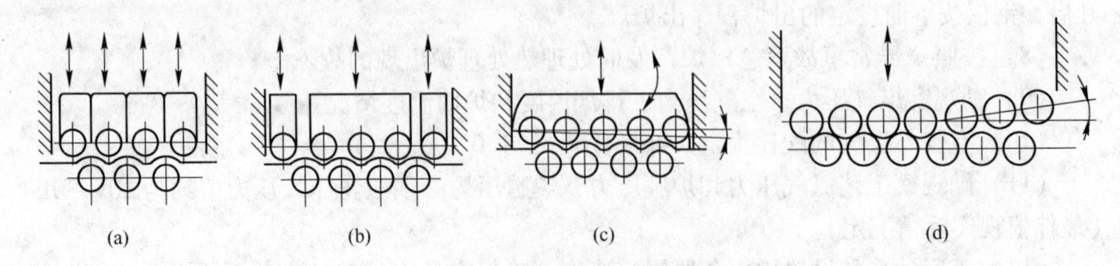

图 4-11　辊式矫直机

（a）上辊单独调整；（b）上辊整体平行调整；（c）上辊整体倾斜调整；（d）上辊局部倾斜调整

在辊式矫直机上，第 1 辊至第 3 辊的矫直力是递增的，第 3 辊矫直力为最大值，然后，矫直力开始减小。但第 6 辊至第 $n-5$ 辊的矫直力是一个稳定值。从第 $n-5$ 辊后，各辊矫直力又开始递减，第 n 辊矫直力为最小值。

4.7.1.2　管材、棒材矫直机

如图 4-12 所示，管材、棒材矫直原理也是利用多次反复弯曲轧件使轧件矫直。

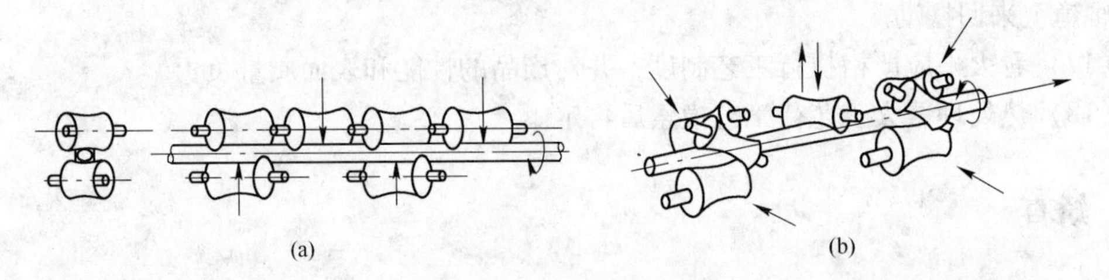

图 4-12　管材、棒材矫直机

（a）一般斜辊式；（b）“313”型

图 4-12a 是斜辊式矫直机，这种矫直机的工作辊具有类似双曲线的空间曲线的形状，两排工作辊轴线互相交叉，管、棒材在矫正时边旋转边前进，从而获得对轴线对称的形状。图 4-12b 是“313”型辊式矫直机，这种矫直机的设备质量轻，易于调整和维修，用于矫正管、棒材时，效果很好。

4.7.2　辊式矫直机的操作

（1）接班前负责检查矫直机、前后辊道及操作台的设备运转情况，给油、供水是否正常，检查矫直辊是否正常。

（2）对于钢板矫直，在一次矫直通过后不能矫平，需要来回多过几道以保证钢板的平直度。

（3）了解当班作业情况，正确调整矫直辊间距，上下工作辊之间距应根据钢材产品的板形、厚度公差、温度及强度的不同等调整矫直机的压下量。

（4）启动矫直机待运转平稳后方可矫直，不准带负荷启动矫直机。严禁在工作中带钢停车（事故状态除外）。

（5）在负荷工作状态下，绝对不允许进行辊缝调整。

（6）不允许超负荷操作设备，来料应符合矫直机规定。

（7）矫直辊压下行程超过极限行程时，应将位移传感器拆下重置。

（8）对于红钢板不应在矫直机内停留，以免钢板瓢曲及矫直辊烫伤，出现网纹。

（9）当钢材在矫直机内发生卡咬时，应立即抬起上辊，处理好后再工作。

（10）在热矫直机工作时，应保证辊身冷却水充足、均匀。

4.8 检查

检查包括在线检查与离线检查。在线检查主要包括尺寸、板形、表面质量、重量及内部缺陷等；离线检查主要包括化学成分、力学性能、组织结构等。

4.8.1 在线检查

4.8.1.1 尺寸检查

根据产品标准检查钢材产品尺寸，以使尺寸符合公差要求。钢板产品尺寸为厚、宽、长。厚度尺寸取决于终轧道次轧机辊缝控制，通过在线测厚仪或人工测厚计检测。宽度与长度的检查主要取决于剪切线剪切机的操作与调节。对于型钢产品尺寸检查，断面形状及尺寸主要取决于孔型设计与轧机调整；对于型钢长度尺寸的控制主要取决于剪（锯）机的操作与调节。对于管材产品尺寸检查主要包括管径、壁厚、长度等；管径与壁厚控制取决于轧制操作；长度尺寸取决于锯机的操作与调节。

4.8.1.2 板形

对于板带钢来说，板形检查包括各种板形缺陷的识别，如侧弯、瓢曲、单（双）边浪、复合浪形等。

对于型钢及管材的板形，主要检查钢材的平直度。

4.8.1.3 表面质量

表面质量检查包括表面氧化铁皮、麻点、凹坑、裂纹、结疤、分层、飞边等。

4.8.1.4 内部缺陷

内部缺陷包括白点、裂纹等，主要靠无损探伤检查。

4.8.1.5 重量

重量检查主要检查理论重量与实际重量的偏差量。

4.8.2 离线检查

4.8.2.1 化学成分

化学成分检查在熔炼分析的基础上符合 GB/T 222 的有关规定。

4.8.2.2 力学性能

按照标准规定，根据需要做各种力学性能检查，如拉伸试验、硬度试验、冲击试验、冷弯试验、压扁试验、扩口试验等。

4.8.2.3　组织结构

组织结构检查包括检测晶粒度大小与分布、组织结构组成等。

4.9 标识及包装

4.9.1 标识

钢材产品标识包括在钢材断面、表面打印、喷印，“刻”或“贴”上或吊挂标牌等。如螺纹钢筋、重轨等需要在成品孔轧辊上通过孔型“刻”上标识；钢板表面通过打印机“刻”上炉批号，在钢板表面上同时涂漆喷印钢号、尺寸、执行标准、商标、生产班组等标识。

在钢材吊挂标牌时，标识包括批号、钢号、尺寸、执行标准、商标、支数（重量）、检验员等。

4.9.2 包装

钢材包装应符合以下标准规范：

《型钢验收、包装、标志及证明书的一般规定》（GB/T 2101）。

《钢板和钢带检验、包装、标志及证明书的一般规定》（GB/T 247）。

《钢管的验收、包装、标志及证明书的规定》（GB/T 2102）。

思考题

4-1　原料进炉加热前是否需要修磨，修磨方法有哪些？

4-2　原料进炉是冷装还是热装，热装温度最高可达到多少？

4-3　加热炉结构与形式是怎样的，什么是推钢式加热炉、步进式加热炉、环形加热炉、斜底式炉？

4-4　加热炉炉底有效面积如何确定，加热炉炉底强度是多少？

4-5　加热炉进、出料方式如何，进、出料设备是什么？

4-6　加热炉烧嘴分布及数量？

4-7　加热炉燃烧系统、水冷系统、排烟系统如何实现？

4-8　什么是汽化冷却，其工作原理是怎样的，汽化冷却装置如何构成？

4-9　什么是蓄热式加热炉，蓄热体与换热器的区别与联系是什么？

4-10　加热炉的加热效率如何确定？

4-11　什么是三段连续式加热炉，加热炉的热工艺制度如何制定，不同钢种的热工制度如何选择？

4-12　加热炉炉内氧化铁皮如何去除？

4-13　加热炉炉内测温仪安装位置如何确定？

4-14　加热炉炉内压力及分布是怎样的，什么是正压力、负压力？

4-15　加热缺陷有哪些？

4-16　什么是过热与过烧？

4-17　加热炉炉温控制系统如何实现？

4-18　什么是按炉送钢制度，如何实现？

4-19　步进梁的结构与运行方式是怎样的？

4-20 什么是推钢比？
4-21 比较推钢连续加热炉与步进式炉的热工特点。
4-22 环形加热炉、斜底式炉的用途是什么，环形炉炉底运行机构如何实现，斜底炉的水平夹角有多大？
4-23 什么是加热炉推钢机、出（抽）钢机，其运行机构是怎样的？
4-24 什么是热送热装，热送温度最高可达多少？
4-25 钢坯除鳞装置的位置在哪里，高压水除鳞压力有多大？
4-26 轧机的形式及布置是怎样的？
4-27 轧机用主电机形式、功率、转速、转动惯量是什么？
4-28 轧机机架开口式、闭口式、半开（闭）口式是什么？
4-29 轧机压下系统、传动系统是如何构成的？
4-30 轧辊轴承形式如何，轧辊平衡装置如何，轧辊换辊装置如何实现？
4-31 轧辊材质是怎样的？
4-32 什么是可逆式轧机，什么是连轧机？
4-33 什么是短应力轧机，什么是45°摩根轧机？
4-34 什么是HC轧机、CVC轧机、PC轧机、森吉米尔轧机？
4-35 连轧常数是什么意思，什么叫堆钢、拉钢、堆拉系数？
4-36 什么是孔型，什么是开口孔型、闭口孔型、半开（闭）口孔型？
4-37 什么是导卫装置，什么是导板、卫板、扭转导管，什么是滚动导卫？
4-38 什么是耳子，什么是折叠？
4-39 什么是压下率、累积压下率？
4-40 什么是总延伸系统，什么是平均延伸系数？
4-41 什么叫纵轧、横轧、斜轧？
4-42 型钢轧机如何调整？
4-43 什么是无扭轧制、无槽轧制、切分轧制？
4-44 什么是自由程序轧制，什么是铁素体轧制？
4-45 什么是无缝钢管，什么是焊管？
4-46 穿孔机的类型有哪些？
4-47 轧管机的类型有哪些？
4-48 穿孔机的传动方式如何实现？
4-49 穿孔机如何实现调整？
4-50 斜轧穿孔过程包括哪些变形？
4-51 什么是控制轧制与控制冷却？
4-52 什么是再结晶型控制轧制、未再结晶型控制轧制？
4-53 什么是活套，什么是侧活套、立活套，什么是活套支撑器？
4-54 轧制线上检测设备有哪些，具体位置在哪儿？
4-55 轧制过程计算机控制系统如何分级，各级功能如何？
4-56 什么是轧制过程的数学模型，什么是模型自适应？
4-57 什么是轧制节奏时间、轧制周期？
4-58 什么是压下制度、温度制度、速度制度、张力制度、辊型制度？
4-59 什么是层流冷却？
4-60 室状炉、车底式炉、辊底式炉的结构是怎样的？
4-61 什么是退火、正火（常化）、淬火、回火、调质处理？
4-62 冷床的结构与尺寸如何选择与设计？

4-63　剪机（锯机）的结构与形式是怎样的?

4-64　什么是飞剪，如何实现剪切?

4-65　剪刃间隙如何选取?

4-66　矫直机结构与形式是怎样的?

4-67　矫直原理是什么?

4-68　辊式矫直机辊缝如何调整?

4-69　钢材表面打印、标识如何实现，具体标识些什么?

5　冷加工车间生产技术操作规程

5.1　酸洗

5.1.1　酸洗原理

酸洗是通过化学方法去除钢材表面的氧化铁皮。在冷轧带钢之前需要去除热带卷表面的氧化物以提高表面质量；同样，钢管的冷轧前需要去除毛管上的氧化物并在毛管表面固化一层润滑膜以改善拉拔性能。

普通酸洗时所用到的酸液一般为硫酸或盐酸。

酸洗的过程包括以下3个方面的作用：

(1) 溶解作用。

钢材表面氧化铁皮中各种铁的氧化物与酸发生化学反应，生成溶于水的铁盐而溶解于酸溶液内。若用盐酸或硫酸进行酸洗时，生成可溶解于酸液的正铁及亚铁氯化物或硫酸盐，从而把氧化铁皮从带钢表面除去。这种作用，一般称作溶解作用。

在硫酸溶液中：

$$Fe_2O_3 + 3H_2SO_4 = Fe_2(SO_4)_3 + 3H_2O$$

$$Fe_3O_4 + 4H_2SO_4 = FeSO_4 + Fe_2(SO_4)_3 + 4H_2O$$

$$FeO + H_2SO_4 = FeSO_4 + H_2O$$

在盐酸溶液中：

$$Fe_2O_3 + 6HCl = 2FeCl_3 + 3H_2O$$

$$Fe_3O_4 + 8HCl = 2FeCl_3 + FeCl_2 + 4H_2O$$

$$FeO + 2HCl = FeCl_2 + H_2O$$

FeO与酸反应速度最快，Fe_2O_3、Fe_3O_4 在硫酸酸洗液中很难溶解，氧化铁皮的清除还需要借助机械剥落作用和还原作用，而各层氧化铁皮都能与盐酸溶液发生化学反应。

(2) 机械剥离作用。

钢材表面氧化铁皮中除铁的各种氧化物之外，还夹杂着部分的金属铁，而且氧化铁皮又具有多孔性，那么酸溶液就可以通过氧化铁皮的孔隙和裂缝与氧化铁皮中的铁或基体铁作用，并相应产生大量的氢气。由这部分氢气产生的膨胀压力，就可以把氧化铁皮从钢材表面上剥离下来。这种通过反应产生氢气的膨胀压力把氧化铁皮剥离下来的作用，一般称为机械剥离作用。

$$Fe + H_2SO_4 = FeSO_4 + H_2\uparrow$$

$$Fe + 2HCl = FeCl_2 + H_2\uparrow$$

(3) 还原作用。

金属铁与酸作用时，首先产生氢原子。一部分氢原子相互结合成为氢分子，促使氧化铁皮的剥离；另一部分氢原子靠其化学活泼性及很强的还原能力，将高价铁的氧化物和高价铁盐还原成易溶于酸溶液的低价铁氧化物及低价铁盐。

在硫酸溶液中：

$$Fe_2O_3 + 2[H] = 2FeO + H_2O$$

$$Fe_3O_4 + 2[H] = 3FeO + H_2O$$

$$Fe_2(SO_4)_3 + 2[H] = 2FeSO_4 + H_2SO_4$$

在盐酸溶液中：

$$Fe_2O_3 + 2[H] = 2FeO + H_2O$$

$$Fe_3O_4 + 2[H] = 3FeO + H_2O$$

$$2FeCl_3 + 2[H] = 2FeCl_2 + 2HCl$$

5.1.2 酸洗设备与工艺

带钢酸洗设备一般为连续酸洗机组，单卷连续酸洗采用浅槽推拉式酸洗。连续酸洗机组与冷连轧机构成酸轧联合式机组。

连续酸洗机组由入口段、工艺段和出口段等设备组成，采用先进的浅槽紊流连续式盐酸带钢酸洗生产工艺，可为带钢冷轧机提供优良的酸洗带卷产品。其生产工艺流程为：

运卷→上卷→开卷→切头→焊接→入口活套→拉矫破鳞→酸洗→清洗→热风干燥→出口活套→切边→涂油→分切→卷取→卸卷→运卷→称重→打捆→包装

酸洗工艺参数有酸液浓度、酸液温度、酸液中铁盐含量、酸洗时间、带钢运行速度等。

5.1.3 酸洗操作

酸洗过程中出现的酸洗缺陷有：

(1) 酸洗气泡。

金属与酸产生化学反应时，生成了部分氢原子，它渗透到金属的结晶格子中，并使其变形，变形后使氢更向金属内扩散，其中一部分氢原子穿过金属并分子化，使金属产生引起氢脆的内应力。

防止产生酸洗气泡的措施是：调整酸液的浓度，控制酸洗溶液的温度和带钢表面平直度状态等。

(2) 过酸洗。

金属在酸洗溶液中停留时间过长，使其在酸溶液的作用下，表面逐渐变成粗糙麻面的现象，称为过酸洗。

造成过酸洗的原因是断带使机组连续作业中断，机组作业失去连续性。防止措施是全机组的操作尽量配合，保证生产正常进行。

(3) 欠酸洗。

钢带酸洗之后，表面留下未洗掉的氧化铁皮时称为欠酸洗。欠酸洗多发生在带钢的头尾及两侧边缘。

造成欠酸洗的原因是：氧化铁皮厚度不均，较厚的氧化铁皮需要较长的酸洗时间；或带钢的波浪度和镰刀弯较大，部分未浸泡在酸液中；有时还可能酸洗前机械破鳞不完全，特别是带钢两头破鳞不彻底等。

（4）锈蚀。

原料表面酸洗后重新出现锈层的现象称为锈蚀。锈蚀形成的原因是带钢酸洗后的表面残留有酸液，或带钢清洗后的表面没有完全干燥等。此外，带钢在酸洗后的高温清洗水中停留时间过长也会产生锈蚀的现象。

防止锈蚀的措施是：严格执行酸洗、清洗操作规程，及时给带钢表面涂油，并放置在干燥的地方。

（5）夹杂。

带钢酸洗后的表面出现深陷的黑点称为夹杂，它是由于热轧时氧化铁皮被压入时形成的。酸洗时不能去除，在冷轧时黑点延伸扩展形成条状，大大降低成品钢板的冲击性能。

（6）划伤。

带钢在机组运行过程中出现新的划伤，是由于卷取辊、弯曲辊表面出现硬质异物，或带钢浪形、折棱与导板线接触等原因造成的等。

（7）压痕。

压痕是指钢板（带钢）表面呈凹下去的压迹。压痕形成的原因是：带钢卷焊时焊渣没有吹尽被带到拉辊上，拉辊在带钢表面滑动造成粘辊，使带钢表面产生压痕；热轧过程中压下失灵，突然压下停车，压痕深度超过带钢厚度允许偏差之半时，冷轧之后，压痕不能消除。

对于坑式酸洗，酸洗操作规程如下：

（1）酸洗工作人员操作时，必须穿戴好防护眼镜、口罩、橡皮手套、橡皮围裙、工作服和长统胶鞋。

（2）酸洗槽应有独立的抽风设备。在配制酸液和酸洗过程中均应开动风机。酸洗槽周围应加遮栏。

（3）运送酸液或向槽内注入酸液时，应用专门的抬具和夹具。在槽沿高出地面的酸洗槽工作时，不准站在槽沿上。

（4）配制酸液时，应先向槽内注水，再将酸液缓慢注入槽内。配制混合酸，则先向槽内注水，然后向槽内注入盐酸，再加硝酸，最后加硫酸。配制过程严禁颠倒。

（5）所需酸洗的工件的温度应符合规定。

（6）工件入槽应尽量缓慢进入液面。严禁将碱性物质带入酸槽内。人体沾上酸液应立即冲洗，工作场地应备有必要的药品。

（7）酸洗后的工件应立即清洗干净，并按工艺规定中和工件表面酸液。

（8）经常检查工、夹具及起重设备和通风管道受腐蚀情况。大型工件及板料酸洗时，行车（或单轨吊车）及其他专用起吊机械的电机应采用密闭形式，其钢丝绳和吊具应经常检查，定期更换。在槽面上空工作应对槽面加盖。

（9）酸的保存、储藏应遵守有关规定。废酸液应集中回收或统一处理。用管子引流酸液或废液时，不准用口吸。

5.2 冷轧（拔）

5.2.1 冷轧（拔）设备与工艺

以热带钢做原料，进一步冷轧变形，可获得尺寸更薄、精度更高的产品；同时，通过后续处理改善产品的力学性能。对于热轧无缝钢管，可通过冷轧（拔）变形获得管径、壁厚尺寸更小的产品。线材可通过拉拔获得钢丝产品。

冷轧带钢和薄板一般厚度为0.1~3mm，宽度为100~2000mm；均以热轧带钢或钢板为原料，在常温下经冷轧机轧制成材。冷轧带钢和薄板具有表面光洁、平整、尺寸精度高和力学性能好等优点，产品大多成卷，并且有很大一部分经加工成涂层钢板出厂。成卷冷轧薄板生产效率高，使用方便，有利于后续加工。

带钢生产最早的冷轧机是二辊式，以后采用工作辊辊径较小而刚性较大的四辊轧机。为了轧制更薄和更硬的带钢，又发展出工作辊辊径更小而刚性更大的六辊、十二辊、二十辊和偏八辊（MKW式）等轧机。

冷轧带钢生产分单机架可逆轧制与多机架连轧。

单机架可逆式四辊冷轧机适合于生产多品种、小批量、厚度0.2mm以上的普通碳钢或低合金钢。轧制硅钢、不锈钢等高合金特殊钢多采用二十辊或偏八辊轧机。

连续式轧机由3~6个机架组成。机架数越多，总压缩率越大，产品厚度薄；轧制速度越快，产量越大；适用于轧制产量大、品种规格少的普通碳钢汽车板、镀锌板、镀锡板等。

冷轧带钢工艺包括压下制度、张力制度、工艺润滑与工艺冷却制度、速度制度等。

压下制度指各道次压下量（率）分配，根据轧机的技术参数、轧制材料的力学性能、产品质量要求来制定，同时考虑轧机生产能力与消耗。

张力制度指轧机与开卷（卷取）机间的张力、连轧机间的张力大小、道次间张力分布等。冷轧大张力轧制可降低轧制压力、改善板形、稳定轧制过程等优点。张力选取取决于材料物理力学性能、冷加工硬化程度、带材厚度及其边部质量。

在冷轧过程中实施工艺润滑与工艺冷却制度，以减少轧制接触弧区的摩擦系数、降低轧制压力及轧制功率消耗，改善带材表面质量；同时，良好的冷却能避免轧辊及带材表面温度升高，改善带钢的板形。

速度制度指带钢咬入、抛出、稳定轧制速度，过焊缝速度，加减速度特性等。根据设备的能力，在轧机允许的速度范围内，尽可能采用较高的轧制速度，以提高轧机的生产能力，同时降低轧制压力。

5.2.2　冷轧操作

对于带钢冷轧工艺技术操作规范，其实施步骤如下：

（1）轧制前熟悉相关工艺与设备参数，如轧制原料（产品）、品种（规格）、轧制工艺参数等；

（2）生产前确定各操作系统处于“零位”或正常状态；

（3）轧机压靠清零；

（4）穿带；

（5）轧制，润滑系统启动；

（6）卸卷。

5.3　退火

退火的目的在于消除冷轧加工硬化，使钢板再结晶软化，具有良好的塑性。退火方式有罩式炉成卷退火和连续炉退火。成卷退火分为紧卷退火和松卷退火；连续炉退火分为立式连续炉退火和卧式连续炉退火。炉内一般均通入保护气体。虽然罩式炉退火处理周期长，但因其炉子数量多，使用灵活，投资节省，被大多数工厂采用。连续炉退火产量大，其中卧式连续炉退火仅用于处理产量少的特殊钢，如硅钢的脱碳退火等。

5.3.1 退火设备及工艺

用于钢带卷的热处理设施有罩式退火炉及连续退火机组。

全氢/高氢罩式光亮退火炉是把冷轧薄板钢卷堆垛在以炉台和波纹内罩形成的一个密闭空间里，用加热炉罩给波纹内罩加热，密闭空间里以全氢/高氢气体作为热传递介质保护气体（氢气的热传导效率很高），循环风机的高速旋转形成对氢气的强对流循环，以吸收波纹内罩上的热量传递给钢卷，从而达到给带钢加热进行热处理的目的。另外，氢气不但对带钢具有防氧化的作用，而且对带钢上的铁锈具有还原作用，这样就实现了带钢的光亮退火。

炉子的加热方式有电加热和燃气加热两种形式。

全氢/高氢罩式退火炉是20世纪70年代初期，奥地利研制开发出的一种新型退火技术。在1984年以后才开始用于冷轧薄板的退火。

全氢/高氢罩式退火炉是一种崭新的退火技术，是世界钢铁产业的一项重大技术进步，它大胆地将75%氢气+25%氮气混合气体甚至100%的氢气作为保护气体应用于冷轧薄板的退火工艺，获得了极大的成功。现在，越来越多的深冲级、商品级、较高强度的带钢以及合金带钢都采用这一新工艺进行退火处理。特别是世界上很多汽车制造厂家均指定只要全氢罩式退火炉生产的产品。

全氢罩式退火炉的优点：

（1）产量高。比高氢（75%氢气，25%氮气）罩式炉产量要高20%～30%。全氢炉采用了100%的氢气作为保护气体，大煤气流量和高速烧嘴，变频风机强对流等技术，产量提高幅度较大。

（2）无氧化现象。由于实现了可靠的两个10^{-6}量级的密封，足够的吹洗时间，先进的控制手段，所以，退火后的钢卷没有氧化。

（3）带钢退火性能好。各卷性能均匀，避免黏结。全氢炉由于钢卷在炉内处理时间短，在加热和冷却过程中，炉内上部钢卷和下部钢卷、钢卷外面和里面温度均匀。

（4）可获得满足产品要求的力学性能和表面粗糙度。全氢炉退火出来的产品完全能达到国家标准，如可塑的高压缩比值、高的加工硬化指数以及满足产品要求的力学性能。

（5）能耗低。氢气具有很好的降低燃料消耗和炉台循环风机电耗的作用。全氢炉的燃烧温度只需850℃，消耗燃料少。高氢罩式炉保护气耗量为8～10m^3/t，而全氢炉仅为2m^3/t，由于氢气比较轻，使得循环风能够达到很高的转速，而且产生的阻力很小，这就使得电耗大大降低，节约了电能。

（6）自动化程度很高的PLC控制，上位机显示/操纵以及记录历史数据。

主要参数：

罩台比：1∶2；

装炉量：10～120t/炉；

装料直径：ϕ1200 ~ 3150mm；

装料高度：2 ~ 5.5m。

连续退火机组是将冷轧后带钢的清洗、退火、平整、精整等工序集中在一条生产线上，与传统的罩式炉退火工序相比，具有退火周期短、布置紧凑、便于生产管理、生产效率高及产品质量优良等优点，特别是生产高强度钢板，因一次冷却速度大大高于罩式退火炉，可降低强化用的合金元素用量，节约成本。其生产工艺流程如下：

原料钢→入口步进梁→钢卷小车→（1号、2号）开卷机→（1号、2号）直头机→入口双层剪→焊机→清洗段→入口活套→炉子段→出口段→平整机和拉矫机→检查活套→双头圆盘剪→去毛刺机→检查台→静电涂油机→出口飞剪→（1号、2号）卷取机→钢卷小车→出口步进梁→称重装置→自动打捆机→出口输送设备

连续退火机组的炉子段采用辐射管加热的立式退火炉，由预热段、加热段、均热段、缓冷段、快冷段、过时效段、最终冷却段及水淬等设备组成。

预热段采用保护气体喷吹带钢，预热温度约120 ~ 150℃；加热段分三个加热室，采用W形辐射管加热到规定的退火温度，加热段及均热段最高操作炉温925℃；均热后的带钢进入缓冷段通过循环保护气体喷吹，缓冷至快冷段开始的温度；缓冷后的带钢进入快冷段经保护气体快速喷吹，将带钢冷却到过时效所规定的温度，快冷段由风箱、循环风机、水/保护气体热交换器、循环管道组成；水淬冷却将带钢从出炉温度冷却到平整机所要求的温度，经淬水槽后过挤干辊和热风干燥器，出口带钢温度低于45℃。

5.3.2 退火操作

对于罩式退火炉操作，其安全操作规程如下：

（1）检查防护措施，穿戴好劳保用品。

（2）定期全面检查设备、管道、仪表、电器是否正常；气、电、水系统是否畅通；检查各密封、水封等各部位气密性情况。出现漏气、漏电、漏水、电器接触不良或仪表失灵现象应及时修复。

（3）加热炉体、冷却罩吊装时应切断电源，严禁带电操作。内胆和冷却罩吊起时，要注意拧开冷却水开关。

（4）经常检查防暴箱内水位，使其保持稳定，严禁水位过低或无水使空气倒流发生意外。

（5）经常检查炉座上密封胶圈是否完好，内胆扣上时一定要相对旋紧对面螺栓，防止压扁漏气。

（6）炉座风机不允许直接高速启动，应先低速再高速，以保证电机使用寿命。

（7）严格按照加热炉点火程序进行操作。

（8）操作人员在烧炉过程中，严格按照操作工艺要求进行操作。

5.4 平（光）整

平（光）整的目的在于避免退火后的钢板在冲压时产生塑性失稳和提高钢板的质量（平整度和表面状况）。平整轧机有单机架可逆式和双机架两种，平整压缩率为0.5% ~

4%。双机架平整轧机效率高，压缩率大，可同时兼作二次冷轧用，以进一步轧薄钢板，如与5机架连轧机配合，可生产0.10～0.15mm的带卷。

平（光）整机的平整方式有干平整和湿平整两种。湿平整与干平整相比，具有如下优点：

（1）由于湿平整是在工作辊的入口侧喷射脱盐水来清洁轧辊和带钢表面，以减少轧辊平整后的辊印和其他表面缺陷，因而可生产高分选度的钢板。

（2）可减少更换工作辊的次数，延长轧辊的使用寿命。

（3）干平整时接触弧内处于明显的干摩擦状态，而湿平整时为半干摩擦状态，因而湿平整单位轧制力、轧辊挠度和磨损均较干平整时小。

（4）有利于恒伸长率和表面质量控制。湿平整的金属横向流动易于干平整，带钢的单位轧制力受板宽影响较小。实践证明，高速段湿平整比干平整更有利于恒伸长率的控制。

湿平整也存在一些不足，轧辊的粗糙度不能直接压到带钢表面上，需要提高毛面辊的粗糙度。由于平整剂的润滑作用，小伸长率的平整控制比较困难。湿平整有喷脱盐水的，如果薄板的要求高，可以使用平整液，但是成本要高，因为平整液是不能回收的。还有就是在吹扫装置前应该有挤干辊组，否则水很难被吹干。吹扫装置一般为热风吹扫。

干平整和湿平整各有优缺点，应根据平整机设备状况和客户对产品的要求选择使用干平整或是湿平整。如果退火后钢带表面的残留乳化液不多，用干平整较好。由于干平整不影响光泽度，BA板（光亮退火板）必须采用干平整。湿平整有平整液的保护，不易对带钢表面产生压入等缺陷。如果采用的是滴防锈油湿平整，效果较好，可免去后续工序再上油。

5.5 精整

精整有纵剪和横剪。纵剪是剪边或按需要的宽度分条；横剪是将带卷按需要长度切成单张板。剪切好的成品板带，经检查分类后，涂防锈油包装出厂。

5.5.1 横切机组

由钢卷运载小车将钢卷装入开卷机卷筒后，带钢头部依次进入夹送辊、1号矫直机机组、活套、圆盘剪切边、飞剪成品定尺剪切、2号矫直机矫直、打印机或打号机进行描号、人工表面检查站，检查合格的钢板将送往垛板台进行堆垛。次品板通过垛板台后的夹送辊送到次品区。飞剪由计算机系统根据工艺制度设定速度和剪切长度，以保证钢板剪切质量。

垛板台分为两组以便堆垛作业能按照钢板长度和数量进行连续操作。堆垛由可横向移动的轮子来完成，根据不同板宽可进行调整。堆垛完成后，升降台下降将钢板垛放到链式板垛运输机上。板垛通过运输机链条侧移，将其送到该运输机的称量机上。称重后，运输机将已称重的板垛送到运输机后的卸料辊道上。卸料辊道上有两个固定布置的打捆机，负责对钢板垛进行打捆。打捆完成后，板垛由吊车吊装入库。其工艺流程如下：

上料小车→开卷→1号矫直机矫直→入口活套→圆盘剪切边→横切飞剪切定尺→2号矫直机矫直→打印→检查分选→堆垛→称重→打捆→入库

5.5.2　纵切机组

纵剪机组用于将金属料卷沿纵向进行多条剪切，并将分切后的条料重新卷绕成卷。其工艺流程如下：

上料小车→开卷→入口活套→滚剪机（含导向装置）切分→边料卷取机卷边→出口活套→张力台施加张力→卷取→卸卷

滚剪机（含导向装置）具有如下特点：

(1) 导向装置利用两边垂直辊轮，引导带料平稳进入圆盘剪，两侧导卫立辊由手动调节。

(2) 带料纵向剪切成需要的宽度，通过调换组合式隔套，可灵活改变剪切的成品宽度要求。

(3) 上刀轴提升、活动牌坊移动均采用手动形式。

(4) 驱动装置：直流电机、减速机构、万向联轴器。

(5) 随机带磨刀芯轴一根。

滚剪机的主要技术参数有剪切速度、刀轴直径、刀盘直径及剪切宽度等。

5.6　涂镀材生产

涂镀材生产是将需镀层的钢板送镀锌、镀锡或有机涂层机组加工。

5.6.1　连续热镀锌

热镀锌是由较古老的热镀方法发展而来的，自从1836年法国把热镀锌应用于工业以来，已经有100多年的历史了。然而，热镀锌工业近30年来随着冷轧带钢的飞速发展而得到了大规模发展。

热镀锌板的生产工序主要包括：

原板准备→镀前处理→热浸镀→镀后处理→成品检验

按照习惯往往根据镀前处理方法的不同把热镀锌工艺分为线外退火和线内退火两大类，即：

线外退火：单张钢板热镀锌法、惠林（Wheeling）法（带钢连续热镀锌法）。

线内退火：森吉米尔（Sendzimir）法（保护气体法）、改良森吉米尔法、美钢联法（同日本川崎法）、赛拉斯（Selas）法、莎伦（Sharon）法。

5.6.1.1　线外退火

线外退火就是热轧或冷轧钢板进入热镀锌作业线之前，首先在抽底式退火炉或罩式退火炉中进行再结晶退火，这样，镀锌线就不存在退火工序了。钢板在热镀锌之前必须保持一个无氧化物和其他脏物的洁净的纯铁活性表面。这种方法是先由酸洗的方法把经退火的表面氧化铁皮清除，然后涂上一层由氯化锌或由氯化铵和氯化锌混合组成的溶剂进行保护，从而防止钢板被再氧化。

(1) 湿法热镀锌。钢板表面的溶剂不经烘干（即表面还是湿的）就进入表面覆盖有熔融态溶剂的锌液进行热镀锌。此方法的缺点是：

1）只能在无铅状态下镀锌，镀层的合金层很厚且黏附性很差。

2）生成的锌渣都积存在锌液和铅液的界面处而不能沉积锅底（因为锌渣的密度大于锌液而小于铅液），这样钢板因穿过锌层污染了表面。因此，该方法已基本被淘汰。

（2）单张钢板：这种方法一般是采用热轧叠轧板作为原料，首先把经过退火的钢板送入酸洗车间，用硫酸或盐酸清除钢板表面的氧化铁皮。酸洗之后的钢板立即进入水箱中浸泡等待镀锌，这样可以防止钢板再氧化。后经过酸洗、水清洗、挤干、烘干、进入锌锅（温度一直保持在445～465℃）热镀锌，再进行涂油和铬化处理。这种方法生产的热镀锌板比湿法镀锌成品质量有显著提高，但只对小规模生产有一定价值。

（3）惠林法：该连续镀锌生产线包括碱液脱脂、盐酸酸洗、水冲洗、涂溶剂、烘干等一系列前处理工序，而且原板进入镀锌线镀锌前还需要进行罩式炉退火。这种方法生产工艺复杂，生产成本高，更为主要的是此方法生产的产品常常带有溶剂缺陷，影响镀层的耐蚀性，并且锌锅中的铝常常与钢板表面的溶剂发生作用生成三氯化铝而消耗掉，镀层的黏附性变差。因而此方法虽然已问世近30年，但在热镀锌行业中并未得到发展。

5.6.1.2 线内退火

线内退火就是由冷轧或热轧车间直接提供带卷作为热镀锌的原板，在热镀锌作业线内进行气体保护再结晶退火。

（1）森吉米尔法。它是把退火工艺和热镀锌工艺联合起来，其线内退火主要由氧化炉、还原炉两部分组成。首先，带钢在氧化炉中煤气火焰直接加热到450℃左右，把带钢表面残存的轧制油烧掉，净化表面。然后，再把带钢加热到700～800℃完成再结晶退火，经冷却段控制进锌锅前温度在480℃左右。最后，在不接触空气的情况下进入锌锅镀锌。森吉米尔法产量高、镀锌质量较好，此法曾得到广泛应用。

（2）美钢联法。它是森吉米尔法的一个变种，仅仅是利用一个碱性电解脱脂槽取代氧化炉的脱脂作用，其余工序与森吉米尔法基本相同。在原板进入作业线后，首先进行电解脱脂，而后水洗、烘干，再通过有保护气体的还原炉进行再结晶退火，最后在密封情况下进入锌锅热镀锌。这种方法因带钢不经过氧化炉加热，所以表面的氧化膜较薄，可适当降低还原炉中保护气体的氢含量，对炉安全和降低生产成本有利。但是，由于带钢得不到预加热就进入还原炉中，这样无疑提高了还原炉的热负荷，影响炉子的寿命。因此这种方法并未得到广泛应用。

（3）赛拉斯法，又称火焰直接加热法。首先带钢经碱洗脱脂，而后用盐酸清除表面的氧化皮，并经水洗、烘干后再进入由煤气火焰直接加热的立式线内退火炉，通过严格控制炉内煤气和空气的燃烧比例，使之在煤气过剩和氧气不足的情况下进行不完全燃烧，造成炉内还原气氛。使其快速加热达到再结晶温度并在低氢保护气氛下冷却带钢，最后在密闭情况下浸入锌液，进行热镀锌。该法设备紧凑，投资费用低，产量高（最高可达50t/h）。但生产工艺复杂，特别是在机组停止运转时，为了避免烧断带钢，需要采用炉子横移离开钢带，这样操作问题很多，所以，热镀锌工业很少采用此法。

（4）莎伦法。1939年美国莎伦公司投产一台新型的热镀锌机组，所以也叫莎伦法。该法是在退火炉内向带钢喷射氯化氢气体并使带钢达到再结晶温度，所以也称为气体酸洗法。采用氯化氢气体酸洗，不仅能去除带钢表面的氧化皮，而且同时去除了带钢表面的油脂。由于带钢表面被氧化气体腐蚀，形成麻面，所以使用莎伦法所得到的镀层黏附性特别好。但是由于设备腐蚀严重，由此造成很高的设备维修和更新费用，因而此种方法也很少被采用。

(5) 改良森吉米法。它是一种更优越的热镀锌工艺方法。它把森吉米尔法中各自独立的氧化炉和还原炉由一个截面积较小的过道连接起来，这样包括预热炉、还原炉和冷却段在内的整个退火炉构成一个有机整体。实践证明，该法具有许多优点：优质、高产、低耗、安全等优点已逐渐被人们所认识。其发展速度非常快，1965 年以来新建的作业线几乎全部采用了这种方法，近年来老的森吉米尔机组也大都按照此方法进行了改造。

5.6.2 彩涂钢板

彩色涂层钢板是以冷轧钢板和镀锌钢板为基板，经过表面预处理（脱脂、清洗、化学转化处理），以连续的方法涂上涂料（辊涂法），经过烘烤和冷却而制成的产品。它具有外表美观、色彩艳丽、强度高、耐蚀性好、加工成型方便等优点，而且还可以使用户降低成本、减少污染。

自 1935 年美国建立第一条连续涂层钢板线开始，彩涂钢板得到了广泛应用。目前彩涂板的品种繁多，大约超过 600 种。彩涂板兼有机聚合物与钢板两者的优点，既有有机聚合物的良好着色性、成型性、耐蚀性、装饰性，又有钢板的高强度和易加工性，能很容易地进行冲压裁剪、弯曲、深冲等加工，这就使有机涂层钢板制成的产品具有优良的实用性、装饰性、加工性、耐久性。

彩色涂层钢板基板类型有以下几种：

(1) 冷轧基板彩色涂层钢板。

由冷轧基板生产的彩色板，具有平滑美丽的外观，且具有冷轧板的加工性能，但是表面涂层的任何细小划伤都会把冷轧基板暴露在空气中，从而使露铁处很快生成红锈。因此这类产品只能用于要求不高的临时隔离措施和作室内用材。

(2) 热镀锌彩色涂层钢板。

把有机涂料涂覆在热镀锌钢板上得到的产品即为热镀锌彩涂板。热镀锌彩涂板除具有锌的保护作用外，表面上的有机涂层还起到了隔绝保护、防止生锈的作用，使用寿命比热镀锌板更长。热镀锌基板的锌含量一般为 $180g/m^2$（双面），建筑外用热镀锌基板的镀锌量最高为 $275g/m^2$。

(3) 热镀铝锌彩涂板。

根据要求，也可以采用热镀铝锌钢板作为彩涂基板（55% Al-Zn 和 5% Al-Zn）。

(4) 电镀锌彩涂板。

用电镀锌板为基板，涂上有机涂料烘烤所得到的产品为电镀锌彩涂板。由于电镀锌板的锌层薄，通常锌含量为 $20g/m^2$，因此该产品不适合使用在室外制作墙、屋顶等。但因其具有美丽的外观和优良的加工性能，因此主要可用于家电、音响、钢家具、室内装潢等。

彩涂板的典型生产工艺流程为二涂二烘彩涂生产：

开卷→缝合→入口活套→清洗→预处理→初（精）涂装→初（精）固化→冷却→出口活套→剪切→卷取

整个机组包括以下四部分：入口段、预处理段、涂装段、出口段。

入口段：包括开卷、剪齐、缝接及贮料活套等设备，作用是将原料卷松开并将它们连接起来，以便连续地、匀速地为机组供应金属薄板。

预处理段：清洗被涂底板并进行表面处理，以提高防腐蚀性和对上层漆膜的附着力。

涂装段：是整个机组的核心部分，通常采用正、反两面同时涂装的二涂二烘工艺，即：

涂底漆（初涂）→烘烤固化→冷却→涂面漆（精涂）→烘烤固化→冷却

随产品要求不同，还可以只一涂一烘或只涂单面。涂漆时可采用逆向或顺向辊涂施工。炉温分段控制，各段温度取决于所用涂料品种、底板厚度及通过烘炉的时间。

出口段：将产品分卷（或按要求尺寸切成单张）。

思 考 题

5-1 什么叫酸洗，酸液的种类有哪些，酸洗原理是什么？
5-2 连续酸洗机组的构成是什么？
5-3 什么是过酸洗、欠酸洗？
5-4 带钢及钢管酸洗工艺参数有哪些？
5-5 带钢冷连轧机的组成及冷连轧方式是怎样的？
5-6 什么是酸-轧联合式机组，其工艺流程如何？
5-7 什么是加工硬化？
5-8 什么是工艺润滑？
5-9 冷轧带钢张力制度如何确定？
5-10 带钢罩式退火炉的结构与技术参数是怎样的，罩式退火工艺如何？
5-11 什么是连续退火机组、连续镀锌（锡）机组、连续彩涂机组，其工艺流程是怎样的？
5-12 什么是厚度自动控制（AGC），它有哪些类型？
5-13 什么是板形，什么是板形控制？
5-14 什么是L弯、C弯、镰刀弯？
5-15 什么是浪形，什么是单边浪、中浪、双边浪、复合浪？
5-16 什么是板凸度，什么是轧辊辊型？
5-17 什么是正弯辊、负弯辊？
5-18 什么是平整，带钢平整机结构是怎样的？
5-19 什么是干平整、湿平整？
5-20 平整机平整辊如何加工？
5-21 什么是拉拔机，什么是冷轧管机？
5-22 钢材如何取样，需要做哪些理化检验？
5-23 钢材表面缺陷有哪些，如何检查与修磨？
5-24 钢材内部缺陷如何检查，在线检查设备有哪些？

6 轧机拆装测绘实训

本实训是学生完成轧钢机械相关理论课程的学习之后，在无法获得工业生产现场设备拆装条件下，针对实验室的二辊型钢轧机和二辊板带轧机进行一次拆装测绘的综合性训练。通过该实训使学生了解轧机的组成结构及相关导卫装置，熟悉轧机的拆装测绘、操作方法和轧机的调试等基本方法。

6.1 轧机拆装

在进行轧机拆装实训前，首先合上轧机电源开关，分别启、停二辊板带轧机和二辊型钢轧机，观察轧机是否运转正常。

6.1.1 拆装实训目的

（1）熟悉轧机拆装工具的使用方法。

（2）熟悉轧机主电机、传动装置、工作机座及控制系统等基本组成部分及作用。

（3）掌握轧机工作机座的轧辊、轧辊轴承、轧辊调整装置、导卫、机架及轨座等基本组成部分及作用。

（4）掌握轧机主机列简图的绘制方法。

6.1.2 拆装实训内容

（1）拆装二辊板带轧机的工作机座。

（2）拆装二辊型钢轧机的工作机座。

（3）用 AUTOCAD 或 CAXA 或 KMCAD 等二维绘图软件绘制轧机的主机列简图。

6.1.3 拆装实训工具、设备及材料

（1）265mm 二辊板带轧机两台，如图 6-1 所示。

（2）ϕ130mm 二辊型钢轧机一台，如图 6-2 所示。

（3）拆装工具为大小扳手、夹钳、螺丝刀等若干。

（4）钢卷尺、钢直尺、游标卡尺、内卡钳、外卡钳等。

（5）铅试样：14mm×14mm×200mm 四根。

（6）机油及润滑油若干。

6.1.4 拆装实训要求

（1）要求学生在拆装轧机之前，正确穿戴劳保服、劳保鞋、安全帽和手套。

（2）要求学生在拆装轧机之前，必须断开轧机电源，严格禁止带电拆装轧机。

（3）在教师指导下，让学生正确使用扳手等拆装工具，并注意安全。

图 6-1 265mm 二辊板带轧机

图 6-2 ϕ130mm 二辊型钢轧机

（4）在教师指导下，主要依靠学生自己动手独立完成轧机工作机座的拆装。

（5）实训时每个班分 8～10 个大组，每大组分 3 个小组，每小组 2～3 人。

6.1.5 拆装实训步骤

（1）拆装轧机前断开轧机电控柜的总电源，并切断轧机单独电源。

（2）首先通过手动压下装置将上下轧辊压靠在一起，使轧辊辊缝为零。

（3）拆卸轧辊与齿轮座相连的梅花接轴与套筒，并放在拆装台上。

（4）拆卸轧机工作机座上的润滑油管和水管等附件，并放在拆装台上。

（5）拆卸轧机导卫装置，并依次做标记，放在拆装台上。

（6）拆卸轧机工作机座上的轧辊轴向固定压板装置，并做记号，放在拆装台上。

（7）拆卸轧机工作机座上的上轧辊弹簧平衡装置和压下装置，并分别将四根弹簧、四根拉杆、销钉、弹簧压板、压下螺丝、压下螺母、垫片等做标记，并依次放在拆装台上。

（8）拆卸上轧辊轴承座的上瓦座、下托瓦及下轧辊轴承座，并做标记，放在拆卸台上。

（9）从轧机机架窗口中取出上、下轧辊做标记，并放置在测绘台上，以便测绘。

（10）清洗轧辊、轧辊轴承等零部件，并给轧辊轴承涂上润滑油。

（11）将轧辊轴承安装到上、下轧辊上。

（12）从机架窗口将轧辊和轧辊轴承安装在机架上。

（13）安装上轧辊弹簧平衡装置和压下装置。

（14）安装轧辊轴向压板装置。

（15）安装轧辊与齿轮座相连的梅花接轴与套筒，并固定梅花套筒。

（16）安装轧机工作机座上的润滑油管和水管等附件。

（17）检查轧机工作机座各部分是否安装完毕，并给压下螺丝等机械连接部分注机油润滑。

（18）合上轧机电控柜总电源及轧机单独电源开关，按轧机“点动”启动按钮，观察轧机是否运转正常。

（19）断开轧机电源，调整手动压下装置和轴向压板，使上下轧辊水平并对正孔型，用内卡钳、游标卡尺等工具测量检验。合上轧机电源，低速启动轧机，用四块铅试样试轧校检。

（20）断开轧机电源及轧机电控柜总电源。将拆装工具及测量工具放回指定的工具箱，并打扫拆装现场，保持清洁卫生。

6.1.6　拆装实训报告要求

（1）从机器的角度，分析二辊板带轧机和二辊型钢轧机的原动部分、传动部分和执行部分以及控制部分的作用。

（2）分析轧机工作机座的轧辊、轧辊轴承、轧辊调整装置、导卫、机架及轨座等基本组成部分的作用。

（3）分析轧机拆装的步骤以及轧机调整的过程。

（4）用 AUTOCAD 或 CAXA 或 KMCAD 等二维绘图软件绘制 ϕ130mm 二辊型钢轧机、265mm 二辊板带轧机、260mm 二辊板带轧机（图 6-3）、ϕ90/240mm × 300mm 四辊冷轧板带轧机（图 6-4）、ϕ100/300mm × 300mm 四辊冷轧板带轧机（图 6-5）的主机列简图、装配图与零部件图。

图 6-3　260mm 二辊板带轧机

图 6-4　ϕ90/240mm × 300mm 四辊冷轧板带轧机

图 6-5 ϕ100/300mm × 300mm 四辊冷轧板带轧机

（5）比较 ϕ130mm 二辊型钢轧机、265mm 二辊板带轧机、260mm 二辊板带轧机、ϕ90/240mm × 300mm 四辊冷轧板带轧机、ϕ100/300mm × 300mm 四辊冷轧板带轧机等五台轧机主电机、传动部分、轧辊驱动方式、轧辊、轧辊压下装置、轧辊平衡装置、轧辊轴承、导卫、机架、轨座以及控制系统等方面的异同，并说明其优缺点。

（6）写出 ϕ130mm 二辊型钢轧机、265mm 二辊板带轧机、260mm 二辊板带轧机、ϕ90/240mm × 300mm 四辊冷轧板带轧机、ϕ100/300mm × 300mm 四辊冷轧板带轧机的轧机标称。

6.2 轧机测绘

轧机测绘实训主要是测绘轧辊和压下螺丝的主要参数，所以是在上述轧机拆装实训过程中同时完成的。

6.2.1 测绘实训目的

（1）熟悉几种常用测绘工具的使用。

（2）掌握轧辊辊身、辊颈、辊头各部分主要尺寸参数的测量方法。

（3）掌握轧机导板主要尺寸参数的测量方法。

（4）掌握型钢轧机的轧辊孔型主要尺寸参数的测量方法。

6.2.2 测绘实训内容

（1）测量二辊板带轧机轧辊各部分尺寸，绘制轧辊结构图。

（2）测量二辊型钢轧机轧辊各轧槽、辊环的尺寸，绘制轧辊结构图。

（3）测量二辊型钢轧机上、下两辊构成的孔型结构尺寸，绘制二辊型钢轧机轧辊配辊图。

（4）测量压下螺丝头部、尾部及本体的螺纹直径、螺纹长度和螺距等尺寸参数，绘制压下螺丝的结构图。

（5）测量梅花接轴和梅花套筒的尺寸参数，绘制梅花接轴和梅花套筒的结构图。

6.2.3 测绘实训工具、设备及材料

（1）二辊板带轧机两台，如图 6-1 所示。

（2）二辊型钢轧机一台，如图 6-2 所示。

（3）拆装工具为大小扳手、夹钳、螺丝刀等若干。

（4）钢卷尺、钢直尺、游标卡尺、千分尺、内卡钳、外卡钳、圆弧规、螺纹规、塞尺等测绘工具，如图 6-6 所示。

（5）铅试样：14mm × 14mm × 200mm 两根。

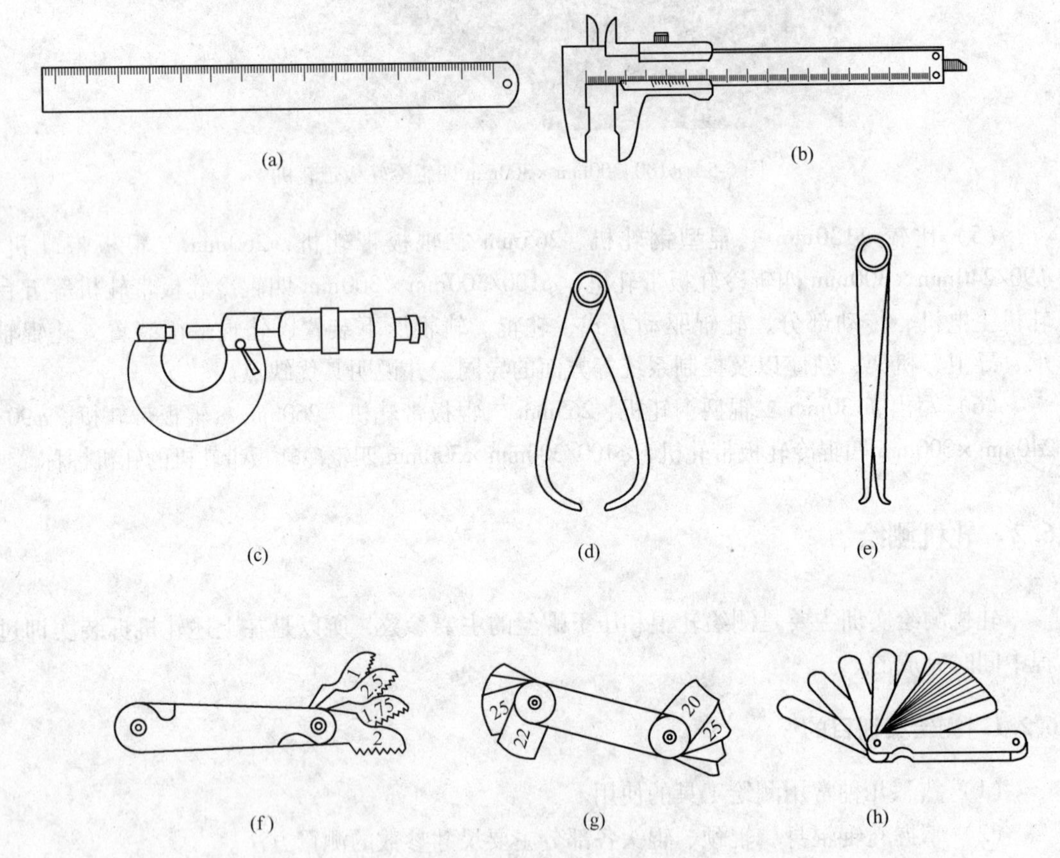

图 6-6 常用测绘工具

（a）钢直尺；（b）游标卡尺；（c）千分尺；（d）外卡钳；（e）内卡钳；（f）螺纹规；（g）圆弧规；（h）塞尺

6.2.4 测绘实训要求

（1）要求学生正确使用测量工具，培养良好的习惯。

（2）在教师指导下，要求每个学生自己动手独立完成轧机测量全过程。

（3）要求学生将测量的数据记录，并绘制草图。

6.2.5 测绘实训步骤

（1）将 6.1 节轧机拆装实训中取出轧辊、压下螺丝、梅花接轴和梅花套筒分别放置在

测绘台上。

（2）测量265mm二辊板带轧机轧辊的辊身、辊径及辊头的尺寸，并将测量数据填写在表6-1中。

表6-1 265mm二辊板带钢冷轧机的轧辊尺寸数据记录表

名称	辊身尺寸/mm		辊径尺寸/mm		辊头尺寸/mm			
数据	辊身长度	辊身直径	辊径长度	辊径直径	辊头长度	梅花头长度	辊头外径	辊头内径
1								
2								
3								
平均值								

（3）测量$\phi130$mm二辊型钢轧机轧辊的辊身、辊径及辊头的尺寸，并将测量数据填写在表6-2中。继续测量轧辊辊身上K1、K2、K3、K4孔的轧槽宽度和深度及辊环的宽度和直径等数据（K1孔为成品孔），并填写在表6-3中。注意孔型内、外圆角的测量数据记录。

表6-2 $\phi130$mm二辊型钢轧机的轧辊尺寸数据记录表

名称	辊身尺寸/mm		辊径尺寸/mm		辊头尺寸/mm			
数据	辊身长度	辊身直径	辊径长度	辊径直径	辊头长度	梅花头长度	辊头外径	辊头内径
1								
2								
3								
平均值								

表6-3 $\phi130$mm二辊型钢轧机的轧辊辊身轧槽尺寸数据记录表（从传动侧开始测量）

名称	第一段辊环/mm		K4孔槽尺寸/mm		第二段辊环/mm		K3孔槽尺寸/mm		第三段辊环/mm		K2孔槽尺寸/mm		第四段辊环/mm		K1孔槽尺寸/mm		第五段辊环/mm	
数据	辊环宽度	辊环直径	槽口宽度	槽底直径	辊环宽度	辊环直径	槽口宽度	槽底直径	辊环宽度	辊环直径	槽口宽度	槽底直径	辊环宽度	辊环直径	槽口宽度	槽底直径	辊环宽度	辊环直径
1																		
2																		
3																		
平均值																		

（4）测量压下螺丝头部、尾部尺寸、本体螺纹部分的外径和螺距等数据，标注在草图上。

（5）测量梅花接轴和梅花套筒的尺寸数据，并标注在草图上。

（6）调整$\phi130$mm二辊型钢轧机的孔型，其辊缝为1mm，用塞尺检查。根据所提供的孔型将断面尺寸为14mm×14mm的铅试样，通过K4孔，翻转90°进入K3孔，再翻转90°进入K2孔，翻转90°进入K1孔，调试轧成$\phi10$mm圆棒材。记录每轧一道后轧件的尺寸，并将数据填写在表6-4中。

（7）测绘完毕，将测量工具放回指定的工具箱，并打扫现场，保持清洁卫生。

表 6-4　ϕ130mm 二辊型钢轧机轧制 ϕ10mm 圆棒材的各道次数据记录表

名称 / 轧件号	轧件原始尺寸 /mm		第 1 道轧制后（K4 孔）/mm		第 2 道轧制后（K3 孔）/mm		第 3 道轧制后（K2 孔）/mm		第 4 道轧制后（K1 孔）/mm	
	轧件宽度	轧件高度	轧件宽度	轧件高度	轧件宽度	轧件高度	轧件宽度	轧件高度	轧件宽度	轧件高度
1										
2										
3										
平均值										

6.2.6　测绘实训报告要求

（1）要求对轧辊辊身长度 L、辊身直径 D、辊颈长度 l、辊颈直径 d、辊头长度 l_1、辊头直径 d_1 的数据进行分析。计算 L/D、d/D、l/d、d_1/d、l_1/d_1 值，并与各类轧机的经验数据进行比较。比较 ϕ130mm 二辊型钢轧机轧辊名义直径 D 与工作直径 D_g 的比值是否小于 1.4 的经验数据。

（2）用 AUTOCAD 或 CAXA 或 KMCAD 等二维绘图软件绘制 265mm 二辊板带轧机和 ϕ130mm 二辊型钢轧机轧辊结构图。

（3）用 AUTOCAD 或 CAXA 或 KMCAD 等二维绘图软件绘制 ϕ130mm 二辊型钢轧机轧制 ϕ10mm 圆棒材的孔型图及轧辊配辊图。

（4）用 AUTOCAD 或 CAXA 或 KMCAD 等二维绘图软件绘制压下螺丝的结构图。

（5）用 AUTOCAD 或 CAXA 或 KMCAD 等二维绘图软件绘制梅花接轴和梅花套筒的结构图。

（6）上述采用计算机软件绘图，必须符合机械制图标准的要求，并打印在 A4 纸上，附在实验报告之后作为附图。

（7）如果学生对三维 CAD 软件，如 UG、PRO/E 等软件比较熟悉，可以要求学生绘制轧辊、压下螺丝、梅花接轴和梅花套筒的三维实体图。

思　考　题

6-1　轧机控制系统组成部分及轧机工作原理是什么？

6-2　轧机传动部分的减速器齿轮机构工作原理以及轧辊转速变换方式是什么？

6-3　轧机主电机的转速是如何控制的？

6-4　265mm 二辊板带轧机和 ϕ130mm 二辊型钢轧机传动装置中将主电机的高转速变为轧辊所需的低转速，是采用何种方式实现的？

6-5　二辊型钢轧机的名义直径是 ϕ130mm，二辊型钢轧机轧辊的辊身在长度方向上刻有深浅不同的轧槽，试问型钢轧机轧辊名义直径与工作直径的关系如何？

6-6　ϕ130mm 二辊型钢轧机轧制 ϕ10mm 圆棒材时，出现“侧弯”、“扭歪”、“耳子”、“缺肉”等现象的原因是什么？

6-7　ϕ130mm 二辊型钢轧机轧制 ϕ10mm 圆棒材时，轧槽深度与孔型高度的关系以及辊缝的变化是否影响轧件的尺寸？

6-8　要使 265mm 二辊板带轧机轧辊辊缝开口度调整 5mm，压下螺丝需要旋转几圈？

7 轧制工艺操作综合实训

本实训是学生完成板带材轧制工艺学、型钢生产及孔型设计、管材生产工艺学等相关课程的学习之后，在无法获得工业生产现场操作的前提下，利用实验轧机进行的一次轧制工艺综合训练。通过该实训使学生掌握轧机操作的基本方法、熟悉轧制工艺规程设计、了解轧机的调试以及热处理等基本方法。

7.1 轧制实训目的

（1）掌握铅试样的浇注方法。

（2）熟悉钢试样的切割方法。

（3）熟悉手持式测温仪的使用方法。

（4）熟悉实验室加热炉、轧机、热处理炉等设备的操作。

（5）熟悉加热制度确定原则与方法。

（6）掌握热轧钢板、冷轧带钢的压下规程设计以及型钢孔型设计的基本方法。

（7）熟悉热处理工艺制定的方法。

7.2 轧制实训内容

（1）浇注 12mm×25mm×100mm、14mm×14mm×100mm 的铅试样若干。

（2）切割 12mm×25mm×100mm、14mm×14mm×100mm 的钢试样若干。

（3）实验室加热炉、热处理炉的基本操作训练。

（4）轧机控制台操作及轧机调整练习。

（5）设计将 14mm×14mm 的铅试样或钢试样轧制成 ϕ10mm 的孔型，然后在二辊型钢轧机上轧制。

（6）制订将 12mm 厚的铅板或钢板轧制成 3mm 的压下规程，然后在二辊板带钢轧机上轧制。

（7）制订将 1.2mm 厚的带钢轧制成 0.30mm 的压下规程，然后在四辊冷轧板带钢轧机上轧制。

（8）制订将 3.0mm 厚的带钢轧制成 0.50mm 的压下规程，然后在四辊冷轧板带钢轧机上轧制。

7.3 轧制实训工具、设备及材料

（1）井式电加热炉一台，注铅钢模具一套，溶铅桶等工具。

（2）砂轮切割机和小型带锯机一台。

（3）箱式加热炉一台和 KSX-6-12 箱式电阻炉（热处理炉）一台。

（4）手持式红外线测温仪两台。

（5）夹钳、钢直尺、游标卡尺、千分尺、内卡钳、外卡钳、圆角规、塞尺等。

（6）ϕ130mm 二辊型钢轧机一台，如图 6-2 所示。

（7）260mm 二辊板带钢轧机两台，如图 6-3 所示。

（8）ϕ90/240mm × 300mm 四辊冷轧板带钢轧机一台，如图 6-4 所示。

（9）ϕ100/300mm × 300mm 四辊冷轧板带钢轧机一台，如图 6-5 所示。

（10）铅试样：12mm × 25mm × 100mm、14mm × 14mm × 100mm 若干。

（11）Q235 钢试样：12mm × 25mm × 100mm、14mm × 14mm × 100mm 若干。

（12）Q235 钢卷：1. 2mm × 100mm、3. 0mm × 100mm 小钢卷若干。

7. 4　轧制实训主要设备操作简介

7. 4. 1　箱式加热炉的使用操作

箱式加热炉如图 7-1 所示。其操作步骤如下：

（1）打开箱式加热炉的炉门（图 7-1a），将需要加热的试样放入炉膛中央，然后关闭炉门。

（2）打开总电源开关，将箱式加热炉控制台（图 7-1b）上电源开关按到“ON”位置，控制台仪表和显示屏开始显示电流、电压和温度等信息。

（3）按下加热炉控制台温度显示区的“ ”，进入加热温度设置。按“ ”减小，按“ ”增大。设定到预定温度后，按“ ”，加热温度设置完毕。

（4）打开秒表计时，当加热温度达到预定的加热温度时，人工记录保温时间。

（5）加热保温时间结束后，将箱式加热炉控制台上电源开关按到“OFF”位置。打开炉门，用钳子将试样取出，并关上炉门，快速送到轧机进行轧制。

（6）关闭总电源。

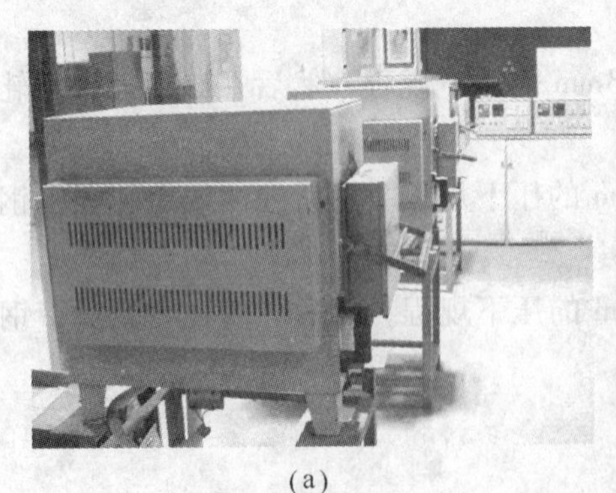

(a)

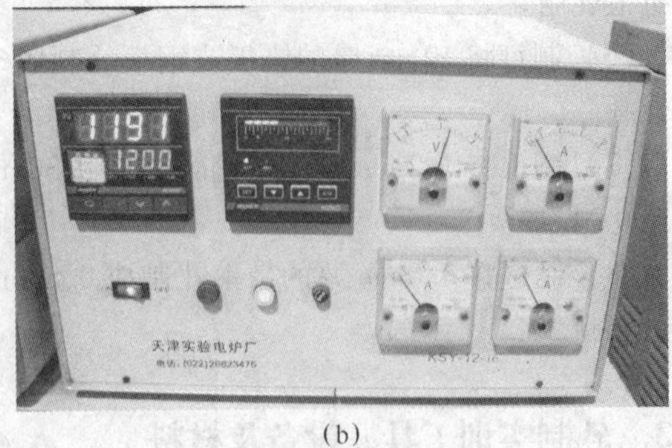

(b)

图 7-1　箱式加热炉

（a）箱式加热炉炉体；（b）箱式加热炉控制台

7.4.2　红外线测温仪的使用操作

美国雷泰公司（Raytek）Raynger 3i 红外线非接触式测温仪，如图 7-2 所示。测温仪调节面板上的按钮表示的意思如下：

“ ”是背光开关；

“ ”是“RUN”和“LOG”切换开关；

“ ”是发射频率“SET”开关；

“ ”是发射频率调节增加按钮；

“ ”是发射频率条件减小按钮；

“ ”表示屏幕锁定开关“ACTIVATE”和“LOCK”；

“ ”表示模式设置开关“RECALL”和“MODE”；

“ ”表示激光发射开关“LASER”。

测温仪的操作步骤如下：(1) 首先按住红外线测温仪的扳机，按“SET”按钮，通过上下调节按钮，将发射频率调整到0.7～0.8 左右。(2) 打开“LASER”按钮，将红外线瞄准物体，扣动扳机不放，进行温度的连续测量。显示稳定后，放开扳机则保持测量的结果。第一温度显示测量的温度，第二温度显示计算的温度。(3) 温度测量完毕，放开扳机。

测温仪的操作事项如下：(1) 发射频率的调整范围在0.1～1.0。测钢温的发射频率一般设置在0.7～0.8 左右即可。(2) 当测量物体较远时，可按激光键点亮激光瞄准物体。(3) 夜间测量时，可按背光键点亮液晶背景光以便读数。(4) 按 MODE 键可改变第二温度显示模式，可显示平均值（AVG）、最大值（MAX）、最小值（MIN）及最大值-最小值（MAX-MIN）。

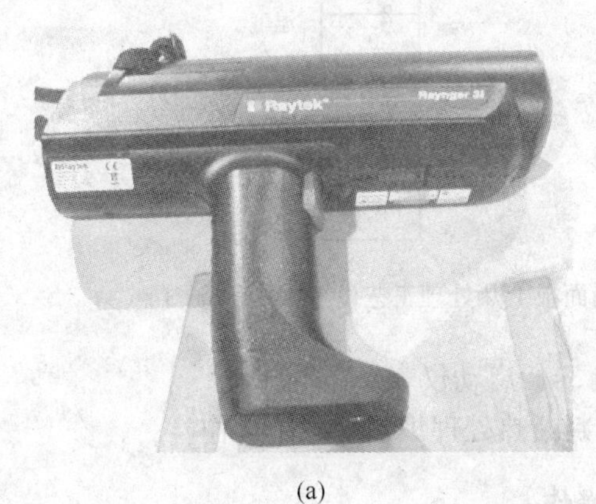

(a)

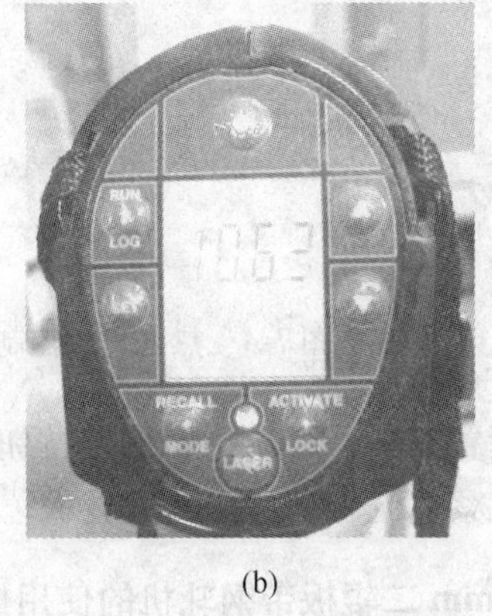

(b)

图 7-2　红外线手持式测温仪

(a) 测温仪外观图；(b) 测温仪调节面板

7.4.3　热处理炉的使用操作

KSX-6-12 箱式电阻炉主要用于热处理炉，如图 7-3 所示。其操作步骤如下：

（1）先打开电源空气开关，再打开热处理炉炉体上的空气开关。

（2）将控制面板上旋钮开关旋转到“开”的位置，仪表设置显示亮。

（3）在设置仪表上设置热处理工艺制度。设置操作如图7-4所示。

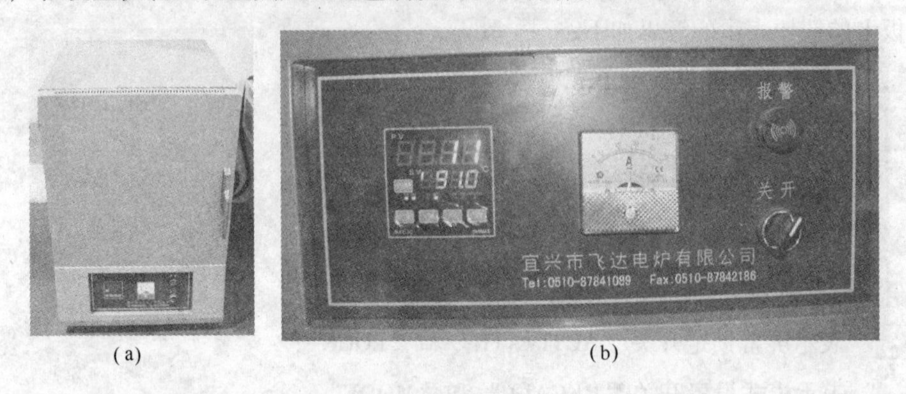

(a)　　(b)

图7-3　热处理炉

（a）热处理炉外观；（b）热处理炉控制面板

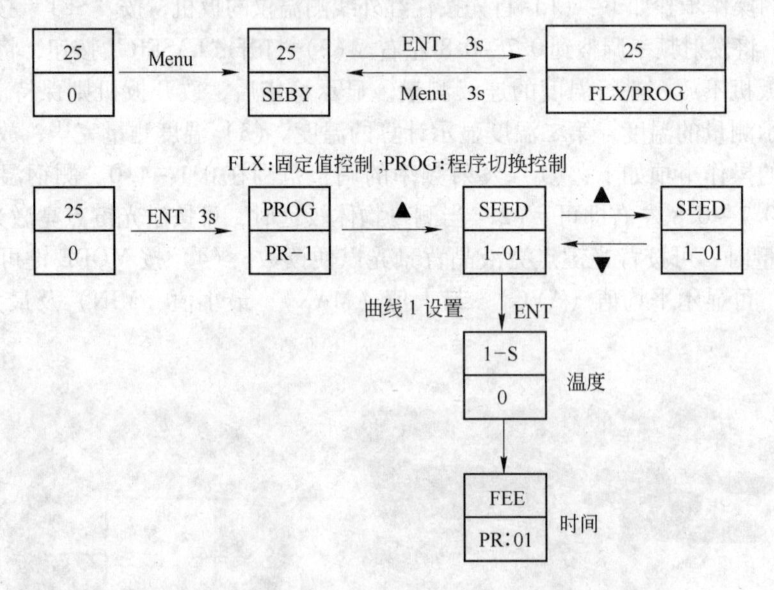

图7-4　热处理炉控制面板上热处理工艺设置操作示意图

（4）设置完毕，按住“RUN”按钮3s，启动仪表。

（5）观察电流表是否有电流显示，判断热处理炉是否开始工作。

7.4.4　260mm二辊板带钢轧机的使用操作

260mm二辊板带钢轧机的操作台，如图7-5所示。其控制台按钮（图7-5a和7-5b）说明如下：（1）通过“点动”操作“左电机上升”和“左电机下压”按钮，调节左侧轧辊开口度。（2）通过“点动”操作“右电机上升”和“右电机下压”按钮，调节右侧轧辊开口度。（3）通过旋转调速按钮，可以从“LO”向“HI”旋转，使速度从“2”到“10”增加。（4）通过旋转“正转/反转”按钮，可以使轧辊正、反转实现可逆轧制。（5）通过按

“启动”按钮可以开动轧机。(6)通过按“停止”按钮使轧机停止。(7)遇紧急情况，“报警”指示和蜂鸣器报警，按“急停”按钮，使轧机快速停止。(8)需要进入高级设置，按“I/O 信息”按钮，进入 I/O 信息界面。

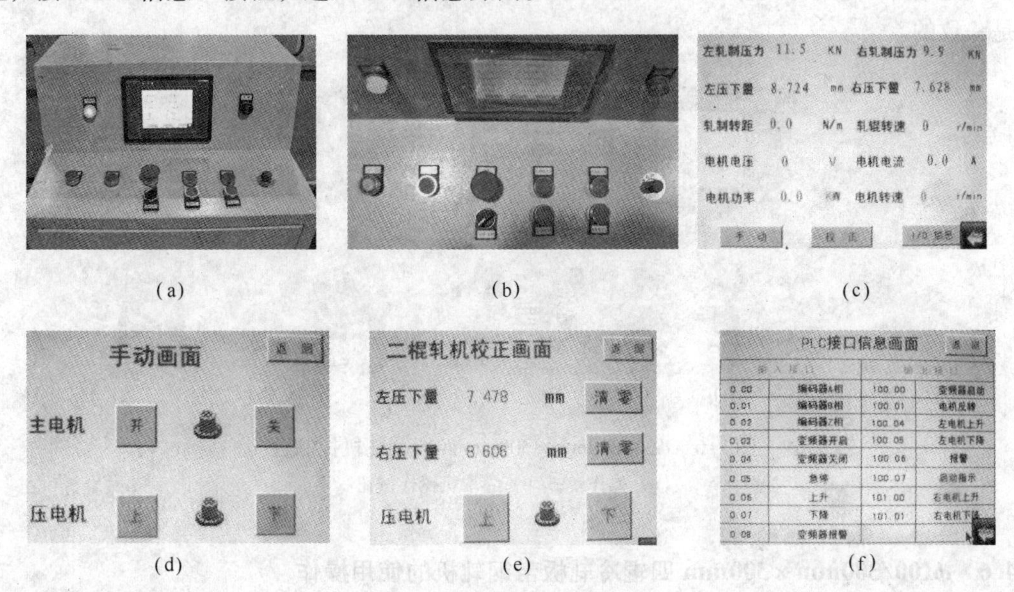

(a)　　(b)　　(c)

(d)　　(e)　　(f)

图 7-5　二辊板带钢轧机控制台

(a) 操作台；(b) 操作按钮；(c) 操作界面；(d) 手动操作界面；(e) 校正操作界面；(f) I/O 信息界面

轧机控制台操作步骤如下：(1)打开轧机总电源，控制台开始启动，控制台上“电源显示”灯亮，如图 7-5a 所示。显示屏幕显示如图 7-5c 所示的触摸屏操作界面，操作界面上显示轧制工艺参数。(2)触摸操作界面的“手动”按钮，进入手动操作界面，如图 7-5d 所示。调节“压电机”的“上”或“下”，可以同时提升或下降轧辊左右侧轧辊开口度。通过按“返回”按钮，返回到图 7-5c 界面。(3)触摸操作界面的“校正”按钮，进入校正操作界面，如图 7-5e 所示。配合“点动”操作“左电机上升”和“左电机下压”按钮或“右电机上升”和“右电机下压”按钮，使“左压下量”和“右压下量”的数字显示相等。再调节“压电机”的“下”，同时使轧辊下降进行压靠，使“左压下量”和“右压下量”的数字显示为零。最后按“清零”按钮。(4)调节“压电机”的“上”按钮，设定所需要的轧机辊缝值。(5)“返回”到操作界面，按“启动”按钮，进入轧机操作状态。(6)轧制完毕，按“停止”按钮，关闭轧机电源。

7.4.5　ϕ90/240mm×300mm 四辊冷轧板带钢轧机的使用操作

ϕ90/240mm×300mm 四辊冷轧板带钢轧机的名称为 4GLZ 90/240mm×300mm 四辊冷轧机组。本轧机为支撑辊传动，可逆式轧制，工作辊直径为 94～86mm，支撑辊直径为 248～232mm，最大轧制压力为 650kN，轧制速度为 17～19m/min，工作辊和支撑辊材质为 9Cr2Mo。轧机主电机的功率为 37kW，电动压下装置的电机功率为 1.5kW，压下装置的压下速度为 0.050mm/s。本机组可用于普碳钢、合金钢、不锈钢 304、不锈钢 430、铜、铝等成卷带材的冷轧。坯料厚度 1.2mm，宽度不大于 220mm，产品厚度不小于 0.15mm，产品宽度不大于220mm。

四辊冷轧机控制台按钮如图7-6所示。控制台的按钮功能与二辊板带钢轧机基本一致，只是增加了卷取机电机“开”和“关”两个按钮。其轧机操作步骤与二辊板带钢轧机是一致的。

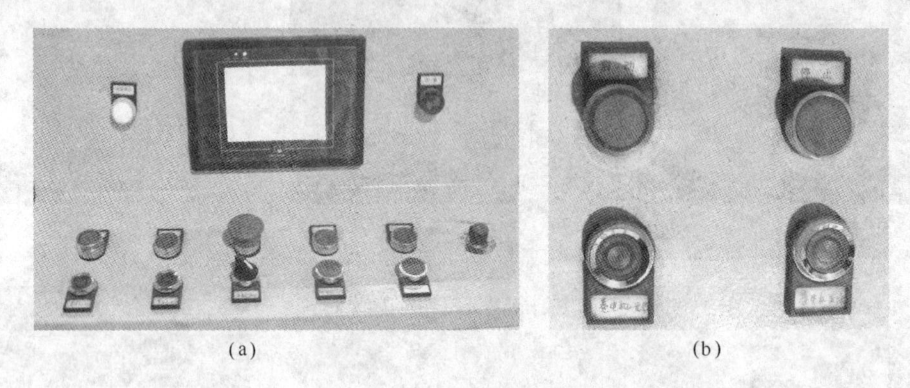

(a)　　(b)

图7-6　ϕ90/240mm×300mm四辊冷轧机控制台

（a）操作台；（b）卷取机操作按钮

7.4.6　ϕ100/300mm×300mm四辊冷轧板带钢轧机的使用操作

ϕ100/300mm×300mm四辊冷轧板带钢实验轧机实际上是采用四辊冷轧/二辊热轧可更换的可逆轧机。该轧机四辊可逆冷轧机为工作辊传动，轧辊最大开口度为10mm，采用液压压下，主电机功率为45kW，轧制速度为0～60m/min，最大轧制力1000kN。本冷轧机可用于普碳钢、优质钢、铜、铝等成卷带材的冷轧。坯料厚度为3mm，宽度不大于240mm，产品厚度不小于0.20mm，产品宽度不大于240mm。该轧机二辊可逆热轧机，轧辊最大开口度为30mm，工作辊直径为ϕ200mm。本冷轧机可用于普碳钢、优质钢等成卷带材的热轧。坯料厚度为20mm，宽度不大于240mm，产品厚度不小于3mm，产品宽度不大于240mm。

ϕ100/300mm×300mm四辊冷轧板带钢实验轧机的控制台，如图7-7所示。轧机操作步骤如下：

（1）首先打开总电源，再打开控制柜电源，最后打开计算机电源，启动计算机。

（2）计算机启动完毕，进入控制界面。

（3）按下油泵“启动”按钮，油泵启动预热5min。

（4）将工作油压的旋钮转到“1”的状态，进入液压油泵工作状态；“2”为油压泄荷。

（5）选择工作方式。将AGC/AFC/APC旋钮旋转到“APC”位置。

（6）上支撑辊。将支撑辊旋钮旋转到“进”的位置。

（7）上弯辊力。使弯辊力达到30%～40%。

（8）旋转轧制方式：冷或热。

（9）选择轧制方向。

（10）设置辊缝值，回车，点鼠标确认。

（11）张力设定，前张力比后张力大25%。

（12）按全线启动按钮。

(13) 调整轧制速度，进入轧制状态。

(14) 轧制完毕，按“停止”按钮。卸弯辊力、“退”支撑辊、油压泄荷、关闭油泵、关闭计算机、关闭控制柜电源、关闭总电源。

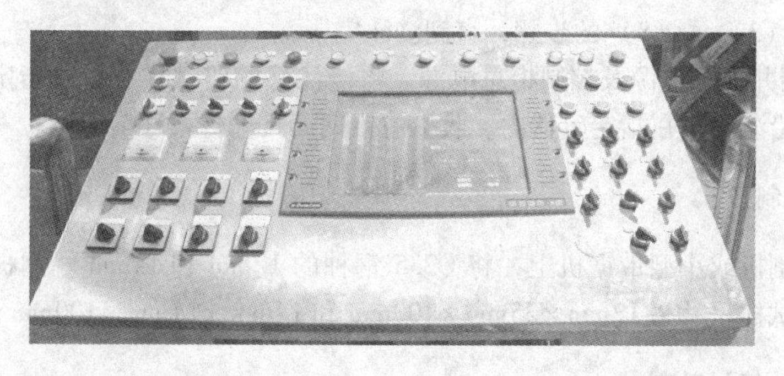

图 7-7　ϕ100/300mm×300mm 四辊冷轧/二辊热轧可逆轧机控制台

7.5　轧制实训要求

(1) 在学生实训之前，必须进行安全教育。

(2) 要求学生在实训之前，正确穿戴劳保服、劳保鞋、安全帽和手套。

(3) 要求学生在铅准备、铅熔铸、铅试样浇注过程中，必须戴口罩，在通风或打开换气扇等通风设施的环境中进行。

(4) 浇注完的铅渣，必须放置在指定的容器内，不得随意抛弃，以免污染环境。

(5) 要求学生在开展每个项目前，必须独立制订加热制度、压下规程、孔型设计等准备工作。

(6) 在教师指导下，让学生正确使用测量工具，并注意安全。

(7) 进行实训时每个班分 8~10 个大组，每大组分 3 个小组，每小组 2~3 人。

7.6　轧制实训步骤

7.6.1　铅试样浇注

通常用铅模拟钢的热变形，用铝模拟钢的冷变形。铅的密度为 11.37×10^3kg/m^3，熔点 363℃，在 400~500℃时呈蒸气逸出。在室温下铅能再结晶，用室温下铅的变形模拟热态下钢的塑性变形，符合模拟相似准则的要求。铅试样的浇注步骤如下：

(1) 正确穿戴劳保用品，戴上手套和口罩，打开换气扇等通风设施；

(2) 检查井式炉设备是否正常；

(3) 打开井式炉炉盖，将铅块装入熔铅桶中，用挂钩放入井式炉中，然后盖上炉盖；

(4) 打开井式炉电源开关，将加热温度设置在 380℃，保温 30min；

(5) 将 12mm×25mm×100mm、14mm×14mm×100mm 规格注铅钢模各五个，放置在铺在地上的钢板上，等待浇注；

(6) 铅加热到 380℃，保温 30min，铅熔化完毕，断开井式炉电源；

（7）打开井式炉盖，用挂钩将熔铅桶取出；

（8）用小勺从熔铅桶中取铅液浇注在注铅钢模中，待铅冷却到室温，进行脱模出铅试样；

（9）重复（3）~（8）的步骤，直到浇注完毕；

（10）关闭井式炉电源及控制柜总电源。将浇注好的铅试样放置在指定容器内，然后打扫铅渣，将铅渣收集在指定容器内。收拾注铅钢模具。打扫环境卫生。

7.6.2 钢试样制备

在砂轮切割机或小型带锯机上，将Q235钢种的12mm和14mm厚钢板分别切割成若干钢试样，其试样尺寸为12mm×25mm×100mm和14mm×14mm×100mm两种规格。

7.6.3 ϕ10mm 棒材轧制

本实训项目是在ϕ130mm二辊型钢实验轧机上，将14mm×14mm的铅试样和钢试样轧制成ϕ10mm棒材。实训步骤如下：

（1）实训前准备好14mm×14mm×100mm的小方坯铅样和Q235的钢试样，选取两块小方坯铅样和钢试样用游标卡尺分三点测量出不同部位轧件的原始尺寸，取均值。测量数据填入表7-1。

表7-1 ϕ10mm 棒材各道次轧制轧件尺寸参数记录表 mm

参数 / 试样		小方坯试样			第一道（K4孔）			第二道（K3孔）			第三道（K2孔）			第四道（K1孔）		
		H	B	L	h_4	b_4	l_4	h_3	b_3	l_3	h_2	b_2	l_2	h_1	b_1	l_1
铅试样	试样1															
	试样2															
	试样3															
平均值																
钢试样	试样1															
	试样2															
	试样3															
平均值																

（2）调整ϕ130mm二辊型钢轧机的孔型。首先调节轧机上部压下齿轮，使上下轧辊接触，记录齿轮上部刻度盘的位置，根据刻度盘的标示，调节轧辊的开口度，使辊缝s = 1mm，用塞尺检查辊缝值。用内卡钳和游标卡尺检查K4椭圆孔、K3方孔、K2椭圆孔、K1圆孔的孔型对角线长度，判断孔型是否对正。调整每个孔型导卫板前后左右的位置，使导卫板与轧件的尺寸符合。

（3）检查轧机是否工作正常，开启轧机，使轧辊按正转方向轧制，用工具沿导卫板推动14mm×14mm×100mm的小方坯铅样进入K4椭圆孔型轧制，测量经过K4孔型的第一道轧制后轧件尺寸；将铅轧件翻转90℃进入K3方孔型轧制，测量经过K3孔型的第二道轧制后轧件尺寸；将铅轧件翻转90℃进入K2椭圆孔型轧制，测量经过K2孔型的第三道轧制后轧件尺寸；将铅轧件翻转90℃进入K1成品圆孔型轧制，测量经过K1孔型的第四道轧制后轧件尺寸。轧制完毕后，关闭轧机。微调轧机辊缝和导卫板，分析原因，重复第（3）步骤，轧出ϕ10mm的合格棒材。测量数据填入表7-1。

（4）将Q235的钢试样放入箱式炉中加热到1150~1250℃，保温10min，出炉。

（5）开启轧机，根据第（3）步调整好孔型，使轧辊按正转方向轧制，用工具沿导卫板推动14mm×14mm×100mm的小方坯Q235的钢试样进入K4椭圆孔型轧制；将钢轧件翻转90℃进入K3方孔型轧制；将钢轧件翻转90℃进入K2椭圆孔型轧制；将钢轧件翻转90℃进入K1成品圆孔型轧制。轧制完毕后，关闭轧机。轧件冷却后测量轧件尺寸。测量数据填入表7-1。对比铅试样和钢试样轧出的ϕ10mm棒材尺寸，分析原因。

（6）测量轧辊孔型尺寸和导卫尺寸，绘制轧辊孔型图、配辊图和导卫图。

本实训项目注意事项如下：

（1）掌握型钢实验轧机的操作规程，学会如何调节压下机构，控制辊缝的大小。

（2）认真观察型钢轧制的过程，正确测量轧件的横向、高向尺寸。

本实训项目的数据处理及分析要求如下：

（1）实训数据表格化。

（2）分别计算出各孔型的延伸系数和宽展系数。

（3）绘制轧辊孔型图、配辊图和导卫图。

（4）结合实训现象和实训结果，比较椭—方和椭—圆孔型系统，简单说明其优缺点。

（5）轧件在轧制过程中为什么会出现“耳子”或充满不良现象，并讨论内圆角和外圆角在实训中所起的作用。

7.6.4 3mm×25mm板材轧制

本实训项目是在260mm二辊板带钢实验轧机上，将12mm×25mm的铅试样和钢试样轧制成3mm×25mm的板材。实训步骤如下：

（1）实训前准备好12mm×25mm×100mm的小板坯铅样和Q235的钢试样，选取两块小板坯铅样和钢试样用游标卡尺分三点测量出不同部位轧件的原始尺寸，取均值。测量数据填入表7-2。

（2）设计将12mm厚的铅板轧制成3mm的压下规程。设计数据填入表7-2中。

表7-2 3mm×25mm板材轧制压下规程设计表 mm

试样 \ 参数		小板坯试样			第一道			第二道			第三道			第四道			第五道		
		H	B	L	h_1	b_1	l_1	h_2	b_2	l_2	h_3	b_3	l_3	h_4	b_4	l_4	h_5	b_5	l_5
铅试样	试样1																		
	试样2																		
	试样3																		
钢试样	试样1																		
	试样2																		
	试样3																		

（3）调整 260mm 二辊板带钢轧机。首先调节轧机压下装置，使上下轧辊接触压靠，使左右两端的轧制力相等，保证上下轧辊水平。再提升上轧辊，使辊缝达到设定压下规程轧制第一道的轧件厚度 h_1 的值，用内卡钳和游标卡尺检查第一道的辊缝 $s_1 = h_1$。最后，检查轧机是否工作正常，开启轧机，使轧辊按正转方向轧制，用工具沿导板推动 12mm × 25mm × 100mm 的小板坯铅样进入第一道轧制。记录空转和轧制过程中左右轧制力、轧制力矩、电机功率、电压及电流等参数，并测量第一道轧制的轧后轧件尺寸。依次类推，微调各道次轧辊辊缝，直到轧出 3mm × 25mm 的板材。轧制道次可以根据情况自行设计。将实际测量数据填入表 7-3 中。

表 7-3　3mm × 25mm 板材工艺参数及轧件尺寸参数记录表

试样＼参数		压下规程轧件设定尺寸/mm			辊缝/mm		实际轧件尺寸/mm		总轧制力/kN	轧制力矩/kN · m	电机功率/kW	电机电压/V	电机电流/A	轧件温度/℃
		H	B	L	S	h	b	l						
铅试样 1	第 0 道													
	第 1 道													
	第 2 道													
	第 3 道													
	第 4 道													
	第 5 道													
铅试样 2	第 0 道													
	第 1 道													
	第 2 道													
	第 3 道													
	第 4 道													
	第 5 道													
铅试样 3	第 0 道													
	第 1 道													
	第 2 道													
	第 3 道													
	第 4 道													
	第 5 道													
钢试样 1	第 0 道													
	第 1 道													
	第 2 道													
	第 3 道													
	第 4 道													
	第 5 道													

续表 7-3

参数 试样		压下规程轧件设定尺寸/mm			辊缝/mm		实际轧件尺寸/mm		总轧制力/kN	轧制力矩/kN·m	电机功率/kW	电机电压/V	电机电流/A	轧件温度/℃
		H	B	L	S	h	b	l						
钢试样2	第0道													
	第1道													
	第2道													
	第3道													
	第4道													
	第5道													
钢试样3	第0道													
	第1道													
	第2道													
	第3道													
	第4道													
	第5道													

（4）将 Q235 的钢试样放入箱式炉中加热到 1150～1250℃，保温 10min，出炉。

（5）开启轧机，根据第（3）步调整各道次辊缝值，重复第（3）步的操作，用手持式红外线测温仪检测每道次的轧制温度。为了防止钢试样冷却，不需测量中间轧件尺寸。轧制完毕后，关闭轧机。轧件冷却后测量轧件尺寸。测量数据填入表 7-3。对比铅试样和钢试样轧出 3mm×25mm 的板材尺寸，分析原因。

（6）计算每道次的轧制力、轧制力矩及电机功率，并与实际测量数据比较。

本实训项目注意事项如下：

（1）掌握二辊板带钢实验轧机的操作规程，学会如何调节压下机构，控制辊缝的大小。

（2）掌握红外线测温仪的正确操作规程，严防将测温仪对着自己或他人。

（3）认真观察板材轧制的过程，正确测量轧件的横向、高向尺寸。

本实训项目的数据处理及分析要求如下：

（1）实训数据表格化。

（2）分别计算出各道次的压下量、压下率及咬入角。

（3）分析比较每道次的轧制力、轧制力矩及电机功率理论计算值与实测值的异同。

（4）结合实训现象和实训结果，校核轧辊强度，比较几种压下规程的优缺点。

（5）轧件在轧制过程中为什么会出现“侧弯”、纵向厚度、横向厚度不均等现象，并讨论压下装置的左右压下调整所起的作用。

7.6.5　0.3mm×100mm 带钢轧制

本实训项目是在 ϕ90/240mm×300mm 四辊冷轧板带钢实验轧机上，将 1.2mm×100mm 的钢带轧制成 0.3mm×100mm 的薄带材。实训步骤如下：

(1) 实训前准备好钢种为Q235，规格为1.2mm×100mm的小钢带卷，用千分尺分三点测量出不同部位轧件的原始厚度，取均值。测量数据填入表7-4。

(2) 设计将1.2mm厚的带钢轧制成0.30mm的压下规程。设计数据填入表7-4中。

表7-4 0.3mm×100mm带材轧制压下规程设计表 mm

试样 \ 轧件厚度	道次	原料厚度（H）	各道次厚度（h_i）									
		0	1	2	3	4	5	6	7	8	9	10
钢卷1												
钢卷2												
钢卷3												

(3) 调整ϕ90/240mm×300mm四辊冷轧板带钢实验轧机。首先调节轧机压下装置，使上下轧辊接触压靠，使左右两端的轧制力相等，保证上下轧辊水平。再提升上轧辊，使辊缝达到设定压下规程第一道轧制的轧件厚度h_1的值，用塞尺检查第一道的辊缝$s_1=h_1$。最后，检查轧机是否工作正常，低速开启轧机，使轧辊按正转方向转动。打开原料卷，将1.2mm×100mm带钢头部喂入轧机，带钢以爬行速度达到卷曲机1m左右长度时，关闭轧机。人工将带钢卷在卷曲机的卷筒上，“点动”卷取机，待带钢卷上2~3圈后，开启轧机和卷曲机，保证轧机出口带钢与卷曲机一定速度差，使带钢出口张力恒定。记录空转和轧制过程中左右轧制力、轧制力矩、电机功率、电压及电流等参数，并测量第一道轧制的轧后轧件厚度尺寸。轧制第二道时，反向开动轧机，进行“带钢”压下。依次类推，微调各道次轧辊辊缝，直到轧出0.30mm ×100mm的带钢。记录空转和轧制过程中左右轧制力、轧制力矩、电机功率、电压及电流等参数填入表7-5中并将实际测量数据填入表7-5。轧制道次可以根据情况自行设计。

表7-5 0.3mm×100mm带材工艺参数及轧件尺寸参数记录表

试样 \ 参数	道次	辊缝值 /mm	轧件厚度 /mm	总轧制力 /kN	轧制力矩 /kN·m	电机功率 /kW	电机电压 /V	电机电流 /A
钢卷1	0							
	1							
	2							
	3							
	4							
	5							
	6							
	7							
	8							
	9							
	10							

续表 7-5

试样 \ 参数	道次	辊缝值 /mm	轧件厚度 /mm	总轧制力 /kN	轧制力矩 /kN·m	电机功率 /kW	电机电压 /V	电机电流 /A
钢卷 2	0							
	1							
	2							
	3							
	4							
	5							
	6							
	7							
	8							
	9							
	10							
钢卷 3	0							
	1							
	2							
	3							
	4							
	5							
	6							
	7							
	8							
	9							
	10							

（4）计算每道次的轧制力、轧制力矩及电机功率，并与实际测量数据比较。

本实训项目注意事项如下：

（1）掌握 $\phi90/240\text{mm} \times 300\text{mm}$ 四辊冷轧板带钢实验轧机的操作规程，学会如何调节压下机构，控制辊缝的大小。

（2）认真观察带材轧制的过程，正确测量轧件的厚度尺寸。

本实训项目的数据处理及分析要求如下：

（1）实训数据表格化。

（2）分别计算各道次的压下量、压下率及咬入角。

（3）分析比较每道次的轧制力、轧制力矩及电机功率理论计算值与实测值的异同。

（4）结合实训现象和实训结果，校核轧辊强度，比较几种压下规程的优缺点。

（5）轧件在轧制过程中为什么会出现“波浪”、“瓢曲”、纵向厚度、横向厚度不均等现象，并讨论压下装置的左右压下调整所起的作用。

7.6.6　0.5mm×100mm 带钢轧制

本实训项目是在 ϕ100/300mm×300mm 四辊冷轧板带钢实验轧机上，将 3.0mm×100mm 的钢带轧制成 0.5mm×100mm 的薄带材。实训步骤如下：

（1）实训前准备好钢种为 Q235，规格为 3.0mm×100mm 的小钢带卷，用千分尺分三点测量出不同部位轧件的原始厚度，取均值。测量数据填入表 7-6。

（2）设计将 3.0mm 厚的带钢轧制成 0.50mm 的压下规程。设计数据填入表 7-6 中。

表 7-6　0.5mm×100mm 带材轧制压下规程设计表　mm

轧件厚度 / 试样	道次	原料厚度（H）	各道次厚度（h_i）									
		0	1	2	3	4	5	6	7	8	9	10
钢卷 1												
钢卷 2												
钢卷 3												

（3）调整 ϕ100/300mm×300mm 四辊冷轧板带钢实验轧机。首先调节轧机压下装置，使上下轧辊接触压靠，使左右两端的轧制力相等，保证上下轧辊水平。启动液压弯辊装置，再提升上轧辊，使辊缝达到设定压下规程第一道轧制的轧件厚度 h_1 的值，用塞尺检查第一道的辊缝 $s_1 = h_1$。最后，检查轧机是否工作正常，低速开启轧机，使轧辊按正转方向转动。打开原料卷，将 3.0mm×100mm 带钢头部喂入轧机，带钢以爬行速度达到卷曲机 1m 左右长度时，关闭轧机。人工将带钢卷在卷曲机的卷筒上，“点动”卷取机，待带钢卷上 2~3 圈后，开启轧机和卷曲机，保证轧机出口带钢与卷曲机一定速度差，使带钢出口张力恒定。记录空转和轧制过程中左右轧制力、液压弯辊力、轧制力矩、电机功率、电压及电流等参数，并测量第一道轧制的轧后轧件厚度尺寸。第二道轧制时，反向开动轧机，进行“带钢”压下。依次类推，微调各道次轧辊辊缝，直到轧出 0.50mm ×100mm 的带钢。记录空转和轧制过程中左右轧制力、轧制力矩、电机功率、电压及电流等参数填入表 7-7 并将实际测量数据填入表 7-7 中。轧制道次可以根据情况自行设计。

（4）计算每道次的轧制力、轧制力矩及电机功率，并与实际测量数据比较。

本实训项目注意事项如下：

（1）掌握 ϕ100/300mm×300mm 四辊冷轧板实验轧机的操作规程，学会如何调节压下机构、液压弯辊装置和液压 AGC 系统，控制辊缝的大小。

（2）认真观察带材轧制的过程，正确测量轧件的厚度尺寸。

本实训项目的数据处理及分析要求如下：

（1）实训数据表格化。

（2）分别计算出各道次的压下量、压下率及咬入角。

（3）分析比较每道次的轧制力、弯辊力、轧制力矩及电机功率理论计算值与实测值的异同。

（4）结合实训现象和实训结果，校核轧辊强度，比较几种压下规程的优缺点。

（5）轧件在轧制过程中为什么会出现“边浪”、“中浪”、“瓢曲”、纵向厚度、横向厚度不均等现象，并讨论液压压下装置、液压弯辊装置及AGC系统所起的作用。

表7-7 0.5mm×100mm带材工艺参数及轧件尺寸参数记录表

试样＼参数	道次	辊缝值/mm	轧件厚度/mm	总轧制力/kN	弯辊力/kN	轧制力矩/kN·m	电机功率/kW	电机电压/V	电机电流/A
钢卷1	0								
	1								
	2								
	3								
	4								
	5								
	6								
	7								
	8								
	9								
	10								
钢卷2	0								
	1								
	2								
	3								
	4								
	5								
	6								
	7								
	8								
	9								
	10								
钢卷3	0								
	1								
	2								
	3								
	4								
	5								
	6								
	7								
	8								
	9								
	10								

7.6.7 带材热处理

本实训项目是对四辊冷轧板带钢实验轧机上轧后带材 0.3mm×100mm、0.5mm×100mm 的薄带材取样，进行退火热处理。实训步骤如下：

（1）在切割机上剪切 0.3mm×100mm×100mm、0.5mm×100mm×100mm 各两块。

（2）将 0.3mm×100mm×100mm、0.5mm×100mm×100mm 各一块放入热处理炉中，关闭炉门。

（3）设定退火加热温度、加热时间、保温时间以及出炉空冷温度，启动热处理炉。

（4）退火完毕，关闭热处理电源。

（5）将退火的试样与没有退火的试样，分别放入辊缝为 0.20mm 的四辊轧机轧制，记录退火前后的轧制力。

本实训项目注意事项如下：

（1）掌握 Q235 钢的退火制度的设定。

（2）认真观察退火前后带材轧制形状变化。

本实训项目的数据处理及分析要求如下：

（1）实训数据表格化。

（2）分析比较退火前后轧件轧制力、轧制力矩及电机功率理论计算值与实测值的异同。

（3）分析退火前后轧件形状变化的原因。

7.7 轧制实训报告要求

（1）字迹工整、图表清晰、格式规范。

（2）实训数据表格化。

（3）结合板带材轧制工艺学、型钢生产及孔型设计等理论知识分析与处理数据。

（4）根据实验条件可以选作 2~3 个轧制实训项目。

思考题

7-1 比较型材轧制与板材轧制的压下量、咬入角、变形程度的计算方法。

7-2 分析型材轧制和板材轧制出现轧件缺陷的原因。

7-3 Q235 钢加热制度确定的依据是什么？

7-4 冷加工后消除加工硬化退火制度确定的依据是什么？

7-5 分析板材轧制过程温降的原因。

7-6 分析冷轧带钢出现加工硬化的原因。

7-7 分析液压弯辊、AGC 系统对冷轧带钢的板形控制有何影响？

7-8 在热轧钢板时，采用控制轧制与控制冷却提高产品质量是否可行？

8 轧制产品质量检测综合实训

本实训是学生完成金属力学性能、现代材料测试技术、轧制测试技术、板带材轧制工艺学、型钢生产及孔型设计、管材生产工艺学等相关理论课程的学习之后，取材来源于工业生产产品实物，依据国家标准，对某钢种某规格的型钢、板带和钢管三类钢材产品进行质量检验的一次综合性训练。通过该实训使学生掌握轧制产品质量检测的依据、步骤及操作方法等知识。

8.1 产品质量检测实训目的

（1）了解钢材的国家标准、行业标准、企业标准和国外标准。

（2）掌握钢材取样、制样、检验、分析判断等质量检验的基本步骤及方法。

（3）熟悉常规钢材质量检验设备的操作及保养。

（4）了解 X 射线衍射仪、扫描电镜的功能及作用。

8.2 产品质量检测实训内容

（1）认真阅读理解《GB/T 4354—2008　优质碳素钢热轧盘条》、《GB/T 710—2008　优质碳素结构钢热轧薄钢板和钢带》和《GB/T 8162—2008　结构用无缝钢管》三个标准及相关引用标准。

（2）根据国家标准《GB/T 4354—2008　优质碳素钢热轧盘条》，对钢种为 20 号钢、直径为 ϕ6mm、ϕ7mm、ϕ8mm、ϕ9mm、ϕ10mm、ϕ11mm、ϕ12mm 的任一规格优质碳素钢热轧盘条进行检验。

（3）根据国家标准《GB/T 710—2008　优质碳素结构钢热轧薄钢板和钢带》，对钢种为 10 号钢、规格为 1mm×650mm、1.5mm×650mm、2mm×650mm、2.5mm×650mm 的任一规格优质碳素结构钢热轧钢板进行检验。

（4）根据国家标准《GB/T 8162—2008　结构用无缝钢管》，对钢种为 Q235A 钢、规格为 ϕ8mm×1.0mm、ϕ9mm×1.0mm、ϕ10mm×1.0mm、ϕ11mm×1.0mm、ϕ12mm×1.0mm 的任一规格结构用无缝钢管进行检验。

8.3 产品质量检测实训工具、设备及材料

（1）钢卷尺、钢直尺、游标卡尺、千分尺等。

（2）小型带锯机、小型车床、小型线切割机、小型剪板等各一台。

（3）直读光谱仪一台。

（4）金相试样预磨机、抛光机、金相显微镜等各一台。

（5）冷弯试验机。

（6）通用板材成型试验机、万能材料试验机各一台。

（7）冲击试样缺口电动拉床、冲击试验机。

（8）金相砂纸、抛光液、4% 的硝酸酒精、棉球等若干。

（9）超声波探伤、涡流探伤和漏磁探伤设备各一套。

（10）20 号钢，规格为 ϕ6mm、ϕ7mm、ϕ8mm、ϕ9mm、ϕ10mm、ϕ11mm、ϕ12mm 的任一规格优质碳素钢热轧盘条若干卷。

（11）10 号钢，规格为 1mm × 650mm、1. 5mm × 650mm、2mm × 650mm、2. 5mm × 650mm 的任一规格优质碳素结构钢热轧钢板若干张。

（12）Q235A 钢，规格为 ϕ8mm × 1. 0mm、ϕ9mm × 1. 0mm、ϕ10mm × 1. 0mm、ϕ11mm × 1. 0mm、ϕ12mm × 1. 0mm 的任一规格结构用无缝钢管若干支。

8. 4 产品质量检测实训要求

（1）要求学生在产品质量检测实训之前，正确穿戴劳保服、劳保鞋、安全帽和手套。

（2）在教师指导下，要求学生能够熟练使用检测工具、仪器及设备。

（3）在教师指导下，要求学生查阅相关国家标准，明确检测步骤及方法。

（4）在教师指导下，主要依靠学生自己动手完成轧制产品质量检测全过程。

（5）进行实训时每个班分 8 ~ 10 个大组，每大组分 3 个小组，每小组 2 ~ 3 人。

（6）要求教师演示 X 射线衍射仪、扫描电镜的操作，使学生了解 X 射线衍射仪、扫描电镜的用途。

8. 5 产品质量检测实训检测项目

8. 5. 1 优质碳素钢热轧盘条质量检测

依据 GB/T 4354—2008 标准，优质碳素钢热轧盘条质量检测项目如表 8-1 所示。

表 8-1 优质碳素钢热轧盘条（GB/T 4354—2008）质量检测项目表

序号	检验项目	取样数量	取样方法及部位	试 验 方 法
1	化学成分	1 个/炉	GB/T 20066	GB/T 699、GB/T 222、GB/T 223、GB/T 4336、GB/T 20123
2	拉伸试验	2 个/批	不同根盘条，GB/T 2975	GB/T 228
3	弯曲试验	1 个/批	GB/T 2975	GB/T 232
4	顶锻试验	1 个/批	GB/T 2975	YB/T 5239
5	扭转试验	4 个/批	不同根盘条，两端	GB/T 239
6	脱碳层	2 个/批	不同根盘条	GB/T 224
7	晶粒度	2 个/批	不同根盘条	GB/T 6394
8	非金属夹杂	2 个/批	不同根盘条	GB/T 10561

续表 8-1

序号	检验项目	取样数量	取样方法及部位	试验方法
9	金相组织	2 个/批	不同根盘条	GB/T 13298
10	尺 寸	逐 盘		千分尺、游标卡尺，GB/T 14981
11	表 面	逐 盘		目 测

8.5.2 优质碳素结构钢热轧薄钢板和钢带质量检测

依据 GB/T 710—2008 标准，优质碳素结构钢热轧薄钢板和钢带质量检测项目如表 8-2 所示。

表 8-2 优质碳素结构钢热轧薄钢板和钢带（GB/T 710—2008）质量检测项目表

序号	检验项目	取样数量	取样方法及部位	试验方法
1	化学成分	每炉 1 个	GB/T 20066	GB/T 699、GB/T 222、GB/T 223、GB/T 4336、GB/T 20123
2	拉伸试验	1 个	GB/T 2975	GB/T 228
3	弯曲试验	1 个	GB/T 2975	GB/T 232
4	杯突试验	3 个	试样长度同板、带宽度，并在中心与边缘三点进行	GB/T 4156
5	晶粒度	1 个	GB/T 6394	GB/T 6394
6	带状组织	1 个	GB/T 13299	GB/T 13299
7	脱 碳	2 个	GB/T 224	GB/T 224
8	尺寸、外形	逐张（卷）	—	符合精度要求的适宜量具（千分尺、游标卡尺）GB/T 709
9	表 面	逐张（卷）	—	目 测

8.5.3 结构用无缝钢管质量检测

依据 GB/T 8162—2008 标准，结构用无缝钢管质量检测项目如表 8-3 所示。

表 8-3 结构用无缝钢管（GB/T 8162—2008）质量检测项目表

序号	检验项目	取样数量	取样方法	试验方法
1	化学成分	每炉取 1 个试样	GB/T 20066	GB/T 699、GB/T 1591、GB/T 3077、GB/T 222、GB/T 223、GB/T 4336、GB/T 20123、GB/T 20124、GB/T 20125
2	拉伸试验	每批在两根钢管上各取 1 个试样	GB/T 2975	GB/T 228
3	硬度试验	每批在两根钢管上各取 1 个试样	GB/T 2975	GB/T 231.1
4	冲击试验	每批在两根钢管上各取一组 3 个试样	GB/T 2975	GB/T 229
5	压扁试验	每批在两根钢管上各取 1 个试样	GB/T 246	GB/T 246
6	弯曲试验	每批在两根钢管上各取 1 个试样	GB/T 244	GB/T 244

续表 8-3

序号	检验项目	取样数量	取样方法	试验方法
7	超声波探伤检验	逐　根	—	GB/T 5777
8	涡流探伤检验	逐　根	—	GB/T 7735
9	漏磁探伤检验	逐　根	—	GB/T 12606

8.6　产品质量检测实训报告要求

（1）字迹工整、图表清晰、格式规范。

（2）检测实训数据表格化。

（3）要求写出取样、制样、检测步骤、检测数据，并形成产品质量检测报告。

（4）根据实验条件可以选作部分检测项目。

（5）要求写出 X 射线衍射仪、扫描电镜的功能及作用。

思　考　题

8-1　低碳钢热轧圆盘条（GB/T 701—2008）和不锈钢盘条（GB/T 4356—2002）检测项目有哪些？

8-2　热轧圆盘条的国外标准有哪些？

8-3　碳素结构钢和低合金结构钢热轧薄钢板和钢带（GB 912—2008）及碳素结构钢和低合金结构钢热轧钢带（GB/T 3524—2005）检测项目有哪些？

8-4　热轧钢带的国外标准有哪些？

8-5　输送流体用无缝钢管（GB/T 8163—2008）和高碳铬轴承钢无缝钢管（YB/T 4146—2006）检测项目有哪些？

8-6　无缝钢管的国外标准有哪些？

9　轧制过程动态模拟与仿真实训

本实训是材料成型及控制工程专业金属压力加工方向学生学习板带材轧制工艺学、型钢生产及孔型设计、管材生产工艺学等相关课程后进行的一个重要的独立性实践教学环节。其借助于 www. steeluniversity. org（钢铁大学）网上资源平台，借助于动画演示、动态模拟与过程仿真等已开发的软件系统，旨在让学生更加直观、形象地了解钢铁产品的压力加工过程，并将所学的专业知识进行串联回顾和加强理解。同时，让学生站在现场轧钢工程师的角度对自己制订的生产工艺流程进行灵活的在线仿真，并选择合适的工艺参数以验证其正确性和经济性。

9.1　虚拟钢厂参观

在网站的虚拟平台上身临其境地参观钢铁企业，通过对轧钢厂的设备及工艺流程的参观，对已学工艺和设备知识进行巩固和掌握。

在4D 旅行中，将访问整个钢厂，包括由海路和铁路运来的铁矿石、炼焦煤和石灰石。将首先在工厂上空飞行，观察一艘货船入港和卸货的情形，然后将按照主要原材料的流程生产钢锭。着陆后，既可以通过点击图 9-1 中相应的黑点访问生产工序中每一个关键步骤，也可以按照个人的方向走入工厂，还可以在某个建筑上俯瞰。

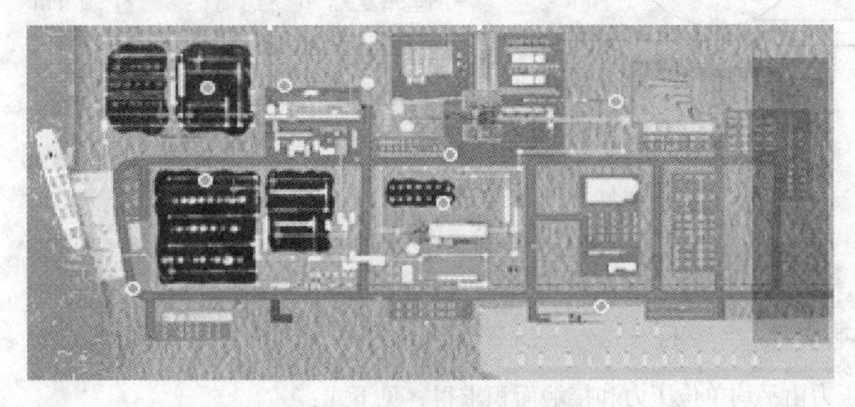

图 9-1　虚拟钢厂平面布置图

9.2　轧制工艺参数模拟

轧制工艺参数模拟包括咬入角、轧制压力、扭矩与功率及能耗的模拟。通过关键参数的设置，对相关原理进行动画仿真，让同学们进行视觉方面的感受，从而更好地理解轧制原理的具体内容。

9.2.1　咬入角

轧辊与轧件的接触弧所对应的角称为接触角或咬入角。为使轧件能够咬入轧辊，作用于轧件的出轧辊方向摩擦力 F 的水平分量必须大于或等于作用于轧件的轧制力 P_r 的水平分量，轧件能够被咬入的条件为：

$$F\cos\alpha \geqslant P_r \sin\alpha \tag{9-1}$$

$$\frac{F}{P_r} \geqslant \frac{\sin\alpha}{\cos\alpha} = \tan\alpha$$

$$F = \mu P_r \Rightarrow \mu = \frac{F}{P_r} \Rightarrow \mu \geqslant \tan\alpha \tag{9-2}$$

式中　F——轧件出轧辊方向摩擦力，kN；

α——咬入角，(°)；

μ——摩擦系数。

由式 9-2 可见，只有摩擦系数大于咬入角的正切值时，轧件才能被咬入轧辊。对于给定的辊缝值，摩擦力越大，能够咬入的轧件的高度也越大。

在轧制过程的模拟练习中（图 9-2），练习者可以选择不同的参数来实现轧件的咬入。

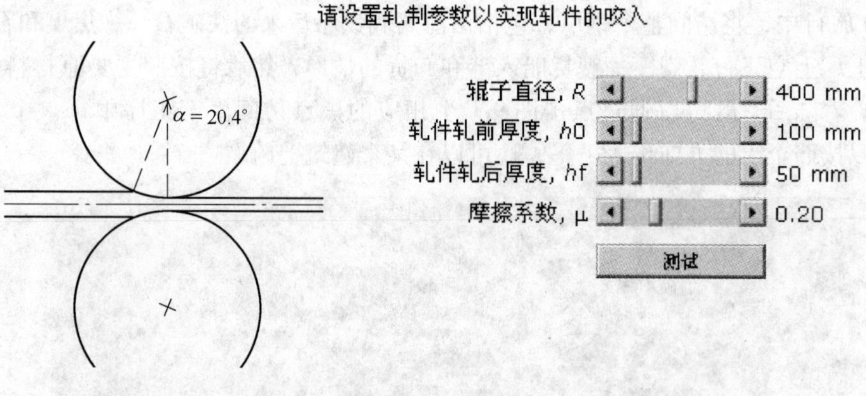

图 9-2　轧制过程咬入角的模拟计算

9.2.2　轧制压力

轧制压力由平均单位压力和接触面积求得，见下式：

$$P_r = p \times b \times L_p \tag{9-3}$$

式中　P_r——轧制总压力，kN；

p——单位轧制压力，kN · m^2；

b——接触区的平均宽度，m；

L_p——接触弧的水平投影长度，m。

在轧制过程的模拟练习中（图 9-3），练习者可以选择不同的参数观察轧制压力的变化。但注意参数的选择首先要保证轧件的顺利咬入。

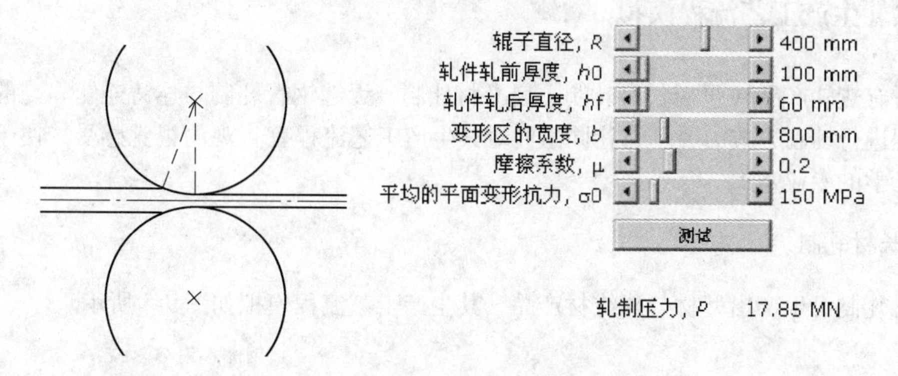

图9-3　轧制过程轧制压力的模拟计算

9.2.3　轧制能耗

轧制时能量的消耗用于传动轧辊的扭矩和带钢的张力。轧制能量的消耗主要有以下几种表现形式：

（1）金属的变形功；

（2）轧辊轴承的摩擦力矩；

（3）能量传送过程中的损失；

（4）电动机、发电机等电器设备中的电损失。

轧制能耗可用下式表示：

$$W = \frac{n \times M\mathrm{t}}{9.549} \tag{9-4}$$

式中　W——轧制能耗（功率），kW；

n——轧辊转速，r/min；

M_{t}——轧辊的扭矩，kN·m。

在轧制过程的模拟练习中（图9-4），练习者可以选择不同的参数观察轧制能耗的变化。

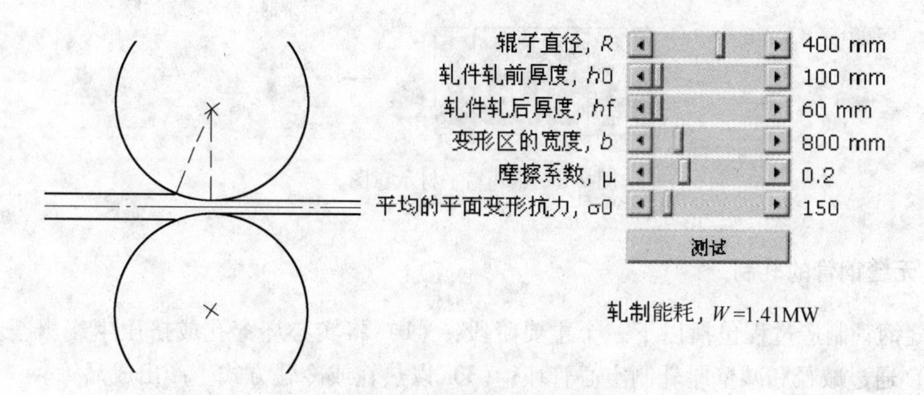

图9-4　轧制过程轧制能耗的模拟计算

9.3 热轧生产工艺流程模拟

将所有热轧产品（包括长材轧制、扁平材轧制、无缝钢管轧制与连铸连轧等）的生产工艺流程进行动画方式的展示，让同学们对其生产工艺流程有直观的视觉感受，便于更好地掌握已学的专业知识。

9.3.1 长材轧制

长材轧制可生产出型材与棒线材产品，其生产工艺流程模拟如图 9-5 所示。

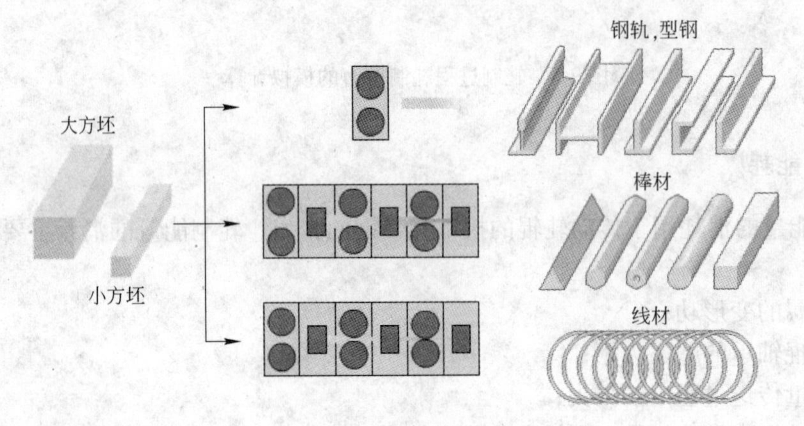

图 9-5 长材轧制示意图

9.3.2 扁平材轧制

热轧扁平轧材有中厚钢板、带钢、窄带钢和薄板几种形式，其生产工艺流程模拟如图 9-6 所示。

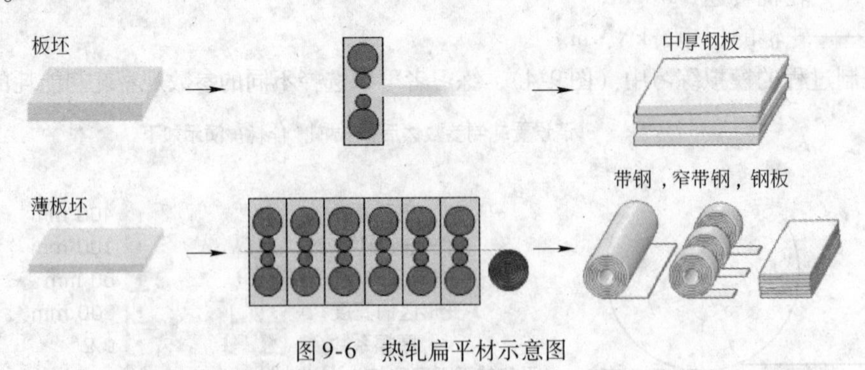

图 9-6 热轧扁平材示意图

9.3.3 无缝钢管的轧制

无缝钢管制造过程包括以下三个主要阶段：（1）将实心坯穿孔或挤压生产出空心管坯；（2）通过减径和减壁厚轧制空心管坯；（3）以热轧或冷轧方式生产出成品管。

下面介绍了一种无缝钢管生产工艺。首先，用环形转底式加热炉加热连铸圆坯。加热后圆坯的穿孔是由一个内部顶头和两个互成一定角度的桶形轧辊来完成的。随后空心管坯由带芯棒轧机轧制，这一生产过程使管壁减薄，但外径不变。因此，管子产生了延伸，此后管子通过一个均整机（目的是略微减小壁厚）和一个定径机（以获得所需的外径）。当要求外径和壁厚进一步减小时，用感应电炉对管子重新加热，然后用张力减径轧机轧制。最后，管子经历一些精整工序，例如在冷床上空冷、矫直、切成定尺和倒棱。成品管需经水压测试、质量检查（涡流探伤、超声波探伤、磁粉探伤）以及尺寸精度检查。其生产工艺流程模拟如图9-7所示。

轧制的无缝钢管可以进一步加工，例如冷拔、冷轧加工。

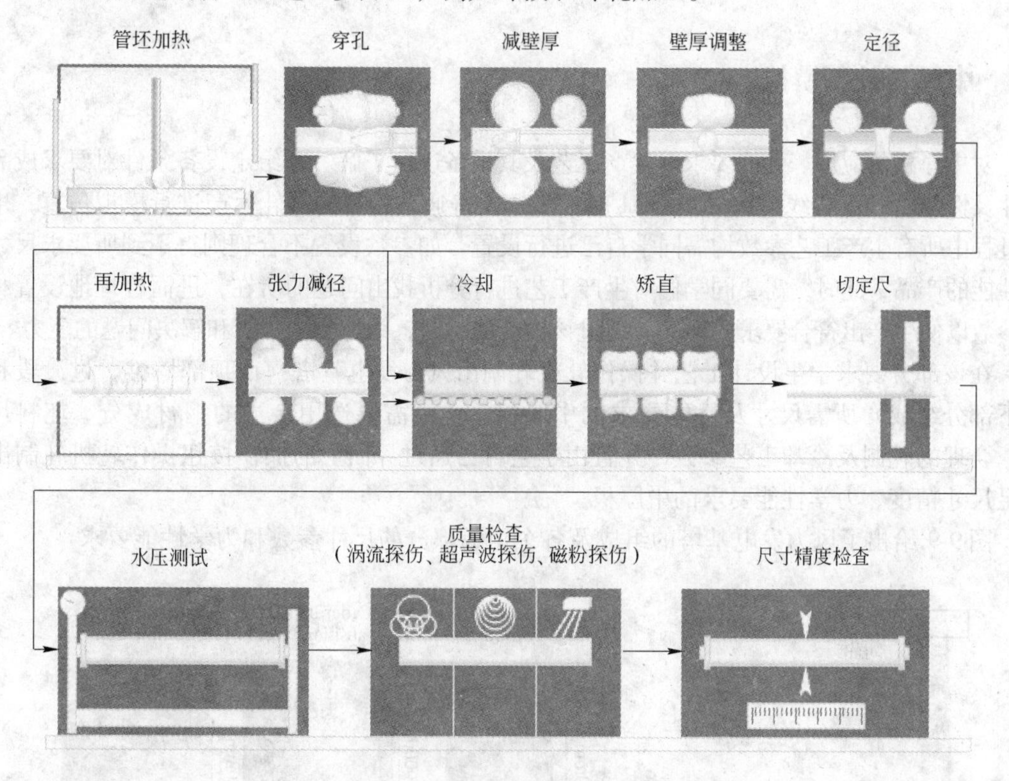

图9-7　无缝钢管热轧生产示意图

9.3.4　连铸连轧

传统上认为，热成型钢铁产品利润最低。众所周知，只有生产率提高利润才会提高。当应用短流程生产线时，则可以获得大规模生产热成型钢铁产品的最高经济效益。短流程生产线是指联合制造系统，即集炼钢、连铸、金属加工和热处理于一体。凝固阶段的热能用于进一步的热加工并确保生产成本比传统制造线降低30%。

目前，浇注近终型坯料的趋势在增长（例如用于热轧带钢的薄板坯或用于型钢轧制的异形坯）。薄板坯连铸机已经可以替代用于轧制厚板坯的初轧机。

其中一个现代化生产工艺——紧凑式带钢生产工艺（CSP）模拟如图9-8所示。连铸薄板坯只有40～70mm厚（比传统的板坯薄5倍多）。再加热后，板坯在5～7架轧机连续轧制，这足以生产1mm厚的带钢。在传统的轧制工艺中，只能通过冷轧生产如此厚度的薄带钢。

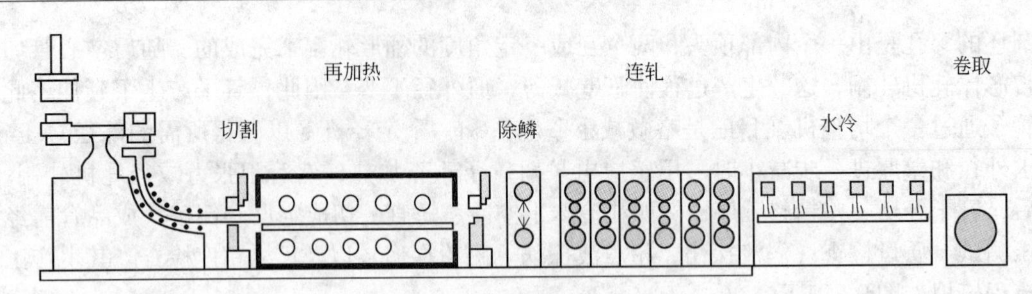

图 9-8　薄板坯连铸连轧工艺示意图

9.4　中厚板轧制模拟

对中厚板的应用、性能要求、生产工艺及其设备进行了解。在给定设备条件对要求成品尺寸及性能的 X65 管线钢、AH 及 EH 船板用钢及普通结构板的热轧生产进行模拟仿真，生产过程中所有生产工艺参数均需同学自己进行设置，如参数设置不合理则得不到所要求尺寸和性能的产品，此时，需要同学们对生产工艺进行分析找出问题的所在，进而合理地设置相关参数以便生产出符合要求的产品。通过该模块的练习，锻炼学生分析和解决问题的能力。

在该部分要求学生设计工艺并操作轧机轧制出风力发电基塔（由顶部塔锥、过渡段和水下部分组成）所需尺寸及性能要求的中厚板。学生需要选用恰当的钢材成分、坯料尺寸、合理的轧制及冷却工艺参数，并且由学生自己通过界面上的操作按钮操作轧机轧制出满足尺寸精度、力学性能要求的中厚板。

图 9-9 给出了风力发电基塔的组成及各个组成部分的尺寸参数和力学性能要求。

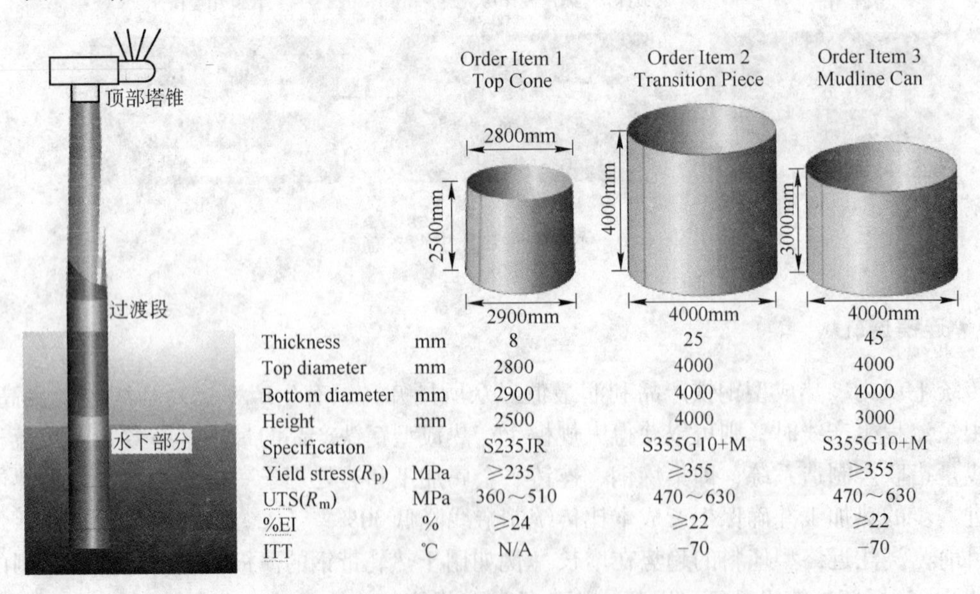

		Order Item 1 Top Cone	Order Item 2 Transition Piece	Order Item 3 Mudline Can
Thickness	mm	8	25	45
Top diameter	mm	2800	4000	4000
Bottom diameter	mm	2900	4000	4000
Height	mm	2500	4000	3000
Specification		S235JR	S355G10+M	S355G10+M
Yield stress(R_{p})	MPa	≥235	≥355	≥355
UTS(R_{m})	MPa	360～510	470～630	470～630
%El	%	≥24	≥22	≥22
ITT	℃	N/A	−70	−70

图 9-9　风力发电基塔的组成及尺寸参数和性能要求

用户操作界面介绍如下：

（1）操作主界面（图 9-10）。

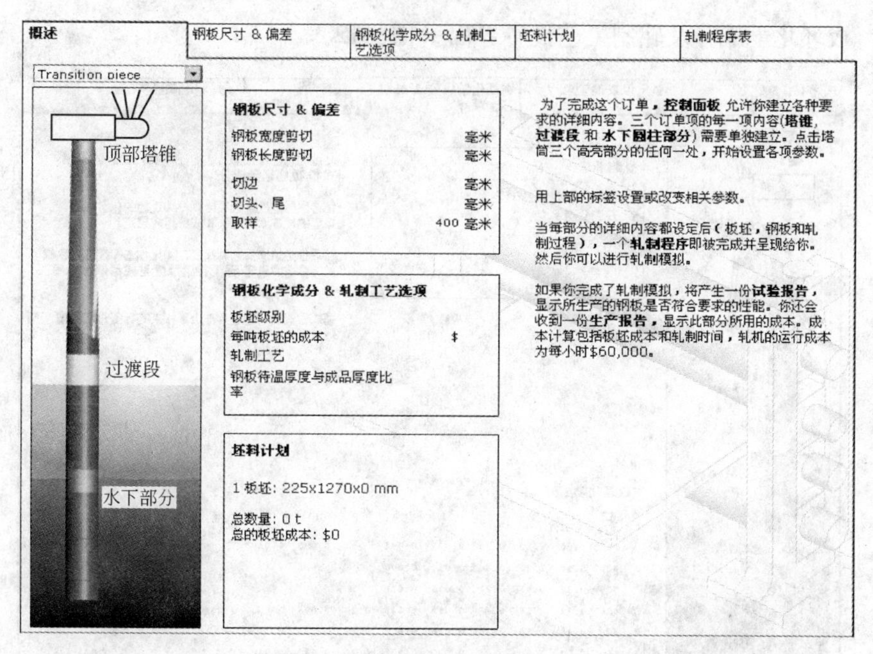

图 9-10 操作主界面

操作主界面的菜单栏包括概述、钢板尺寸 & 偏差、钢板化学成分 & 轧制工艺选项、坯料计划和轧制程序表五个功能选项。

（2）钢板尺寸设置界面（图 9-11）。

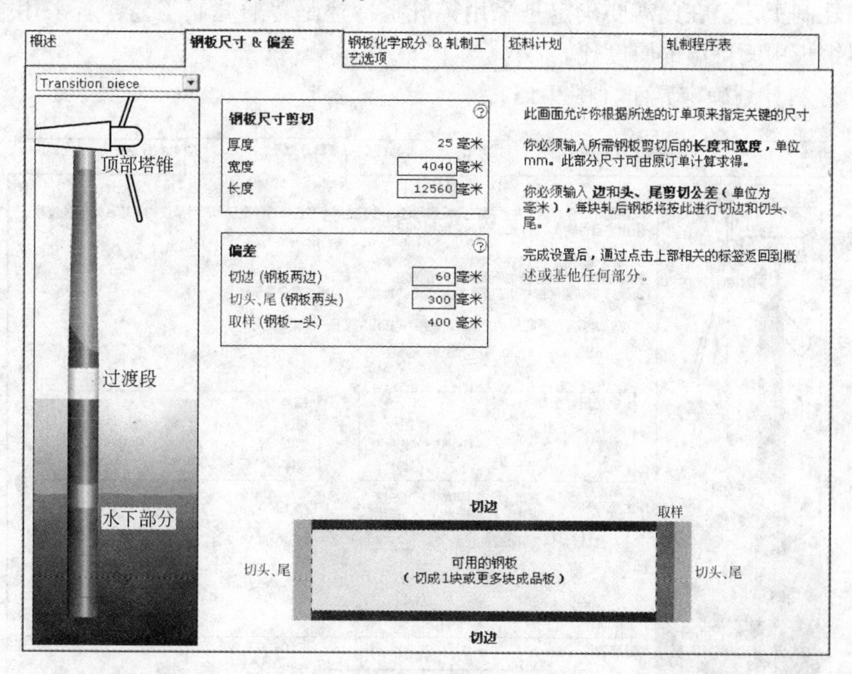

图 9-11 钢板尺寸设置界面

该界面要求学生根据所选的订单项来制定关键的尺寸，如设置钢板剪切后的长度和宽度，该尺寸可由原订单计算求得。另外，还需要确定切头、尾及切边的长度。

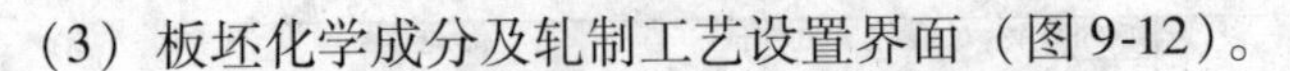

（3）板坯化学成分及轧制工艺设置界面（图9-12）。

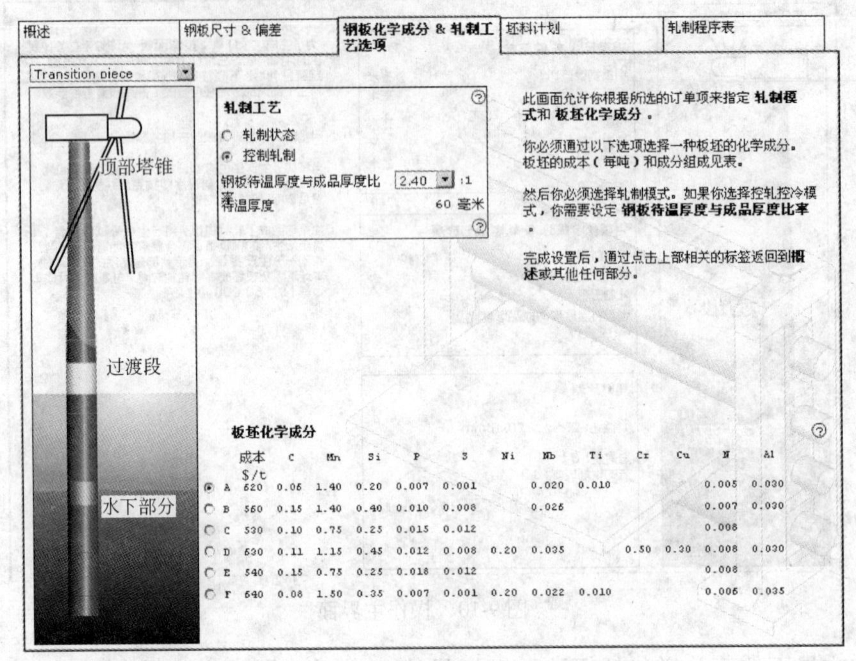

图9-12 板坯化学成分及轧制工艺设置界面

该界面要求学生根据所要轧制的成品钢板的性能要求选择合适的坯料成分，并据此确定钢板的轧制工艺，在此需要确定是采用控轧控冷还是普通轧制工艺，若采用控轧控冷，还需设置钢板中间待温的厚度比。

（4）坯料计划确定界面（图9-13）。

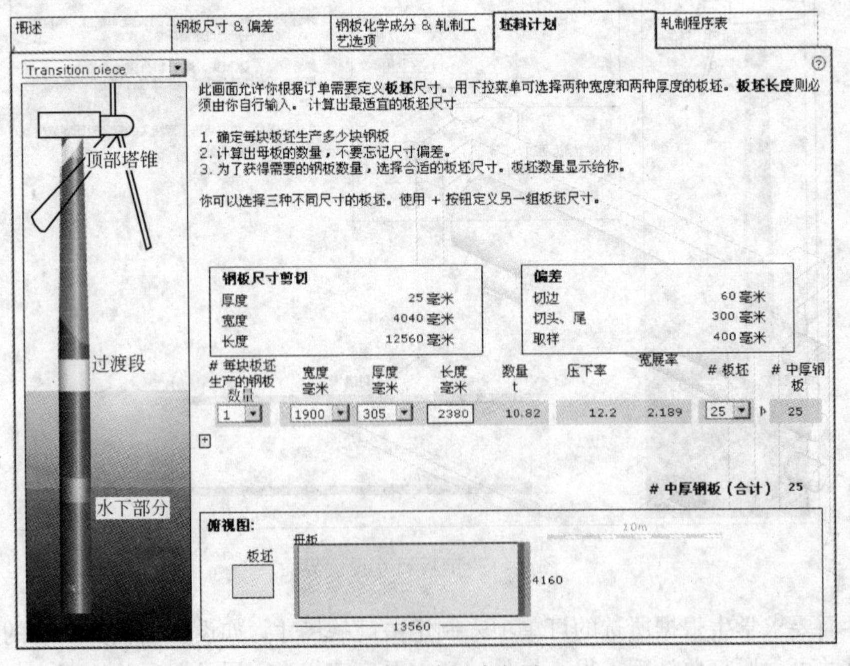

图9-13 坯料计划确定界面

在此界面需要学生确定所选坯料的宽度、厚度及长度，每一块坯料轧制几块钢板（可以选择不同的坯料组合来轧制需要生产的钢板总数）以及总共需要多少块坯料。根据以上的设置来计算板坯的宽展和延伸。

（5）轧制程序表显示界面（图 9-14）。

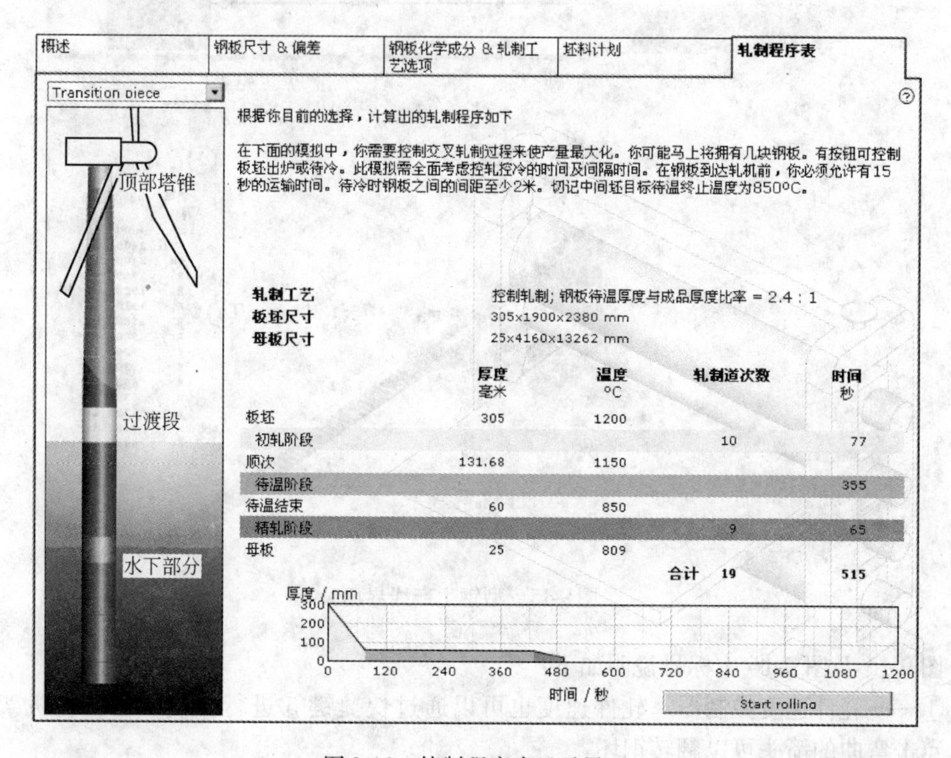

图 9-14 轧制程序表显示界面

在该界面会根据前面所进行的设置生成轧制程序表、轧制道次的总数以及各个道次的厚度和温度值，并且会显示前面设置的所有参数，以便让设计者进行确定。若确认设置的参数和生成的轧制程序表没有问题，则点击右下角的“Start rolling”开始轧制，若不确认则返回进行修改。

9.5 型钢生产模拟

在给定设备及轧制程序表的情况下，要求学生站在现场操作工人的角度对轧机及其辅助设备进行操作，控制产品的生产节奏，最终生产出符合要求的 H 型钢。该模块主要锻炼学生的动手能力。

在此次模拟过程中，学生要尝试将一块大方坯轧制成工字钢。为实现此轧制过程，操作者需从加热炉内取出钢坯并将其运送到粗轧机，然后操作界面自动转换到粗轧机，操作者可根据屏幕显现的轧制程序表移动并翻转钢坯进行轧制。轧制结束后，界面将自动回到原生产线界面视图，操作者应将轧件经过切头剪后运送到 REF（粗轧-轧边-终轧）机架，并完成最后成品轧制过程。

用户操作界面介绍如下：

(1) 生产线界面（图9-15）。

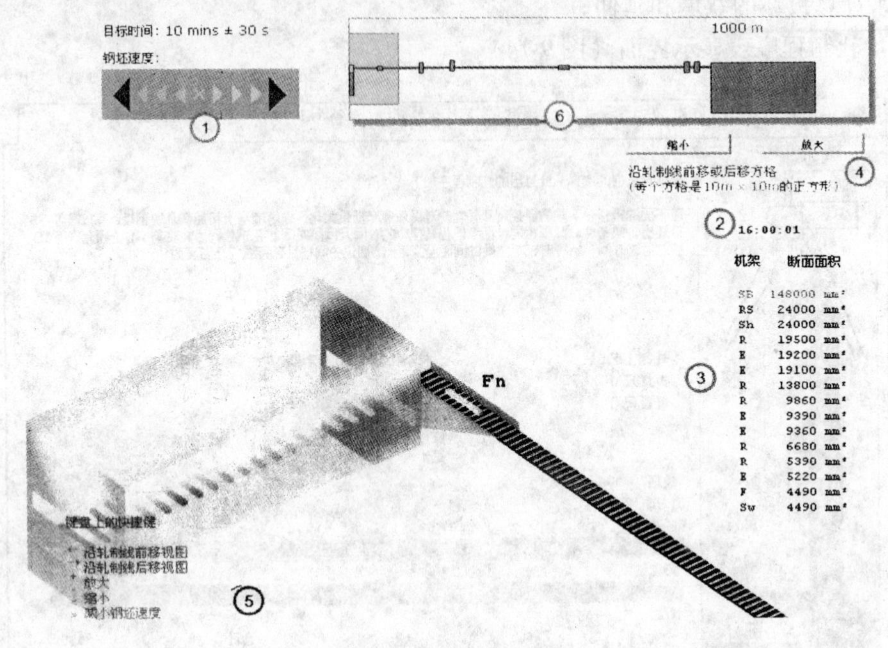

图9-15　型钢生产线界面

图9-15及图9-16中标号说明如下：

①——轧件速度控制器。轧件速度也可以通过快捷键⑤进行控制。在粗轧机架视图中，点击弯曲的箭头可以翻转钢坯。

②——计时器：显示所用的时间。

③——轧制程序表。在粗轧视图中，显现每个轧制步骤或目标辊缝值。随着每一步轧制的完成，相应的轧制程序的颜色将改变。

灰色：过程结束；

绿色：下一轧制过程（粗轧视图中）；生产过程进行中（生产线平面视图中）；

红色：下一生产过程（仅用于生产线平面视图中）；

黑色：未完成的生产过程。

④——放大/缩小按钮。也可以通过快捷键⑤进行控制。

⑤——快捷键。仅在生产线平面图中可见。

⑥——生产线缩略图。在生产线平面图中可见。深色的方格可以显示当前观察的区域，操作者可沿生产线拖动此方格或点击生产线某一部位将方格移至此处。通过缩略图也可以看到当前轧件在轧制线的位置。

⑦——目标孔型。仅在粗轧视图中可见（图9-16）。标记变红的孔型表示轧件应通过此孔型进行轧制，当标记变绿时则表示轧件与孔型位置对正可以进行轧制。

(2) 粗轧机架视图。

当轧件接近粗轧机时会出现图9-16所示的粗轧机架视图。此视图大小、位置固定，不需调整。操作者可以前后左右运送轧件进行轧制，也可根据需要对轧件进行翻转。

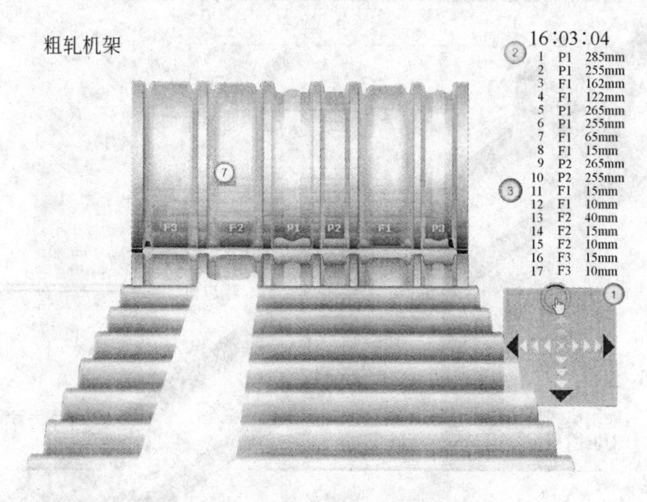

图 9-16 粗轧机架视图

粗轧及使用说明:

1）根据屏幕所给的轧制程序表，操作者可使用粗轧视图对轧件进行轧制。

2）使用“左”和“右”控制键或键盘上的方向键将轧件对准孔型（当轧件位置正确时，孔型上的标记变成绿色）。

3）可使用“翻钢”控制键或空格键对轧件进行翻转。当孔型标记“P”时，应将轧件翻转到竖立状态，当孔型标记“F”时，应将轧件翻转到平躺状态。

4）当轧件与孔型对准后，使用“上”和“下”控制键或键盘方向键运送轧件进行轧制。

5）不要将轧件运送到错误的孔型进行轧制，这将导致轧件报废。如果废品部分过多，轧件不能继续轧制即模拟轧制失败。如果产生了适量的废品，也将导致产量的降低，因为切除废品部分将花费多余的切头时间。

6）上辊（有标记的轧辊）自动调节到每道次规定的高度（辊缝值）。

7）当完成粗轧的轧制程序，将轧件移走后，界面将回到生产线平面视图，操作者可进一步完成 REF 轧制过程。

(3) REF 机架视图（图 9-17）。

REF（粗轧机/轧边机/终轧机）机架是万能钢梁轧制的终轧道次。设计者需精确设计这三个连轧机架的轧制制度，确保生产出最终的工字钢。

粗轧机（图 9-17 中①）。粗轧机由两个平辊和可单独移动的两个立辊组成。此机架的四个轧辊组合成“狗骨”状的孔型。粗轧机承担了终轧过程轧件的大部分变形过程，因此断面的最大压下量产生在粗轧机上。

轧边机（图 9-17 中②）。轧边机由两个加工复杂的水平辊组成。此机架对轧件的压下量非常小，主要是控制钢梁的外形，尤其是钢梁的腿部（钢梁截面中两个平行的边）尺寸的控制。

终轧机（图 9-17 中③）。终轧机由两个平辊和可单独移动的两个立辊组成。此机架的四个轧辊为圆柱形，用来控制成品工字钢的规格尺寸。终轧机仅在 REF 机组的最终道次参与轧制。

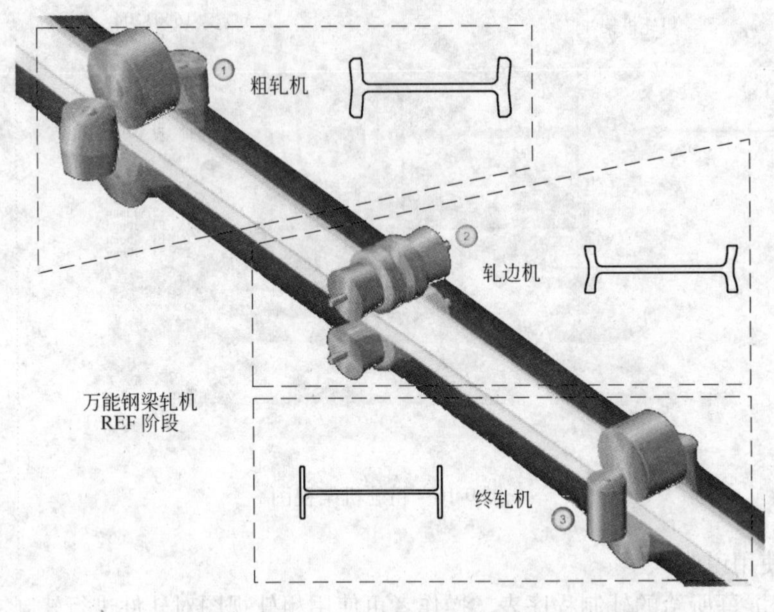

图 9-17　REF 机架视图

REF 轧机使用说明：

1）在生产线平面视图中，根据给定的轧制程序表对轧件进行轧制。

2）所有的辊缝值根据轧制程序自动调节。

3）轧件经过 REF 轧机成功轧制一道次后将自动停止。操作者需要使用轧件速度控制器再次运送轧件进行下一道次轧制。

4）所有轧制道次结束后，将轧件运送到热锯结束整个轧制过程。

9.6　设计和生产高强度钢模拟与仿真

在该部分模拟中你的角色是轧钢厂总工程师，你需要根据用户的要求（包括尺寸和性能等要求）设计出所需原料的钢水成分，并选择恰当的工艺（热处理工艺和轧制工艺）生产 9000t 的高强度厚板。在做这些选择时，你会得到一些关于当前生产条件下这些产品的预测性能，时间合适的时候，你还会得到其他一些建议和警告。生产得到的高强度钢板必须满足下列力学性能的要求：

（1）屈服强度，LYS > 375MPa；

（2）抗拉强度，620MPa > UTS > 530MPa；

（3）夏比冲击功 54J，ITT < －40℃；

（4）屈强比（LYS/UTS）< 0.82。

当你首次选择成分和工艺路线的时候，会显示预计的焊接试验的结果作为指南。根据预测结果不同，项目会以绿色、黄色和红色的灯显示，每种颜色的含义如下：

绿色：预计客户对产品的焊接性能满意，可以接受。

黄色：焊接性能应该可以接受，但部分焊接试验可能不合格，有少量的风险。

闪烁的黄色：焊接性能或许不能接受，因为一些焊接试验不合格的可能性相当高。

红色：预计焊接性能不能接受，因为一些焊接试验不合格的可能性非常高。你应该选择不同的成分。

闪烁的红色：焊接性能不能接受，你必须选择不同的成分。

9.6.1 钢水成分的选择

你需要设计出一种钢水成分，使得用该钢水生产出来的钢板的最终性能能够满足上述用户的性能要求。在进行成分设计时，在设计界面上会有以下几方面的提示信息：

（1）碳当量和焊缝硬度信息的显示。在该部分会显示所设计钢水成分的碳钢量及焊缝硬度的预测值。

（2）产品力学性能的预测。在该部分会对用当前钢水生产出来的钢板力学性能进行预测，包括屈服点、抗拉强度极限及韧脆转变温度等。

（3）对焊接性能进行预测。在该部分会对用该成分的钢水生产出来的钢板的焊接性能进行预测，包括焊缝硬度、焊缝弯曲试验是否合格、焊接影响区的夏比值等。

改变每一种合金元素的加入量时以上各个部分的预测值都会随之发生变化。以此作为参考，可以帮助你设计出符合要求的钢水成分（图 9-18）。

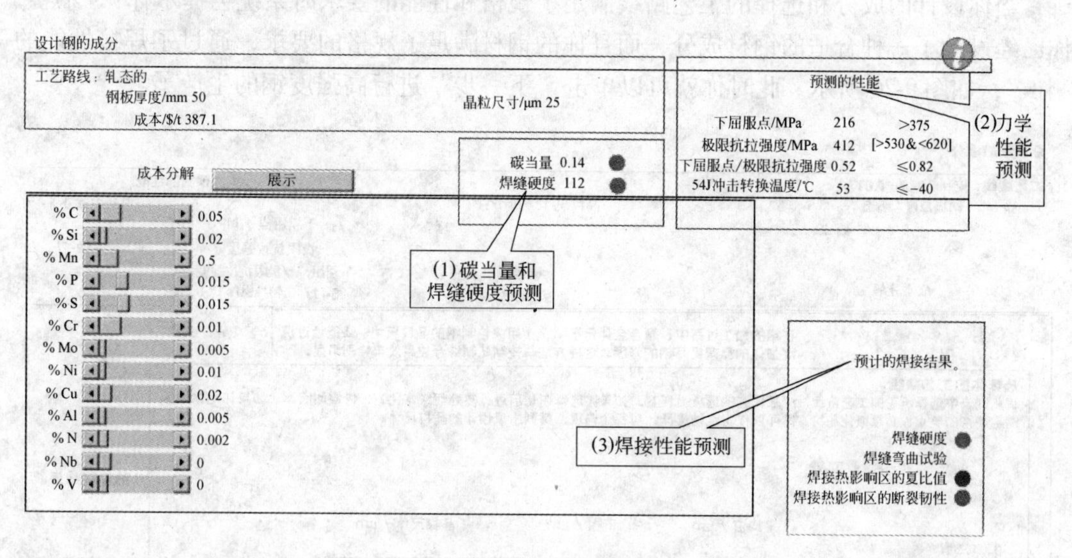

图 9-18 钢的成分设计

9.6.2 工艺路线选择

在该设计界面你可以选择所需的工艺路线，例如：选择普通轧制、控制轧制以及轧后是否采用热处理（常化）。需要注意的是：轧态工艺成本最便宜，如果选择轧后进行热处理，将增加成本，如果你相信为了满足规格和性能的要求，必须细化晶粒，你可以作出这种选择，对每个选项，都列出了预计的晶粒尺寸。

随着你选择的生产工艺路线的不同，如图 9-19 所示，左上角会显示已经选择的生产工艺路线，并显示采用已选定的成分和工艺生产钢板的吨钢成本。

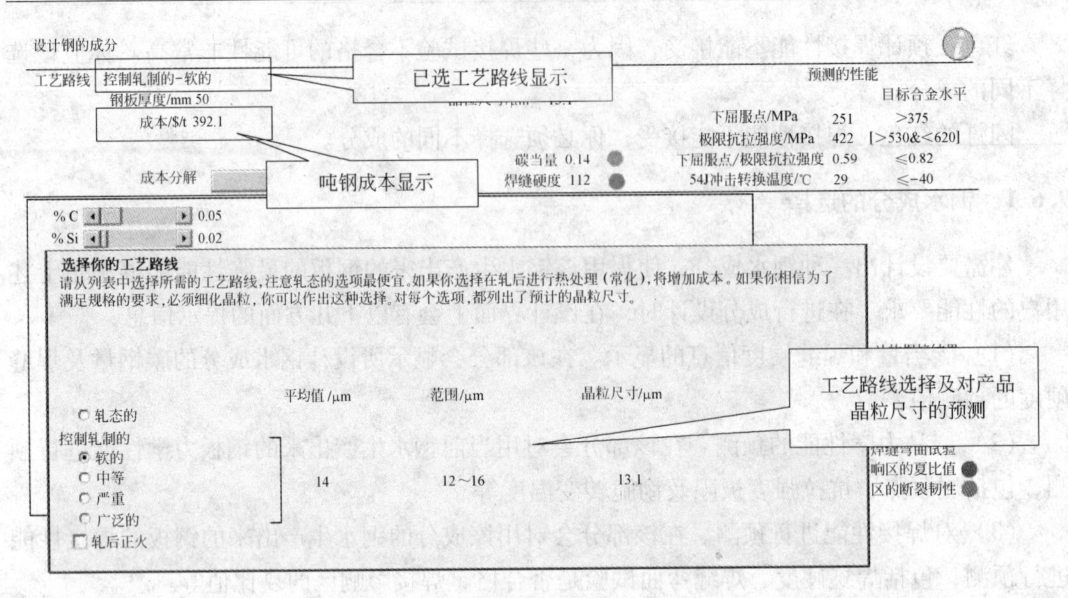

图 9-19　钢的生产工艺路线选择

当你设计的成分和选择的工艺路线满足了规格和性能的要求时系统会提示你："恭喜，你已经设计了一种合适的钢材成分，而且你的钢材满足了规格的要求，通过了焊接性能的测试"，如图 9-20 所示。此时你就可以单击"下一步"进行高强度钢的生产了。

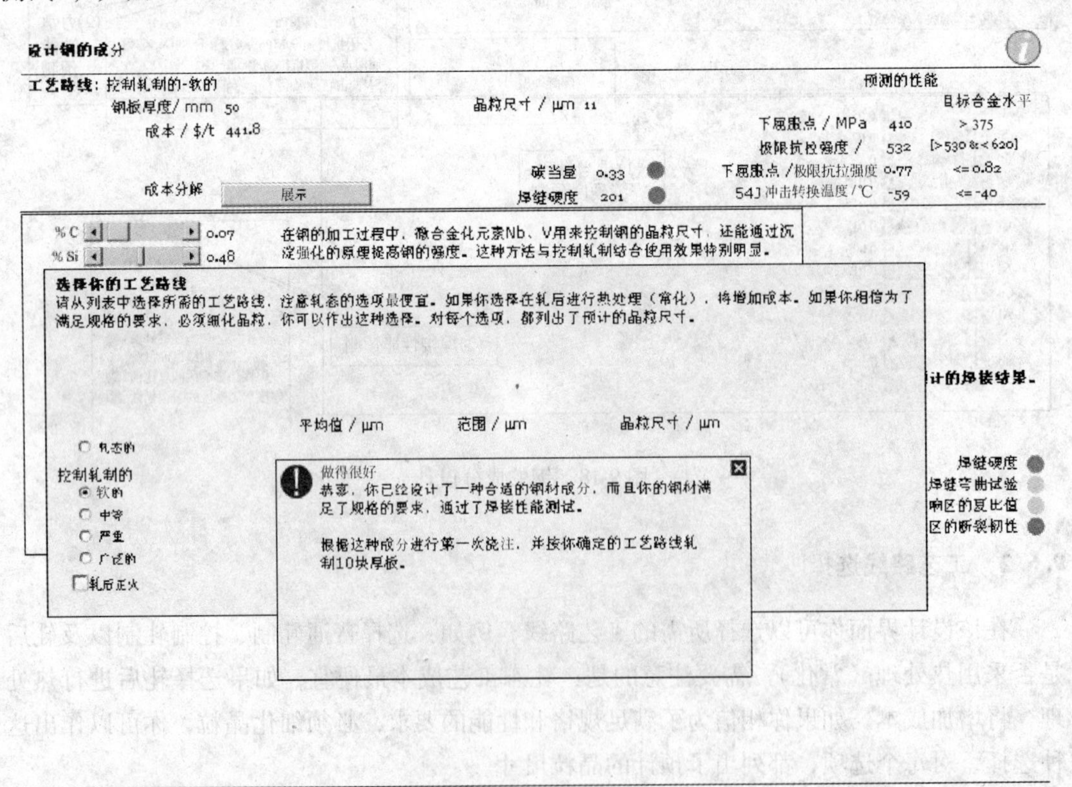

图 9-20　合适的钢材成分与正确的工艺路线界面

需要注意的是，在实际生产中每一炉钢水的成分不能严格控制，当你生产的产品量比较大，需要多炉钢水才能满足时，有必要对不同炉的钢水成分进行调整以便满足产品的规格和性能要求。

当第一批 10 块钢板加工完毕后，就会得到屈服点、抗拉极限强度、夏比冲击试验的结果的柱状图及成本、利润的显示，如图 9-21 所示。

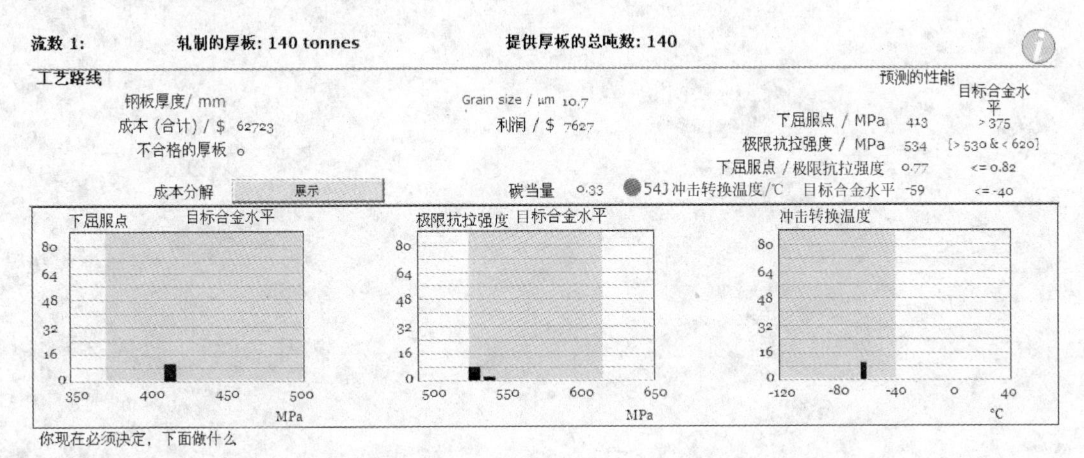

○ 要求炼钢车间改变下一炉和随后浇次的钢液成分？
○ 改变下一批10块厚板的工艺路线。
○ 根据同样的工艺路线，轧制下一批10块厚板。

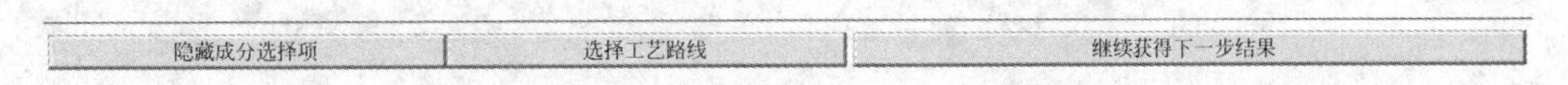

图 9-21　已生产钢板的性能、成本显示界面

在从第一次浇注的钢坯中轧制第二批 10 块厚板时，你必须决定是否更改（轧制/热处理）的工艺路线和第三次浇注时的钢液成分。在这个阶段第二次浇注已经在进行中，所以它和第一次生产时有相同的成分/工艺路线。

如果你第一次浇注后，就决定改变钢种的成分，那么你的生产成本就会增加 30000 美元的成本，因为这个订单的前 5000t 是连续浇注的，目的是使连铸厂的成本最低。所以中断连浇会产生相应的成本。在第一次浇注开始后，每次改变钢种的成分，都会使成本增加同样的数量。

第三次和随后浇注的 50mm 厚板将进行顺序轧制，一旦轧制开始，你将不能改变成分、轧制工艺/热处理工艺，除非发生了严重的焊接问题。

思　考　题

9-1　轧制过程中咬入角和哪些因素有关？

9-2　轧制压力与哪些因素有关，如何计算轧制压力？

9-3　连铸连轧相对于普通轧制的优点有哪些？

9-4　中厚板轧制模拟中塔锥部分原料的尺寸如何计算？

9-5　中厚板轧制模拟中若采用控制轧制中间待温厚度应当如何选取？

9-6　通过对中厚板轧制模拟的训练，你认为产品的成本应当从哪几个方面进行控制？

9-7　对产品性能要求中的冲击转变温度代表什么，和哪些因素有关？

9-8　型钢生产中要进行翻钢，其主要作用是什么？

9-9　型钢轧制模拟中的 REF 机架包括几台轧机，各台轧机的主要作用是什么？

9-10　碳当量代表什么，如何计算，碳当量的高低对产品的使用性能有什么影响？

10 轧钢生产自动化操作平台实训

10.1 轧钢自动化系统简介

由于轧钢生产的连续化、高速化和高精度等特点，采用计算机对生产线上的相关生产设备实时准确地进行控制与管理。轧钢生产过程是一种极其复杂的过程，既有小批量生产过程又有连续生产过程，因此采用总体信息采集、分析、报表和指令系统，才能得到有效的控制。它的各个子系统都是用一种标准的高速网络连接起来的，以便使各个过程控制器之间以及不同的自动化级别之间很容易进行数据交换。从功能上划分，轧钢工控系统可以分为以下几级：

（1）四级系统——钢铁厂管理。

这一级系统用以完成全厂的控制和管理，包括从外部接收订货单、为各车间编制初步生产计划、搜集有关生产情况的信息。

（2）三级系统——生产管理和工厂调度。

这一级的主要任务是生产调度。用最短的生产时间取得最佳的生产效果；给二级系统提供 PDI 的信息同时收集产品质量信息并做出提供给用户的报表。三级系统包括生产和计划系统（PPS）。

（3）二级系统——过程控制。

这一级功能是对生产过程进行中心控制、监视和指导，以及使某些生产设备（一般为主体设备）实现过程最佳化。二级过程控制系统通过一个高性能计算机网络从三级生产管理和工厂调度系统接收计划数据，同时将用于长期存贮的数据传送到三级系统。二级过程控制系统从一级基础自动化系统中读取实际生产过程数据，并将预设定值送达到一级自动化系统，即进行所谓设定值控制。在每一个生产过程结束时，将一组完整的生产数据报告给三级生产管理过程控制系统（PCS），该系统包括：

1）人机接口（HMI），基础自动化系统（1 级）；

2）AGC 控制的工艺控制系统；

3）区域 PLC 的 PMMPLC 系统。

（4）一级系统——基础自动化。

基础自动化系统由可编程控制器（PLC）和建立在 PC 基础上的工作站所组成，其任务是完成对各种设备的监测、控制和调节。通过输入/输出信号接口来完成一级系统与仪表及生产现场的数据通信，所传输的信号包括数字信号、模拟信号和串行信号。在一级基础自动化系统中包括：人机界面（HMI）、工艺控制系统（TCS）、板轧机主 PLC 控制系统（PMMPLC）、执行级系统（0 级）。

（5）零级系统。

该级系统主要为一级系统提供现场实时数据采集。该级系统包括：厚度/孔型计测量系统、人机接口（HMI）等。以下是某4300中厚板厂自动化结构图，图10-1为系统结构框图；图10-2为系统通讯结构框图；图10-3为ACC一级工作站结构配置图。

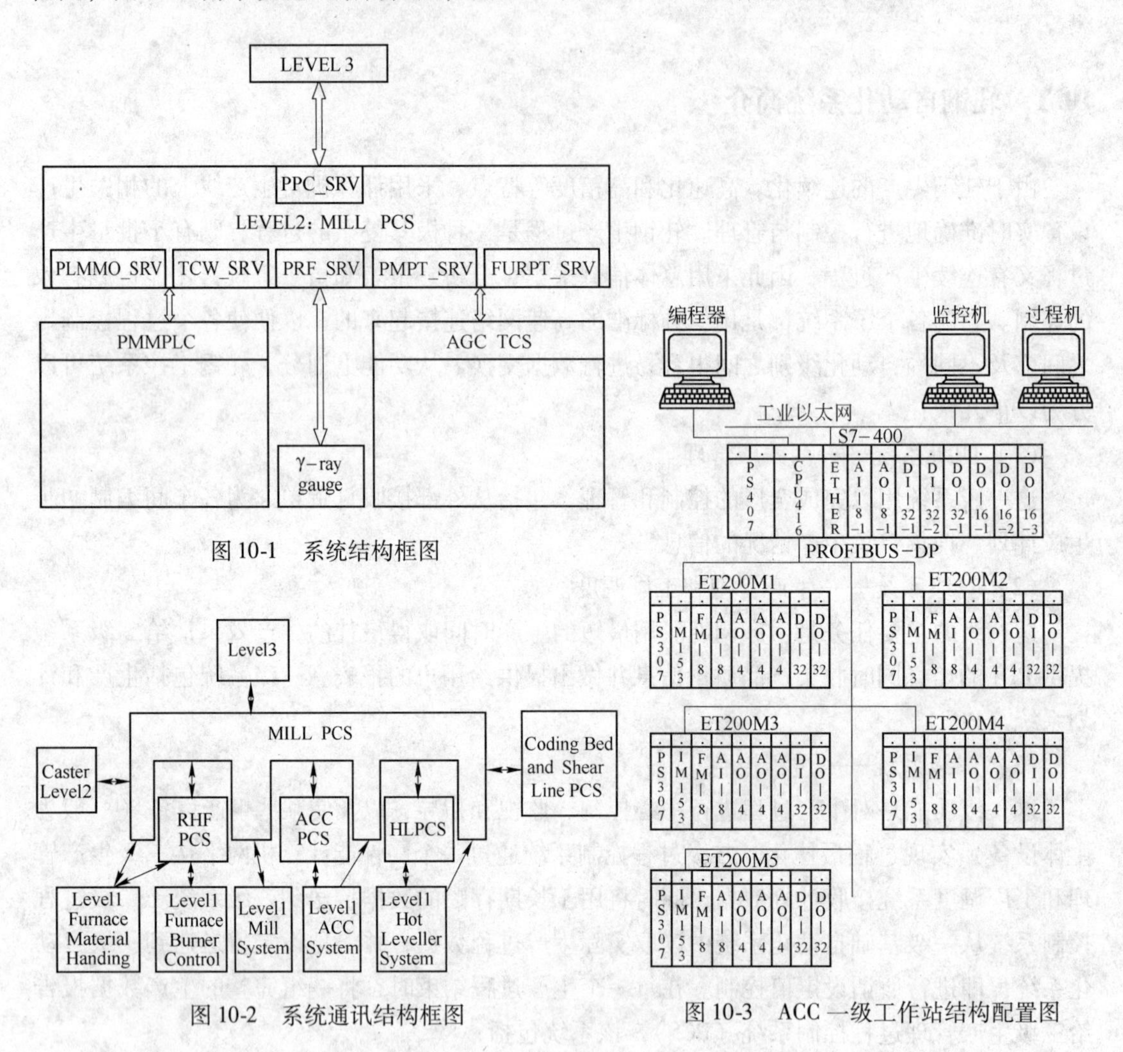

图10-1　系统结构框图

图10-2　系统通讯结构框图

图10-3　ACC一级工作站结构配置图

10.2　轧钢基础自动化系统基本硬件简介

10.2.1　接触器

接触器属于控制类电器，是一种适用于远距离频繁接通和分断交直流主电路和控制电路的自动控制电器。其主要控制对象是电动机，也可用于其他电力负载。接触器具有欠压保护、零压保护、控制容量大、工作可靠、寿命长等优点。它是自动控制系统中应用最常见的一种电器，其实物图如图10-4所示。

图 10-4 接触器实物图

10.2.2 继电器

继电器是一种根据某种输入信号的变化而接通或断开控制电路，实现控制目的的电器。继电器的输入信号可以是电流、电压等电量，也可以是温度、速度、时间、压力等非电量，而输出通常是触点的接通或断开。继电器一般不用来直接控制有较大电流的主电路，而是通过接触器或其他电器对主电路进行控制。因此，同接触器相比，继电器的触头断流容量较小，一般不需灭弧装置，但对继电器动作的准确性则要求较高。继电器的种类很多（图 10-5），按其用途可分为：控制继电器、保护继电器、中间继电器。按动作时间可分为：瞬时继电器、延时继电器。按输入信号的性质可分为：电压继电器、电流继电器、时间继电器、温度继电器、速度继电器、压力继电器等。按工作原理可分为：电磁式继电器、感应式继电器、电动式继电器、热继电器和电子式继电器等。按输出形式可分为有触点继电器、无触点继电器。

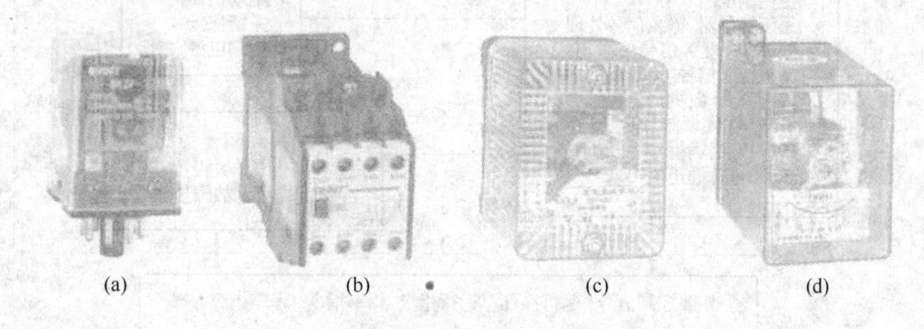

(a) (b) (c) (d)

图 10-5 几种常见继电器

（a）电磁继电器；（b）中间继电器；（c）电压继电器；（d）电流继电器

10.2.3 变频器

变频器是利用电力半导体器件的通断作用将工频电源变换成另一频率电源的电能控制装置。通俗地说，它是一种能改变施加于交流电动机的电源频率值和电压值的调速装置。变频器是一种先进的异步电动机伺速装置，能实现软启动、软停车、无级调速以及特殊要求的增、减速特性等。它具有过载、过压、欠压、短路、接地等保护功能，具有各种预警、预报信息和状态信息及诊断功能，便于调试和监控，可用于恒转矩、平方转矩和恒功率等各种负载，被广泛地应用于轧制自动化控制系统。

变频器由电力电子半导体器件（如整流模块、绝缘栅双极晶体管 IGBT）、电子器件（集成电路、开关电源、电阻、电容等）和微处理器（CPU）等组成。其基本构成如图 10-6 所示；基本结构原理框图如图 10-7 所示。

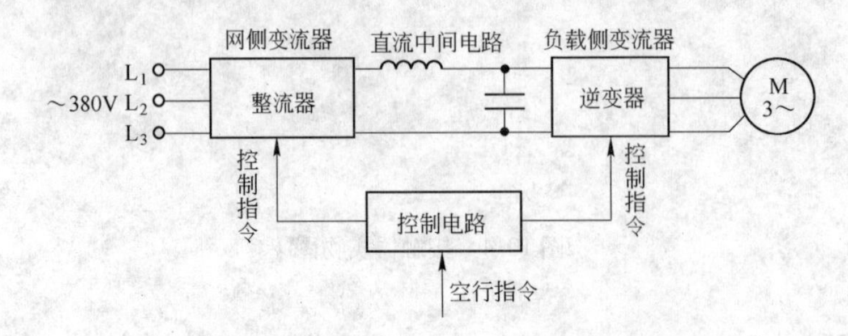

图 10-6　变频器的基本构成（交-直-交变频器）

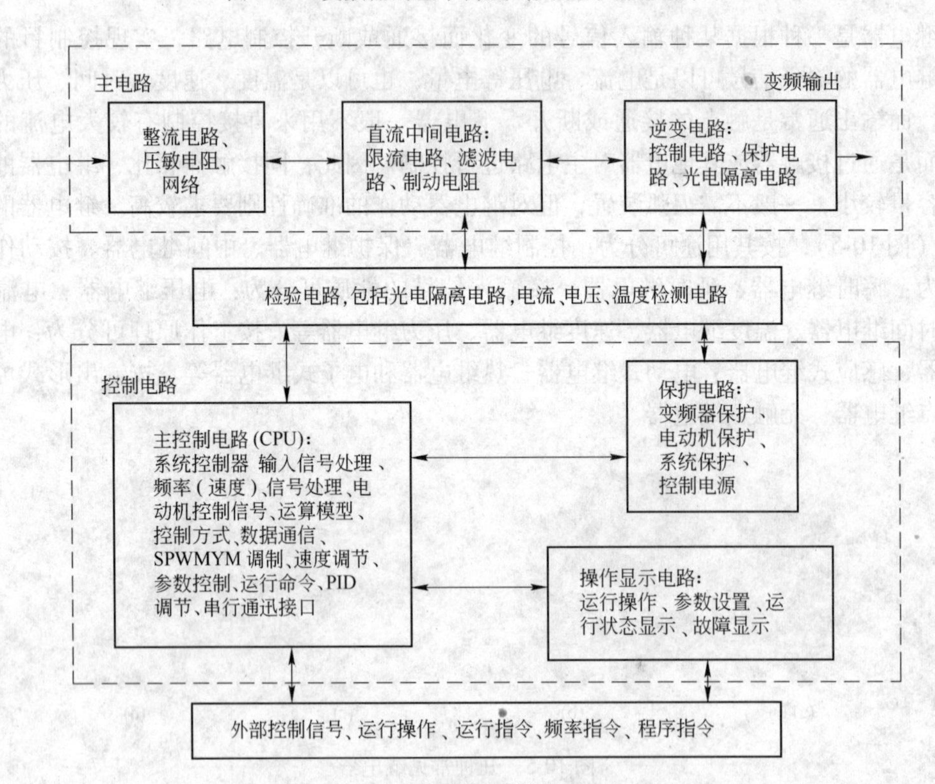

图 10-7　变频器的基本结构原理框图

变频器由主电路、控制电路、操作显示电路和保护电路 4 部分组成。

（1）主电路。给异步电动机提供调频调压电源的电力变换部分称为主电路。主电路包括整流器、直流中间电路和逆变器。

1）整流器。它是由全渡整流桥组成，其作用是把工频电源变换成直流电源。整流器的输入端接压敏电阻网络，保护变频器免受浪涌过电压及大气过电压冲击而损坏。

2）直流中间电路。由于逆变器的负载为异步电动机，属于感性负载，因此在直流中间电路和电动机之间总会有无功功率交换，这种无功能量要靠直流中间电路的储能元件——电容器或电感器来缓冲。另外，直流中间电路对整流器的输出进行滤波，以减小直流电压或电流的波动。在直流电路里设有限流电路，以保护整流桥免受冲击电流作用而损坏。制动电阻是为了满足异步电动机制动需要而设置的。

3）逆变器。它与整流器的作用相反，是将直流电源变换成频率和电压都任意可调的两相交流电源。逆变器的常见结构是由 6 个功率开关器件组成的两相桥式逆变电路。它们的工作状态受控于控制电路。

（2）控制电路（主控制电路 CPU）。控制电路由运算放大电路，检测电路，控制信号的输入、输出电路及驱动电路等构成，一般采用微机进行全数字控制，主要靠软件完成各种功能。

（3）操作显示电路。这部分电路用于运行操作、参数设置、运行状态显示和故障显示。

（4）保护电路。这部分电路用于变频器本身保护及电动机保护等。

10.2.4　传感器和检测元件

10.2.4.1　传感器

把物理信号转化为电信号的装置称为传感器。

热轧带钢生产中传感器获得信号的处理过程如图 10-8 所示。

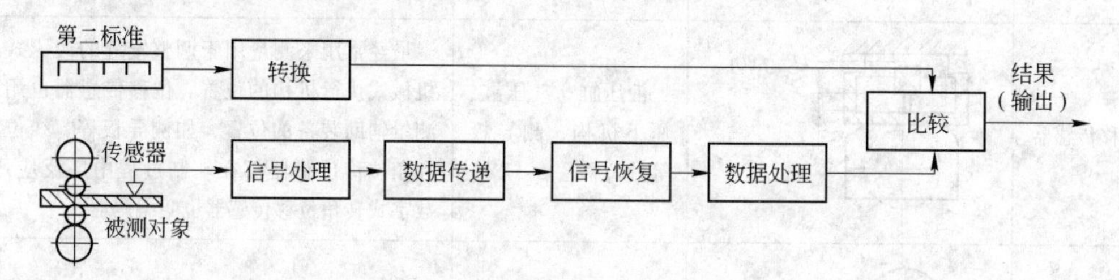

图 10-8　传感器获得信号的处理过程

传感器定义为对规定的被测量提供有用输出的装置。输出的度量和输入的度量经常是不同的。例如，用于测量轧制力的传感器是把所测轧制力的大小变换为以伏特表示的电信号。

传感器通常是根据测量参数来进行分类的。在轧制中经常使用的传感器分类如表 10-1 所示。

表 10-1　轧制中常用的传感器类型

传感器类型	应　用	测量参数	备　注
力传感器	P $U=f(P)$	轧制力	通常用于测量轧制力，也称为测压仪或测力传感器

续表 10-1

传感器类型	应　用	测量参数	备　注
压力传感器	P　$U=f(P)$	液压系统、气压系统、轧辊冷却系统、带钢冷却系统以及除鳞系统中的压力	用于测量轧机中液压系统、气压系统以及轧辊的冷却、带钢的冷却和除鳞系统中的压力
力矩传感器	M　$U=f(M)$	轧制力矩、接轴力矩	用于测量由轧机、电动机传给轧辊的力矩
应力应变传感器	s　s　$U=f(s)$	带钢张力、带钢平直度、牌坊立柱应变	用于测量轧钢设备如轧机牌坊等的应力和应变。用于测量带钢张力的传感器一般称为张力计。通过检测张力分布获得带钢平直度的传感器称板形仪
位移传感器	$U=f(L)$　L	液压缸、气压缸、压下机构、侧导板等处位移	最经常用来测量用于调整辊缝的液压式或机械式执行机构的位置。位移传感器也用来测量辅助装备的位置，如侧导板等。线位移和角位移传感器都在轧制过程中广泛应用。数字式转角位移传感器也叫编码器
尺寸传感器	$U=f(h)$　h	厚度、宽度、长度、平直度、平面形状等轧制产品参数	在板带轧制中，尺寸传感器用于测量轧制产品的厚度、宽度、凸度、平直度和平面形状等。其中有些通常指的是测厚计、测宽计等测量仪器
温度传感器	$U=f(T)$	加热炉的温度、轧辊温度及轧件温度	在轧制过程中温度传感器用于测量加热炉的温度、轧辊的温度、轧辊冷却水的温度、带钢冷却水的温度和轧件表面的温度等。常用的温度传感器有热电偶和高温计等
流体流量传感器	$U=f(Q)$　Q	轧辊冷却液、带钢冷却剂、除鳞冷却水等的流量	流体流量传感器可用于测量输出辊道冷却、轧辊冷却、除鳞系统中冷却水的流量，也可称为流量计
运动传感器	$U=f(v)$　v	电机速度、轧辊速度、带钢速度、加速度和振动等	运动传感器用于测量速度、加速度、振动，分别称为速度计、加速度计、测振计等。用于测量轧机中旋转部分的速度计称为转速计。加速计已应用在提高控制系统的动态特性上，例如带钢热轧机中通过活套来控制机架间的张力。测振计可以用于检测轧机的振动情况

力传感器：力传感器通常用于测量轧制力。称为测压仪或测力传感器。

压力传感器：压力传感器用于测量轧机中的液压系统、气压系统以及轧辊的冷却、带钢的冷却和除磷系统中的压力。

力矩传感器：力矩传感器用于测量由轧机、电动机传给轧辊的力矩。

应力应变传感器：应力应变传感器用于测量轧钢设备如轧机牌坊等的应力和应变。用于测量带钢张力和应力的传感器一般称为张力计，通过检测张力分布获得带钢平直度的传感器称板形仪。

位移传感器：位移传感器最经常用于测量调整轧缝的液压或机械式执行机构的位置。位移传感器也用来测量辅助装备的位置，如侧导板等。线位移和角位移传感器都在轧制过程中广泛应用。数字式转角位移传感器也叫编码器。

尺寸传感器：在板带轧制中，尺寸传感器用于测量轧制产品的厚度、宽度、凸度、平直度、轧制产品的平面形状等。其中有些通常指的是测厚计、测宽计等测量仪器。

温度传感器：在轧制过程中温度传感器用于测量加热炉的温度、轧辊的温度、轧辊冷却水的温度、带钢冷却水的温度和轧件表面的温度等。常用的温度传感器有热电偶和高温计等。

流体流量传感器：流体流量传感器可用于测量输出辊道冷却、轧辊冷却、除鳞系统中冷却水的流量，也可称为流量计。

运动传感器：运动传感器用于测量速度、加速度、振动，分别称为速度计、加速度计、测振计等。用于测量轧机中旋转部分的速度计称为转速计。加速计已应用在提高控制系统的动态特性上，例如热轧带钢机中通过活套来控制机架间的张力。测振计可以用于检测轧机的振动情况。

10.2.4.2 检测元件

能够完成信号在某一阶段转换的传感器可以称为检测元件。根据所利用的物理现象，检测元件的分类如表 10-2 所示。

表 10-2 检测元件的分类

检测元件的类型		输入参数	输出参数
弹性元件	张力传感器	张　力	线位移
	压力传感器	压　力	线位移
	弯矩传感器	弯曲力	线位移
	扭转传感器	力　矩	角位移
	测力环	力	位　移
	弹簧管	压　力	位　移
	波纹管	压　力	位　移
	控光装置	压　力	位　移
	螺旋弹簧	力	线位移
	液力柱	压　力	位　移
惯性元件	转动惯量	力函数	相对位移
	摆	向心加速度	频率或周期
	摆	力	位　移
	液力柱	压　力	位　移

续表 10-2

检测元件的类型		输入参数	输出参数
热力原件	热电偶	温　度	电　流
	双金属	温　度	位　移
	热　阻	温　度	电　阻
	化学成分	温　度	化学相
液压气动元件	浮　子	流体液面	位　移
	液压表	密　度	相对位移
	障塞表	流体速度	压　力
	测压头	流体速度	压　力
	皮托管	流体速度	压　力
	风向标	速　度	力
	涡轮尺	线速度	角速度
电阻元件	接触（开关）	位　移	电　阻
	可变长度导体	位　移	电　阻
	可变面积导体	位　移	电　阻
电感元件	调节线圈尺寸	位　移	电　感
	调节气缝	位　移	电　感
	改变铁芯材料	位　移	电　感
	改变铁芯位置	位　移	电　感
	改变线圈位置	位　移	电　感
	移动线圈	速　度	电　感
	移动铁芯	速　度	电　感
	移动永久性磁铁	速　度	电　感
电容元件	可调气缝	位　移	电　容
	可调面积	位　移	电　容
	可调介电	位　移	电　容
压电元件	直接压电	位　移	电　压
	反向压电	电　压	位　移
光电元件	光电压	聚集光	电　压
	光电阻	聚集光	电　阻
	光电发射	聚集光	电　流
磁致伸缩原件	直接的	应　力	磁场参数
	倒转的（磁致伸缩的）	磁　场	伸长率
辐射吸收元件		厚度、密度	电　压
多普勒元件		速　度	频　率

10.3　PLC 编程及组态

随着冶金装备水平的提高，轧钢成套设备自动化水平显著提高，在各种电器自动化系统中，PLC 系统是工控系统的核心，是实现冶金自动化控制的基础。对于材料成型及控制工程专业金属压力加工专业学生，具备相应自动化知识显得至关重要。本节主要介绍轧钢厂常用的SIEMENS系列S-300/400工控系统网络构成及其编程、组态及调试，同时简要介绍OMRON系列CP1E试验轧机工控系统。

PLC的主要生产厂家有德国的西门子（Siemens）公司，美国Rockwell公司所属的AB公司，GE-Fanuc公司，法国的施耐德（Schneider）公司，日本的三菱和欧姆龙（OMRON）公司。西门子的PLC以其稳定的性能、良好的扩展性、强大的通信能力及良好的配套服务，已经广泛应用于各大冶金企业。同时，西门子也提供配套工业自动化解决方案，在冶金行业，特别是钢铁行业占有绝对优势的市场份额。因此，对于冶金行业学生，了解和具备西门子的PLC知识对将来的工作十分重要。本节将简要介绍西门子产品体系及其相应特点，重点介绍应用广泛和具有代表性的S7-300/400、Step7V5. ×使用方法，简要介绍西门子组态方法。

10.3.1 西门子PLC产品概述

S7-300/400属于模块式PLC，主要由机架、CPU模块、信号模块、功能模块、接口模块、通信处理器、电源模块和编程设备组成，见图10-9。

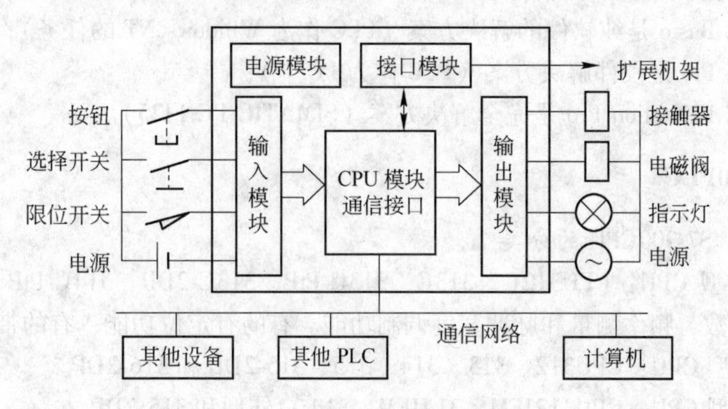

图10-9 PLC控制系统示意图

PLC采用循环执行用户程序的方式。OB1是用于循环处理的组织块（主程序），它可以调用别的逻辑块，或被中断程序（组织块）中断。在启动完成后，不断地循环调用OB1，在OB1中可以调用其他逻辑块（FB、SFB、FC或SFC）。循环程序处理过程可以被某些事件中断。在循环程序处理过程中，CPU并不直接访问I/O模块中的输入地址区和输出地址区，而是访问CPU内部的输入/输出过程映像区。批量输入、批量输出。

西门子PLC的分类：

（1）S7系列：传统意义的PLC产品，S7-200是针对低性能要求的小型PLC。S7-300是模块式中小型PLC，最多可以扩展32个模块。S7-400是大型PLC，可以扩展300多个模块。S7-300/400可以组成MPI、PROFIBUS和工业以太网等。

（2）M7-300/400：采用与S7-300/400相同的结构，它可以作为CPU或功能模块使用，具有AT兼容计算机的功能，可以用C、C++或CFC等语言来编程。

（3）C7由S7-300PLC（图10-10）、HMI（人机接口）操作面板、I/O、通信和过程监控系统组成。

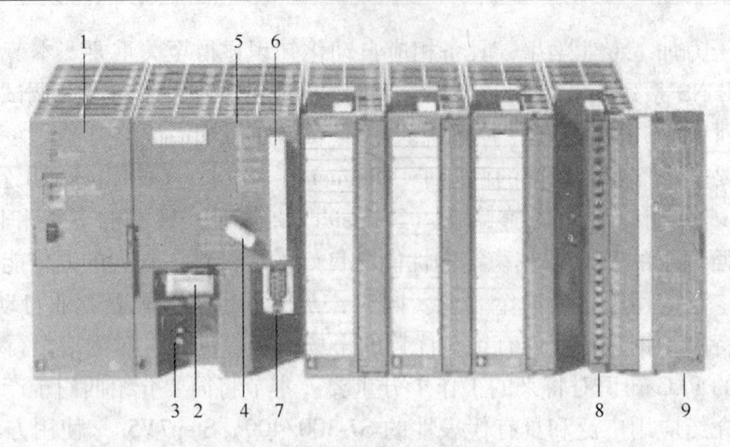

图 10-10 S7-300PLC 结构

1—电源模块；2—后备电池；3—24VDC 连接器；4—模式开关；5—状态和故障指示灯；
6—存储器卡（CPU313 以上）；7—MPI 多点接口；8—前连接器；9—前盖

（4）WinAC 是一个基于计算机的解决方案，它用于各种控制任务（控制、显示、数据处理）都由计算机完成的场合。有 3 种产品：

1）WinAC Basic 是纯软件的解决方案（PLC 作为 Windows NT 的任务）；

2）WinAC Pro 是硬件解决方案（PLC 作为 PC 卡）；

3）WinAC FI Station Pro 是完全解决方案（SIMATIC PC FI25）。

10.3.2 S7-300PLC

10.3.2.1 S7-300CPU 的分类

（1）紧凑型 CPU：CPU312C、313C、313C-PtP、313C-2DP、314C-PtP 和 314C-2DP。各 CPU 均有计数、频率测量和脉冲宽度调制功能。有的有定位功能，有的带有 I/O。

（2）标准型 CPU：CPU312、313、314、315、315-2DP 和 316-2DP。

（3）户外型 CPU：CPU312IFM、314IFM、314 户外型和 315-2DP。

（4）高端 CPU：317-2DP 和 CPU318-2DP。

（5）故障安全型 CPU：CPU315F。

10.3.2.2 S7-300 模块（图 10-11）构成

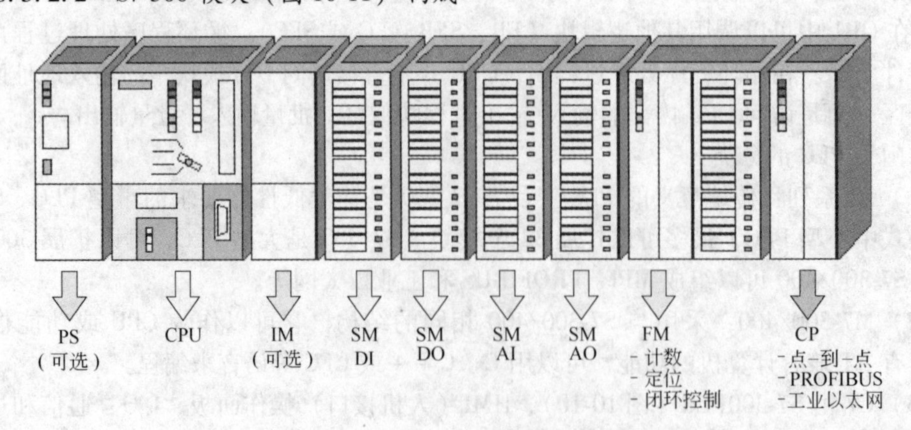

图 10-11 S7-300 及扩展模块安装结构图

（1）计数器模块。

模块的计数器均为 0～32 位或 ±31 位加减计数器，可以判断脉冲的方向，模块给编码器供电，达到比较值时发出中断。可以 2 倍频和 4 倍频计数。有集成的 DI/DOFM350-1 是单通道计数器模块，可以检测最高达 500kHz 的脉冲，有连续计数、单向计数、循环计数 3 种工作模式。FM350-2 和 CM35 都是 8 通道智能型计数器模块。

（2）位置控制与位置检测模块。

FM351 双通道定位模块用于控制变级调速电动机或变频器。FM353 是步进电机定位模块。FM354 为伺服电机定位模块。FM357 可以用于最多 4 个插补轴的协同定位。FM352 是高速电子凸轮控制器，它有 32 个凸轮轨迹，13 个集成的 DO（动作的直接输出），采用增量式编码器或绝对式编码器 SM338 超声波传感器检测位置，无磨损、保护等级高、精度稳定不变。

（3）闭环控制模块。

FM355 闭环控制模块有 4 个闭环控制通道，有自优化温度控制算法和 PID 算法。

（4）称重模块。

SIWAREXU 称重模块是紧凑型电子秤，测定料仓和贮斗的料位，对吊车载荷进行监控，对传送带载荷进行测量或对工业提升机、轧机超载进行安全防护等。

SIWAREXM 称重模块是有校验能力的电子称重和配料单元，可以组成多料称系统，安装在易爆区域。

（5）电源模块。

PS307 电源模块将 120/230V 交流电压转换为 24V 直流电压，为 S7-300/400、传感器和执行器供电。输出电流有 2A、5A 或 10A 三种。电源模块安装在 DIN 导轨上插槽 1。

10.3.3 S7-400

10.3.3.1 S7-400 特点

（1）运行速度高，S7416 执行一条二进制指令只要 0.08ms。

（2）存储器容量大，例如 CPU417-4 的 RAM 可以扩展到 16MB，装载存储器（FEPROM 或 RAM）可以扩展到 64MB。

（3）I/O 扩展功能强，可以扩展 21 个机架，S7417-4 最多可以扩展 262144 个数字量 I/O 点和 16384 个模拟量 I/O。

（4）有极强的通信能力，集成的 MPI 能建立最多 32 个站的简单网络。大多数 CPU 集成有 PROFIBUS-DP 主站接口，用来建立高速的分布式系统，通信速率最高为 12Mbit/s。

（5）集成的 HMI 服务，只需要为 HMI 服务定义源和目的地址，自动传送信息。

10.3.3.2 S7-400 的机架与接口模块

（1）通用机架 UR1/UR2。

（2）中央机架，CR2 是 18 槽，一个电源模块和两个 CPU 模块。CR3 是 4 槽的中央机架，有 I/O 总线和通信总线。

（3）ER1 和 ER2 是扩展机架，分别有 18 槽和 9 槽，只有 I/O 总线。

（4）UR2-H 机架。UR2-H 机架用于在一个机架上配置一个完整的 S7-400H 冗余系统，每个均有自己的 I/O。两个电源模块和两个冗余 CPU 模块。

10.3.3.3　S7-400 的通信功能

MPI、PROFIBUS-DP、工业以太网或 AS-i 现场总线，周期性自动交换 I/O 模块的数据或基于事件驱动，由用户程序块调用。

10.3.4　冗余设计的容错自动化系统

S7SoftwareRedundancy（软件冗余性）可选软件在 S7-300 和 S7-400 标准系统上运行。生产过程出现故障时，在几秒内切换到替代系统。S7-400H 主要器件都是双重的：CPU、电源模块以及连接两个 CPU 的硬件。

使用分为两个区（每个区 9 个槽）的机架 UR2H，或两个独立的 UR1/UR2。CPU414-4H 或 CPU417-4H，一块 PS407 电源模块。同步子模块用于连接两个 CPU，由光缆互连。每个 CC 上有 S7I/O 模块，也可以有扩展机架或 ET200M 分布式 I/O。中央功能总是冗余配置的，I/O 模块可以是常规配置、切换型配置或冗余配置。可以采用冗余供电的方式。

S7-400H 可以使用系统总线或点对点通信，支持 PROFIBUS 或工业以太网的容错通信。

S7-400H 采用“热备用”模式的主动冗余原理，在发生故障时，无扰动地自动切换。两个控制器使用相同的用户程序，接收相同的数据，两个控制器同步地更新内容，任意一个子系统有故障时，另一个承担全部控制任务。

10.3.5　安全型自动化系统 S7-400F/FH

（1）S7-400F：安全型自动化系统，出现故障时转为安全状态，并执行中断。

（2）S7-400FH：安全及容错自动化系统，如果系统出现故障，生产过程能继续执行。S7-400F/FH 使用标准模块和安全型模块，整个工厂用相同的标准工具软件来配置和编程。PRFISafePROFIBUS 规范允许安全型功能的数据和标准报文帧一起传送。

10.3.6　多 CPU 处理

S7-400 中央机架上最多有 4 个具有多处理能力的 CPU 同时运行。这些 CPU 自动地、同步地变换其运行模式。

适用场合：程序太长，存储空间不够。通过通信总线，CPU 彼此互连。

10.3.7　输入/输出模块

S7-400 的信号模块地址是在 STEP7 中自动生成的，用户可以修改。

S7-400 的模拟量模块起始地址从 512 开始，同类模块的地址按顺序连续排列，见表 10-3。

表 10-3　模块地址举例

0 号机架			1 号机架		
槽　号	模块种类	地　址	槽　号	模块种类	地　址
1	PS41710A 电源模块		1	32 点 DI	IB4 ~ IB7
2			2	16 点 DO	QB2，QB3
3	CPU412-2DP		3	16 点 DO	QB4，QB5

续表 10-3

0 号机架			1 号机架		
槽　号	模块种类	地　址	槽　号	模块种类	地　址
4	16 点 DO	QB0，QB1	4	8 点 AO	QW528 ~ QW542
5	16 点 DI	IB0，IB1	5	8 点 AI	IW544 ~ IW558
6	8 点 AO	QW512 ~ QW526	6	16 点 DO	QB6，QB7
7	16 点 AI	IW512 ~ IW542	7	8 点 AI	IW560 ~ IW574
8	16 点 DI	IB2，IB3	8	32 点 DI	IB8 ~ IB11
9	IM460-1	4093	9	IM461-0	4092

S7-300 与 S7-400 性能比较接近的功能模块见表 10-4。

表 10-4　S7-300 与 S7-400 性能比较接近的功能模块

功能模块	S7-300 系列	S7-400 系列
计数器模块	FM350-1	FM450-1
定位模块	FM351，双通道	FM451，3 通道
	FM353，双通道	FM453，3 通道
电子凸轮控制器	FM352，13 个数字量输出	FM452，16 个数字量输出
闭环控制模块	FM355，4 通道	FM455，16 通道

10.3.8　ET200 分布式 I/O 基于 PROFIBUS-DP 现场总线的分布式 I/O

I/O 传送信号到 CPU 只需 ms 级，只需要很小的空间，能在非常严酷的环境（例如酷热、严寒、强压、潮湿或多粉尘）中使用。

（1）电机启动器：异步电机的单向或可逆启动，7.5kW，最大电流 40A，一个站可以带 6 个电机启动器。

（2）气动系统：ET200X 用于阀门控制。

（3）变频器。

（4）智能传感器：光电式编码器或光电开关等与使用 ET200S 进行通信。

（5）安全技术：在冗余设计的容错控制系统或安全自动化系统中使用，包括紧急断开开关、安全门的监控以及众多与安全有关的电路。有 ET200S 故障防止模块、故障防止 CPU 和 PROFISafe 协议。

10.3.9　ET200 的分类

（1）ET200S 是分布式 I/O 系统。

（2）ET200M 是模块化的分布式 I/O，采用 S7-300 全系列模块，最多 8 个模块。ET200M 户外型温度范围为 -25 ~ +60℃。

（3）ET200is 是本质安全系统，适用于有爆炸危险的区域。

（4）ET200X：IP65/67 的分布式 I/O，相当于 CPU314，可用于有粉末和水流喷溅的场合。

（5）ET200eco 是经济实用的 I/O，IP67。

（6）ET200R 适用于机器人，能抗焊接火花的飞溅。

（7）ET200L 是小巧经济的分布式 I/O，是像明信片大小的 I/O 模块。

（8）ET200B：整体式的一体化分布式 I/O。

10.4 S7-300/400 的编程语言与指令系统

10.4.1 S7-300/400 的编程语言

10.4.1.1 PLC 编程语言的国际标准

IEC61131 是 PLC 的国际标准，1992～1995 年发布了 IEC61131 标准中的 1～4 部分，我国在 1995 年 11 月发布了 GB/T 15969-1/2/3/4（等同于 IEC61131-1/2/3/4）。IEC61131-3 广泛地应用 PLC、DCS 和工控机、“软件 PLC”、数控系统、RTU 等产品。定义了 5 种编程语言，如图 10-12 所示。

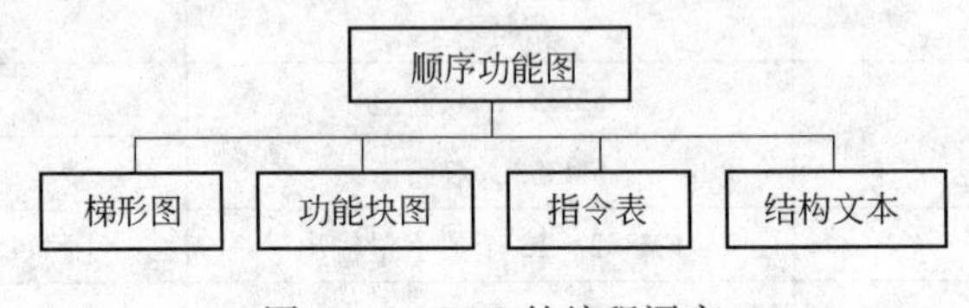

图 10-12 PLC 的编程语言

（1）指令表 IL（Instructionlist）：西门子称为语句表 STL。

（2）结构文本 ST（Structuredtext）：西门子称为结构化控制语言（SCL）。

（3）梯形图 LD（Ladderdiagram）：西门子简称为 LAD。

（4）功能块图 FBD（Functionblockdiagram）：标准中称为功能方框图语言。

（5）顺序功能图 SFC（Sequentialfunctionchart）：对应于西门子的 S7Graph。

10.4.1.2 STEP7 中的编程语言

梯形图、语句表和功能块图是 3 种基本编程语言，可以相互转换（图 10-13）。

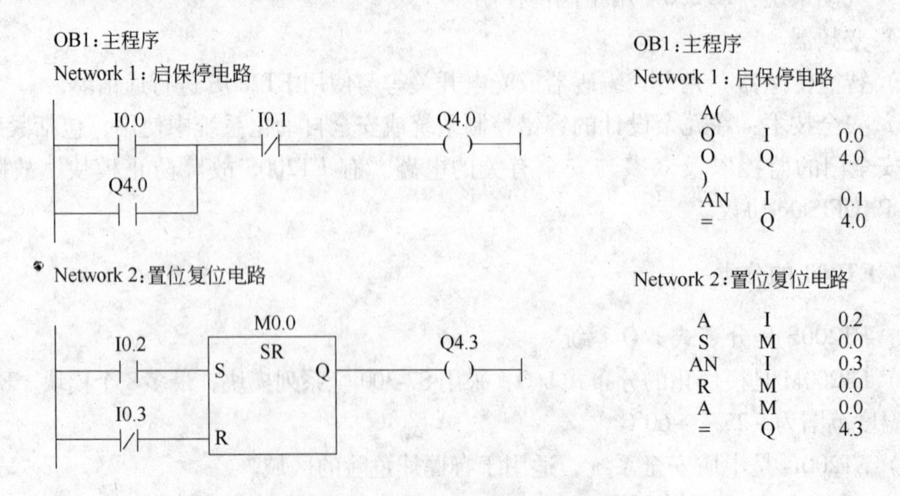

图 10-13 梯形图、功能块图与语句表

（1）顺序功能图（SFC）：STEP7 中的 S7Graph。

（2）梯形图（LAD）：直观易懂，适合于数字量逻辑控制。可以根据“能流”判断程序执行的方向。

（3）语句表（STL）：功能比梯形图或功能块图强。

（4）功能块图（FBD）：“LOGO!”系列微型 PLC 使用功能块图编程（图 10-14）。

OB1：主程序

Network 1：启保停电路

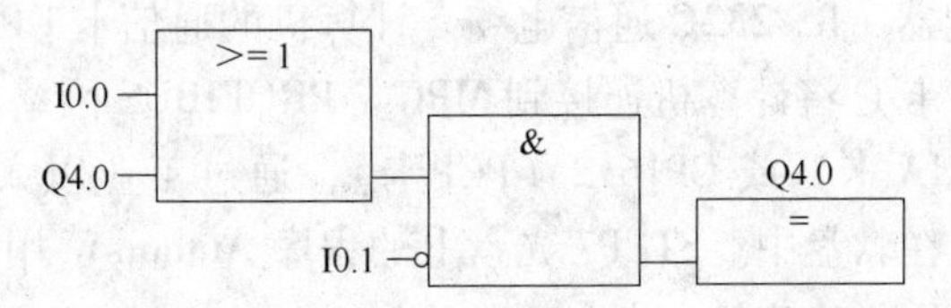

Network 2：置位复位电路

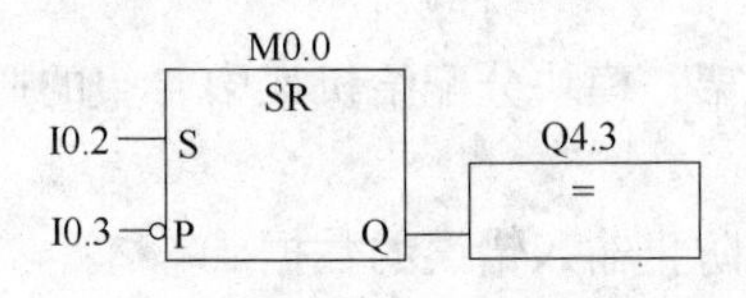

图 10-14 功能块图

（5）结构化控制语言（SCL）：STEP7 的 S7SCL（结构化控制语言）符合 EN61131-3 标准。

SCL 适合于复杂的公式计算、复杂的计算任务和最优化算法，或管理大量的数据等。

（6）S7HiGraph 编程语言。

图形编程语言 S7HiGraph 属于可选软件包，它用状态图（stategraphs）来描述异步、非顺序过程的编程语言。

（7）S7CFC 编程语言。

可选软件包 CFC（连续功能图，Continuous Function Chart）用图形方式连接程序库中以块的形式提供的各种功能。

（8）编程语言的相互转换与选用。

在 STEP7 编程软件中，如果程序块没有错误，并且被正确地划分为网络，在梯形图、功能块图和语句表之间可以转换。如果部分网络不能转换，则用语句表表示。

语句表可供喜欢用汇编语言编程的用户使用。语句表的输入快，可以在每条语句后面加上注释。设计高级应用程序时建议使用语句表。

梯形图适合于熟悉继电器电路的人员使用。设计复杂的触点电路时最好用梯形图。功能块图适合于熟悉数字电路的人使用。

S7SCL 编程语言适合于熟悉高级编程语言（例如 PASCAL 或 C 语言）的人使用。

S7Graph、HiGraph 和 CFC 可供有技术背景，但是没有 PLC 编程经验的用户使用。S7Graph 对顺序控制过程的编程非常方便，HiGraph 适合于异步非顺序过程的编程，CFC 适合于连续过程控制的编程。

10.4.2　编程软件安装指令系统

10.4.2.1　STEP7 概述

STEP7 用于 S7（M7、C7、WinAC）的编程、监控和参数设置，基于 STEP7V5.2 版。STEP7 具有以下功能：硬件配置和参数设置、通信组态、编程、测试、启动和维护、文件建档、运行和诊断功能等。

10.4.2.2　STEP7 的硬件接口

PC./MPI 适配器 + RS-232C 通信电缆。计算机的通信卡 CP5611（PCI 卡）、CP5511 或 CP5512（PCMCIA 卡）将计算机连接到 MPI 或 PROFIBUS 网络。计算机的工业以太网通信卡 CP1512（PCMCIA 卡）或 CP1612（PCI 卡），通过工业以太网实现计算机与 PLC 的通信。STEP7 的授权在软盘中。STEP7 光盘上的程序 AuthorsW 用于显示、安装和取出授权。

10.4.2.3　STEP7 的硬件组态与诊断功能

（1）硬件组态。

1）系统组态：选择硬件机架，模块分配给机架中希望的插槽。

2）CPU 的参数设置。

3）模块的参数设置。可以防止输入错误的数据。

（2）通信组态。

1）网络连接的组态和显示。

2）设置用 MPI 或 PROFIBUS-DP 连接的设备之间的周期性数据传送的参数。

3）设置用 MPI、PROFIBUS 或工业以太网实现的事件驱动的数据传输，用通信块编程。

（3）系统诊断。

1）快速浏览 CPU 的数据和用户程序在运行中的故障原因。

2）用图形方式显示硬件配置、模块故障；显示诊断缓冲区的信息等。

（4）硬件组态与参数设置。

1）项目的创建与项目的结构插入新的对象的方法。

2）硬件组态（图 10-15）。

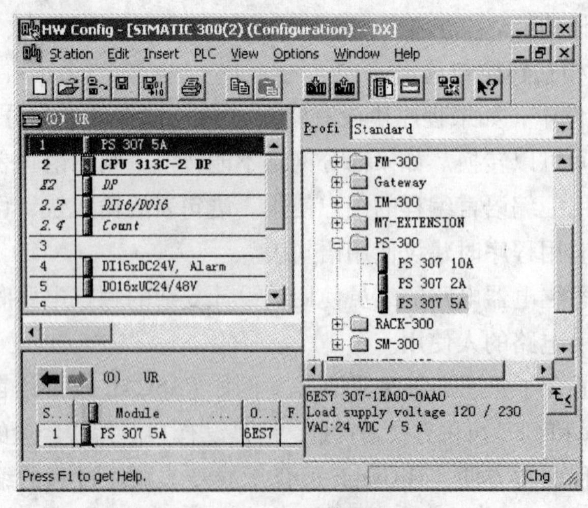

图 10-15　S7-300 的硬件组态窗口

10.4.2.4 CPU 模块的参数设置

CPU 模块的参数设置见图 10-16 和表 10-5。

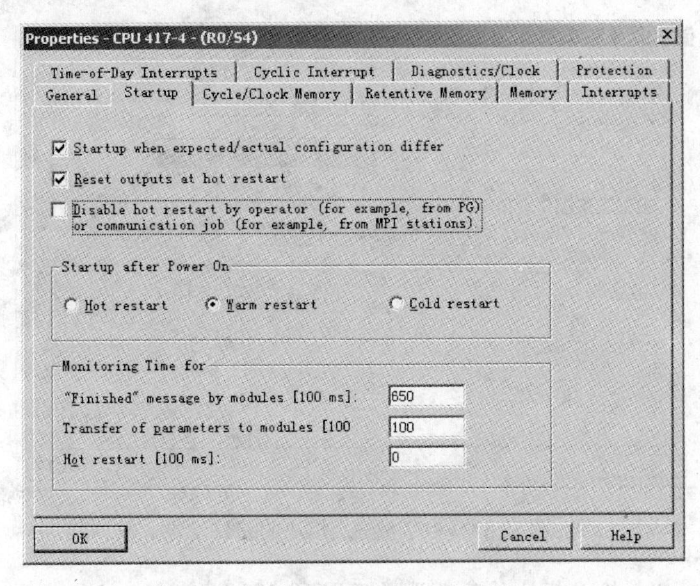

图 10-16 CPU 模块参数设置对话框

表 10-5 时钟存储器各位对应的时钟脉冲周期与频率

位	7	6	5	4	3	2	1	0
周期/s	2	1.6	1	0.8	0.5	0.4	0.2	0.1
频率/Hz	0.5	0.625	1	1.25	2	2.5	5	10

10.4.2.5 数字量输入模块的参数设置（图 10-17）

CPU 处于 STOP 模式下进行，设置完后下载到 CPU 中。当 CPU 从 STOP 模式转换为 RUN 模式时，CPU 将参数传送到每个模块。

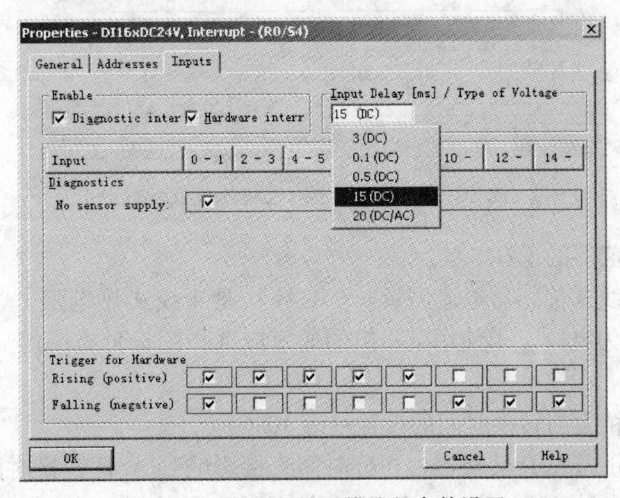

图 10-17 数字量输入模块的参数设置

10.4.2.6　数字量输出模块的参数设置

数字量输出模块的参数设置见图 10-18。

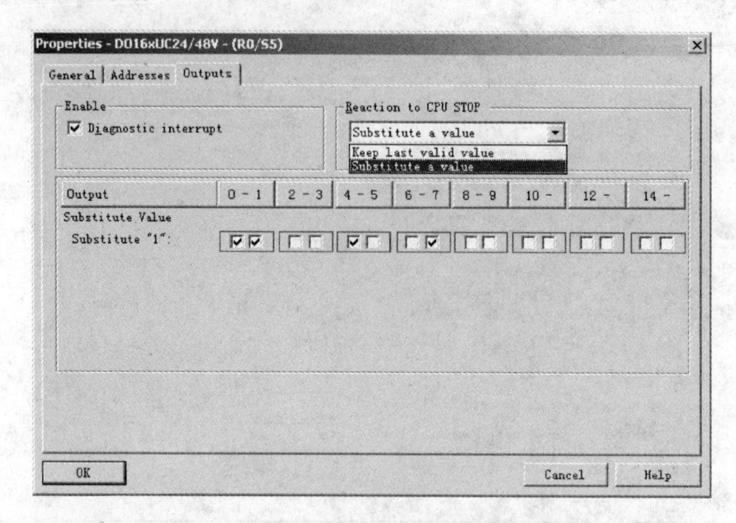

图 10-18　数字量输出模块的参数设置

10.4.2.7　模拟量输入模块的参数设置（图 10-19）

（1）模块诊断与中断的设置。

8 通道 12 位模拟量输入模块（订货号为 6ES7331-7KF02-0AB0）的参数设置。

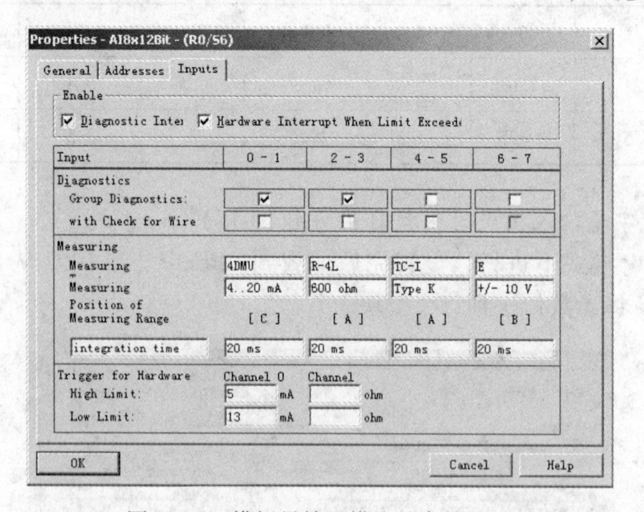

图 10-19　模拟量输入模块的参数设置

（2）模块测量范围的选择。

“4DMU”是 4 线式传感器电流测量，“R-4L”是 4 线式热电阻，“TC-I”是热电偶，“E”表示测量种类为电压。未使用某一组的通道应选择测量种类中的“Deactivated”（禁止使用）。

（3）模块测量精度与转换时间的设置（表 10-6）。

SM331 采用积分式 A/D 转换器，积分时间直接影响到 A/D 转换时间、转换精度和干扰抑制频率。为了抑制工频频率，一般选用 20ms 的积分时间。

表 10-6　6ES7331-7KF02 模拟量输入模块的参数关系

积分时间/ms	2.5	16.7	20	100
基本转换时间/ms	3	17	22	102
附加测量电阻转换时间/ms	1	1	1	1
附加开路监控转换时间/ms	10	10	10	10
附加测量电阻转换时间/ms	16	16	16	16
精度（位，包括符号位）	9	12	12	14
干扰抑制频率/Hz	400	60	50	10
模块的基本响应时间/ms	24	136	176	816

（4）设置模拟值的平滑等级在平滑参数的四个等级（无，低，平均，高）中进行选择。

10.4.2.8　模拟量输出模块的参数设置

CPU 进入 STOP 时的响应：不输出电流电压（0CV）、保持最后的输出值（KLV）和采用替代值（SV）。

10.4.2.9　符号表

共享符号（全局符号）在符号表中定义，可供程序中所有的块使用。在程序编辑器中用“View→Displaywith→SymbolicRepresentation”选择显示方式。

（1）生成与编辑符号表（图 10-20）。

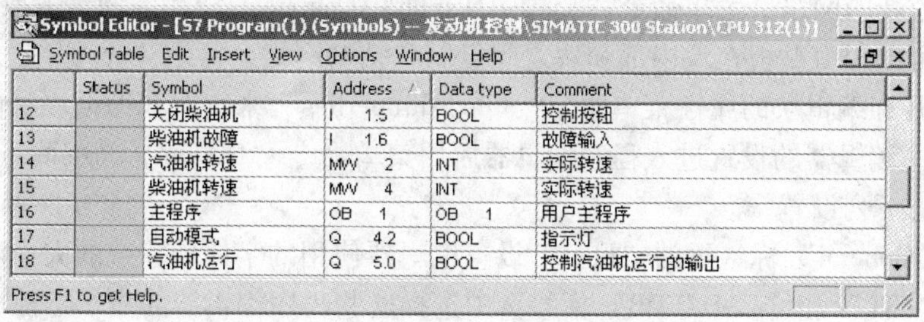

Symbol Editor - [S7 Program(1) (Symbols) -- 发动机控制\SIMATIC 300 Station\CPU 312(1)]

Symbol Table　Edit　Insert　View　Options　Window　Help

	Status	Symbol	Address	Data type	Comment
12		关闭柴油机	I 1.5	BOOL	控制按钮
13		柴油机故障	I 1.6	BOOL	故障输入
14		汽油机转速	MW 2	INT	实际转速
15		柴油机转速	MW 4	INT	实际转速
16		主程序	OB 1	OB 1	用户主程序
17		自动模式	Q 4.2	BOOL	指示灯
18		汽油机运行	Q 5.0	BOOL	控制汽油机运行的输出

Press F1 to get Help.

图 10-20　符号表

CPU 将自动地为程序中的全局符号加双引号，在局部变量的前面自动加“#”号。生成符号表和块的局域变量表时不用为变量添加引号和#号。

数据块中的地址（DBD，DBW，DBB 和 DBX）不能在符号表中定义，应在数据块的声明表中定义。用菜单命令“View→ColumnsR，O，M，C，CC”可以选择是否显示表中的“R，O，M，C，CC”列，它们分别表示监视属性、在 WinCC 里是否被控制和监视、信息属性、通信属性和触点控制。可以用菜单命令“View→Sort”选择符号表中变量的排序方法。

（2）共享符号与局域符号，后者不能用汉字。

（3）过滤器（Filter）在符号表中执行菜单命令“View→Filter”，“I＊”表示显示所有的输入，“I＊.＊”表示所有的输入位，“I2.＊”表示 IB2 中的位等。

10.4.2.10　逻辑块

逻辑块包括组织块 OB、功能块 FB 和功能 FC。

（1）程序的输入方式：增量输入方式或源代码方式（或称文本方式、自由编辑方式）。

（2）生成逻辑块（图 10-21）。

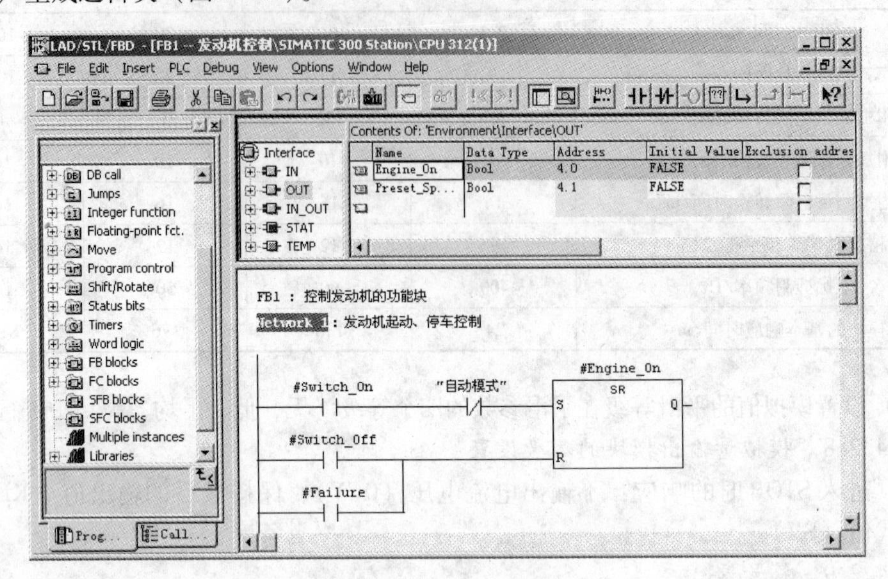

图 10-21　梯形图编辑器

10.4.2.11　网络

（1）执行菜单命令“Insert→Network”，或点击工具条中相应的图标，在当前网络的下面生成一个新的网络。菜单命令“View→Display→Comments”用来激活或取消块注释和网络注释。可以用剪贴板在块内部和块之间复制和粘贴网络，可用“Ctrl”键。

（2）打开和编辑块的属性菜单命令“File→Properties”来查看和编辑块属性。

（3）程序编辑器的设置进入程序编辑器后用菜单命令“Option→Customize”打开对话框，可以进行下列设置：

1）在“General”标签页的“Font”设置编辑器使用的字体和字符的大小。

2）在“STL”和“LAD/FDB”标签页中选择这些程序编辑器的显示特性。

3）在“Block”（块）标签页中，可以选择生成功能块时是否同时生成背景数据块及功能块是否有多重背景功能。

4）在“View”选项卡中的“ViewafterOpenBlock”区，选择在块打开时显示的方式。显示方式的设置执行 View 菜单中命令，放大、缩小梯形图或功能块图的显示比例。菜单命令“View→Display→SymbolicRepresentation”，切换绝对地址和符号地址方式。菜单命令“View→Display→Symbolinformation”用来打开或关闭符号信息，如图 10-22 所示。

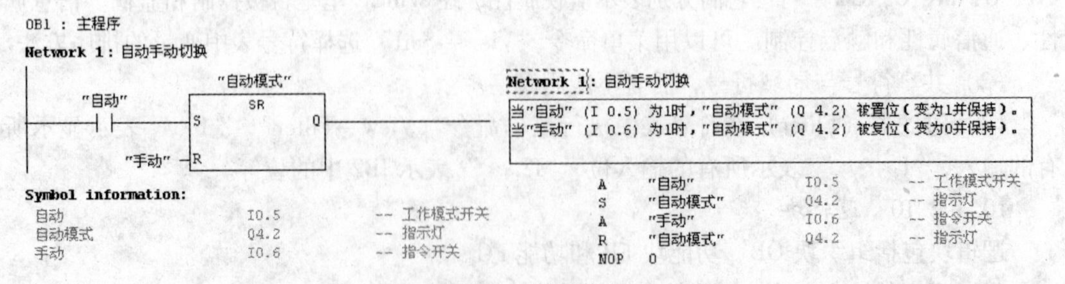

图 10-22　符号信息

10.5 PLC 编程软件仿真

10.5.1 S7-PLCSIM 的主要功能

在计算机上对 S7-300/400PLC 的用户程序进行离线仿真与调试。模拟 PLC 的输入/输出存储器区来控制程序的运行，观察有关输出变量的状态。在运行仿真 PLC 时可以使用变量表和程序状态等方法来监视和修改变量，可以对大部分组织块（OB）、系统功能块（SFB）和系统功能（SFC）仿真。

10.5.2 使用 S7-PLCSIM 仿真软件调试程序的步骤

（1）在 STEP7 编程软件中生成项目，编写用户程序。

（2）打开 S7-PLCSIM 窗口（图 10-23），自动建立了 STEP7 与仿真 CPU 的连接。仿真 PLC 的电源处于接通状态，CPU 处于 STOP 模式，扫描方式为连续扫描。

（3）在管理器中打开要仿真的项目，选中“Blocks”对象，将所有的块下载到仿真 PLC。

（4）生成视图对象。

（5）用视图对象来模拟实际 PLC 的输入/输出信号，检查下载的用户程序是否正确。

图 10-23 S7-PLCSIM 仿真窗口

10.5.3 应用举例

电动机串电阻降压启动、速度监视如图 10-24 所示。

I1.0　I1.1　Q4.0
Q4.0　T1
(SD)
S5T#9S
T5　Q4.1
Q4.0　CMP >I　Q4.2
MW2–IN1
1400–IN2

图 10-24 梯形图

10.5.4　视图对象与仿真软件的设置与存档

（1）CPU 视图对象。

（2）其他视图对象。

通用变量（GenericVariable）视图对象用于访问仿真 PLC 所有的存储区（包括数据块）。垂直（VerticalBits）视图对象可以用绝对地址或符号地址来监视和修改 I、Q、M 等存储区。累加器与状态字视图对象用来监视 CPU 中的累加器、状态字和地址寄存器 AR1 和 AR2。块寄存器视图对象用来监视数据块地址寄存器的内容，当前和上一次打开的逻辑块的编号，以及块中的步地址计数器 SAC 的值。嵌套堆栈（NestingStacks）视图对象用来监视嵌套堆栈和 MCR（主控继电器）堆栈。定时器视图对象标有“T＝0”的按钮用来复位指定的定时器。

（3）设置扫描方式。

用“Execute”菜单中的命令选择单次扫描或连续扫描。

（4）设置 MPI 地址。

菜单命令“PLC→MPIAddress”设置仿真 PLC 在指定的网络中的节点地址。

（5）LAY 文件和 PLC 文件。

LAY 文件用于保存仿真时各视图对象的信息；PLC 文件用于保存上次仿真运行时设置的数据和动作等。退出仿真软件时将会询问是否保存 LAY 文件或 PLC 文件。一般选择不保存。

10.5.5　STEP7 与 PLC 的在线连接与在线操作

10.5.5.1　装载存储器与工作存储器

装载存储器与工作存储器见图 10-25。

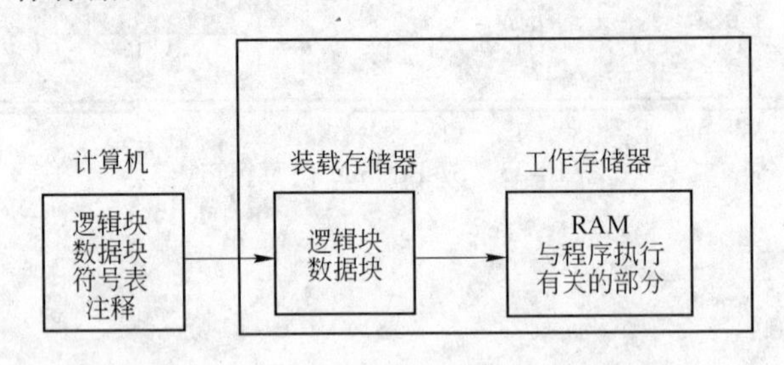

图 10-25　装载存储器与工作存储器

系统数据（SystemData）包括硬件组态、网络组态和连接表，也应下载到 CPU。下载的用户程序保存在装载存储器的快闪存储器（FEPROM）中。CPU 电源停电又重新恢复时，FEPROM 中的内容被重新复制到 CPU 存储器的 RAM 区。

10.5.5.2　在线连接的建立与在线操作

（1）建立在线连接。

通过硬件接口连接计算机和 PLC，然后通过在线的项目窗口访问 PLC。管理器中执行菜单命令“View→Online”、“View→Offline”进入离线状态。在线窗口显示的是 PLC 中的内容，离线窗口显示的是计算机中的内容。如果 PLC 与 STEP7 中的程序和组态数据是一致的，在线窗口显示的是 PLC 与 STEP7 中的数据组合。

（2）处理模式与测试模式。

设置 CPU 属性的对话框中的“Protection”（保护）标签页选择处理（Process）模式或测试（Test）模式。

（3）在线操作。

进入在线状态后，执行菜单命令“PLC→Diagnostics/Settings”中不同的子命令。

进入在线状态后，“PLC”主菜单中的命令功能。在设置了口令后，执行在线功能时，会显示出“EnterPassword”对话框。若输入的口令正确，就可以访问该模块。用菜单命令“PLC→AccessRights→Setup”输入口令。

10.5.5.3 下载与上载

（1）下载的准备工作。

计算机与 CPU 之间必须建立连接，要下载的程序已编译好；在 RUN-P 模式一次只能下载一个块，建议在 STOP 模式下载。在保存块或下载块时，STEP7 首先进行语法检查，应改正检查出来的错误。下载前应将 CPU 中的用户存储器复位。可以用模式选择开关复位，CPU 进入 STOP 模式，再用菜单命令“PLC→Clear/Reset”复位存储器。

（2）下载的方法。

在离线模式下载。在管理器的块工作区选择块，可用“Ctrl”键和“Shift”键选择多个块，用菜单命令“PLC→Download”将被选择的块下载到 CPU。在管理器左边的目录窗口中选择 Blocks 对象，下载所有的块和系统数据。对块编程或组态硬件和网络时，在当时主窗口，用菜单命令“PLC→Download”下载当前正在编辑的对象。

（3）上传程序。

可以用“PLC→Upload”命令从 CPU 的 RAM 装载存储器中，把块的当前内容上载到计算机打开的项目中。

10.5.6 用变量表调试程序

10.5.6.1 系统调试的基本步骤

首先进行硬件调试，可以用变量表来测试硬件，通过观察 CPU 模块上的故障指示灯，或使用故障诊断工具来诊断故障。下载程序之前应将 CPU 的存储器复位，将 CPU 切换到 STOP 模式，下载用户程序时应同时下载硬件组态数据，见图 10-26。

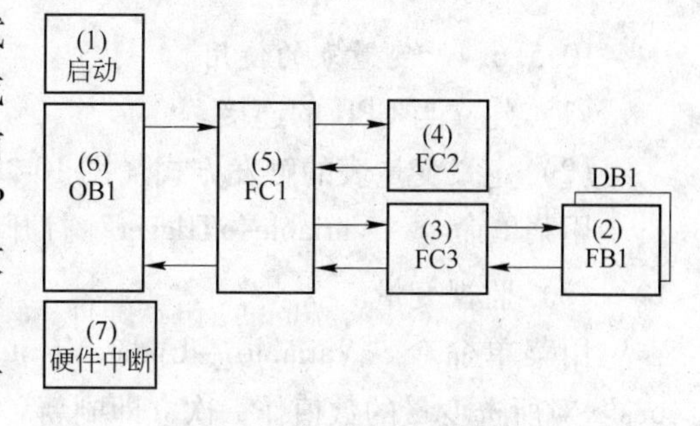

图 10-26 程序调试的顺序

可以在 OB1 中逐一调用各程序块，一步一步地调试程序。最先调试启动组织块 OB100，然后调试 FB 和 FC。应先调试嵌套调用最深的块，例如首先调试图 10-26 中的 FB1。调试时可以在完整的 OB1 的中间临时插入 BEU（块无条件结束）指令，只执行 BUE 指令之前的部分，调试好后将它删除掉。最后调试不影响 OB1 的循环执行的中断处理程序，或者在调试 OB1 时调试它们。

10.5.6.2 变量表的基本功能

变量表可以在一个画面中同时监视、修改和强制用户感兴趣的全部变量。一个项目可以生成多个变量表。变量表的功能：监视（Monitor）变量、修改（Modify）变量、对外设输出赋值、强制变量、定义变量被监视或赋予新值的触发点和触发条件。

10.5.6.3 变量表的生成

（1）生成变量表的几种方法：

1）在管理器中生成新的变量表。

2）在变量表编辑器中，可以用主菜单“Table”生成一个新的变量表。

（2）在变量表中输入变量可以从符号表中拷贝地址，将它粘贴到变量表。IW2 用二进制数（BIN）可以同时显示和分别修改 I2.0～I3.7 这十六点数字量输入变量（图 10-27）。

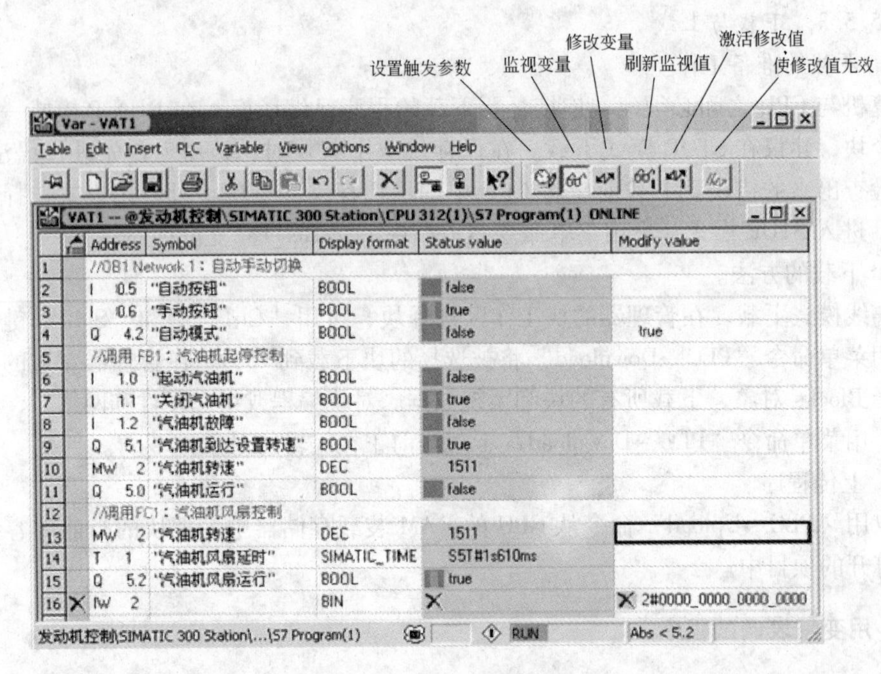

图 10-27 变量

10.5.6.4 变量表的使用

（1）建立与 CPU 的连接。

（2）定义变量表的触发方式（图 10-28）。

用菜单命令“Variable→Trigger”打开图 10-28 中的对话框选择触发方式。

（3）监视变量。

用菜单命令“Variable→UpdateMonitorValues”对所选变量的数值作一次立即刷新。

（4）修改变量。

在 STOP 模式修改变量时，各变量的状态不会互相影响，并且有保持功能。在 RUN 模式修改变量时，各变量同时又受到用户程序的控制。

（5）强制变量。

强制变量操作给用户程序中的变量赋一个

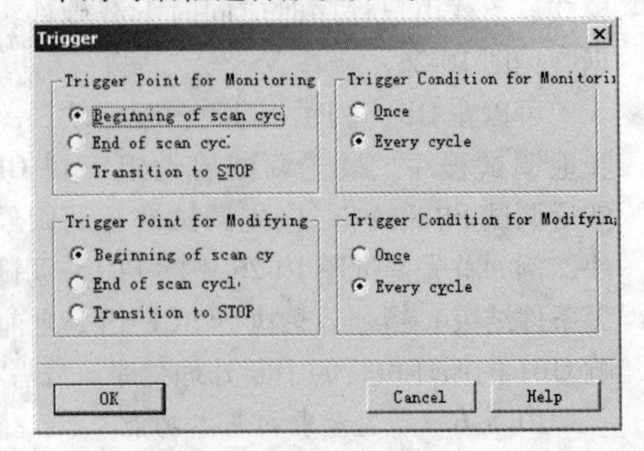

图 10-28 定义变量表的触发方式

固定的值，不会因为用户程序的执行而改变。强制作业只能用菜单命令“Variable→Stop-Forcing”来删除或终止（图 10-29）。

Force Values : MPI = 3 (direct) ONLINE

		Address	Symbol	Display Format	Force Value
1	F	IB 0		HEX	B#16#10
2	F	Q 0.1		BOOL	true
3	F	Q 1.2		BOOL	true
4					

图 10-29　强制数值窗口

10.5.7　用程序状态功能调试程序

10.5.7.1　程序状态功能的启动与显示

（1）启动程序状态。

进入程序状态的条件：经过编译的程序下载到 CPU，打开逻辑块，用菜单命令“Debug→Monitor”进入在线监控状态，将 CPU 切换到 RUN 或 RUN-P 模式。

（2）语句表程序状态的显示（图 10-30）。

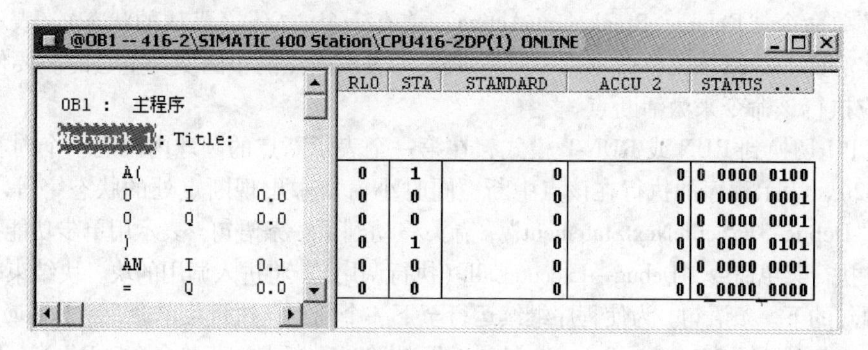

图 10-30　用程序状态监视语句表程序

从光标选择的网络开始监视程序状态。右边窗口显示每条指令执行后的逻辑运算结果（RLO）和状态位 STA（Status）、累加 1（STANDARD）、累加器 2（ACCU2）和状态字（STATUS…）。用菜单命令“Options→Customize”打开的对话框中 STL 标签页选择需要监视的内容，用 LAD/FBD 标签页可以设置梯形图（LAD）和功能块图（SFB）程序状态的显示方式。

（3）梯形图程序状态的显示。

LAD 和 FBD 中用绿色连续线来表示状态满足，即有“能流”流过，见图 10-31 左边的粗线；用虚线表示状态不满足，没有“能流”流过；用细线表示状态未知。

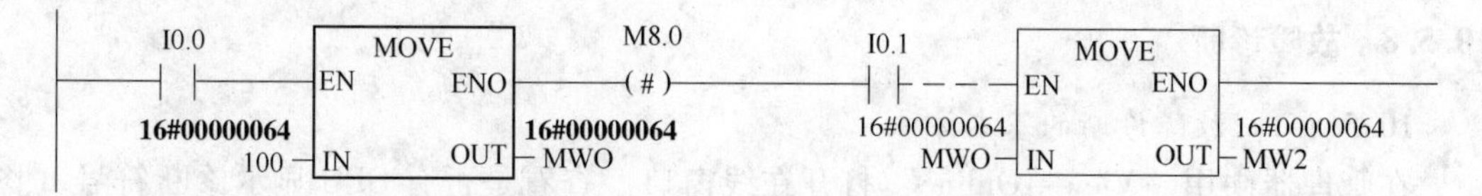

图 10-31　梯形图

(4) 程序状态的显示。

梯形图中加粗的字体显示的参数值是当前值，细体字显示的参数值来自以前的循环。

(5) 使用程序状态功能监视数据块。

10.5.7.2　单步与断点功能的使用

进入 RUN 或 RUN-P 模式后将停留在第一个断点处。单步模式一次只执行一条指令。程序编辑器的“Debug（调试）”菜单中的命令用来设置、激活或删除断点。执行菜单命令“View > BreakpointBar”后，在工具条中将出现一组与断点有关的图标。

(1) 设置断点与进入单步模式的条件：

1) 只能在语句表中使用单步和断点功能。

2) 执行菜单命令“Options→Customize”，在对话框中选择 STL 标签页，激活“Activatenewbreakpointsimmediately（立即激活新断点）”选项。

3) 必须用菜单命令“Debug > Operation”使 CPU 工作在测试（Test）模式。

4) 在 SIMATIC 管理器中进入在线模式，在线打开被调试的块。

5) 设置断点时不能启动程序状态（Monitor）功能。

6) STL 程序中有断点的行、调用块的参数所在的行、空的行或注释行不能设置断点。

(2) 设置断点与单步操作。

在菜单命令“Debug→BreakpointsActive”前有一个“√”（默认的状态），表示断点的小圆是实心的。执行该菜单命令后“√”消失，表示断点的小圆变为空心的。要使断点起作用，应执行该命令来激活断点。

将 CPU 切换到 RUN 或 RUN-P 模式，在第一个表示断点的圆球内出现一个向右的箭头（图 10-32），表示程序的执行在该点中断，同时小窗口中出现断点处的状态字等。执行菜单命令“Debug→ExecuteNextStatement”，箭头移动到下一条语句，表示用单步功能执行下一条语句。执行菜单命令“Debug→ExecuteCall（执行调用）”将进入调用的块。块结束时将返回块调用语句的下一条语句。为使程序继续运行至下一个断点，执行菜单命令“Debug→Resume（继续）”。菜单命令“Debug→DeleteBreakpoint”删除一个断点，菜单命令“Debug→DeleteAll-Breakpoint”删除所有的断点。执行菜单命令“ShowNextBreakpoint”，光标跳到下一个断点。

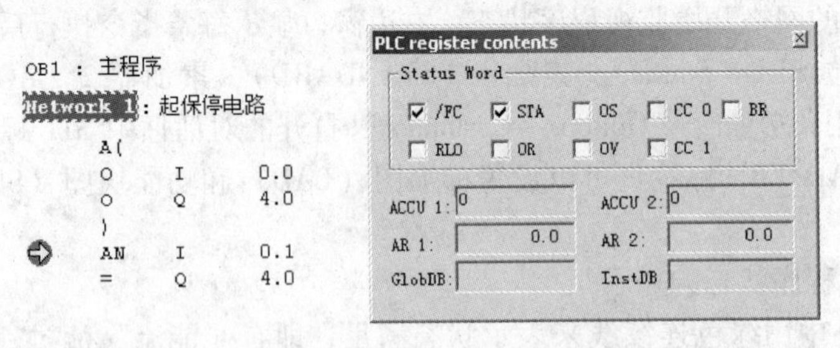

图 10-32　断点与断点处 CPU 寄存器和状态字的内容

10.5.8　故障诊断

10.5.8.1　故障诊断的基本方法

在管理器中用“View→Online”打开在线窗口。查看是否有 CPU 显示诊断符号（图 10-33）。

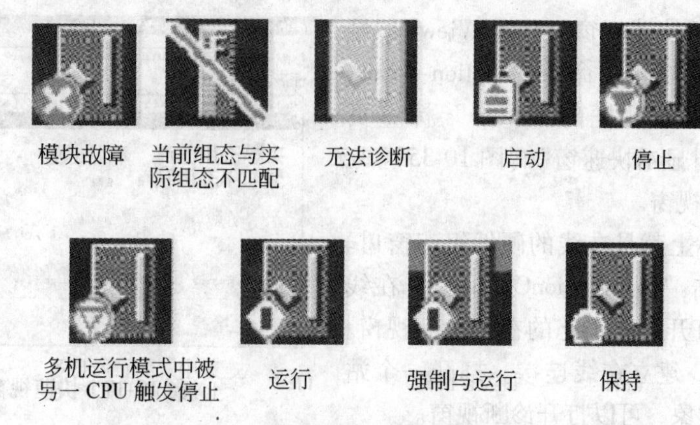

图 10-33 诊断符号

10.5.8.2 模块信息在故障诊断中的应用

（1）打开模块信息窗口建立在线连接后，在管理器中选择要检查的站，执行菜单命令"PLC→Diagnostics/Settings→ModuleInformation"，显示该站中 CPU 模块的信息。诊断缓冲区（DiagnosticBuffer）标签页中，给出了 CPU 中发生的事件一览表（图 10-34）。

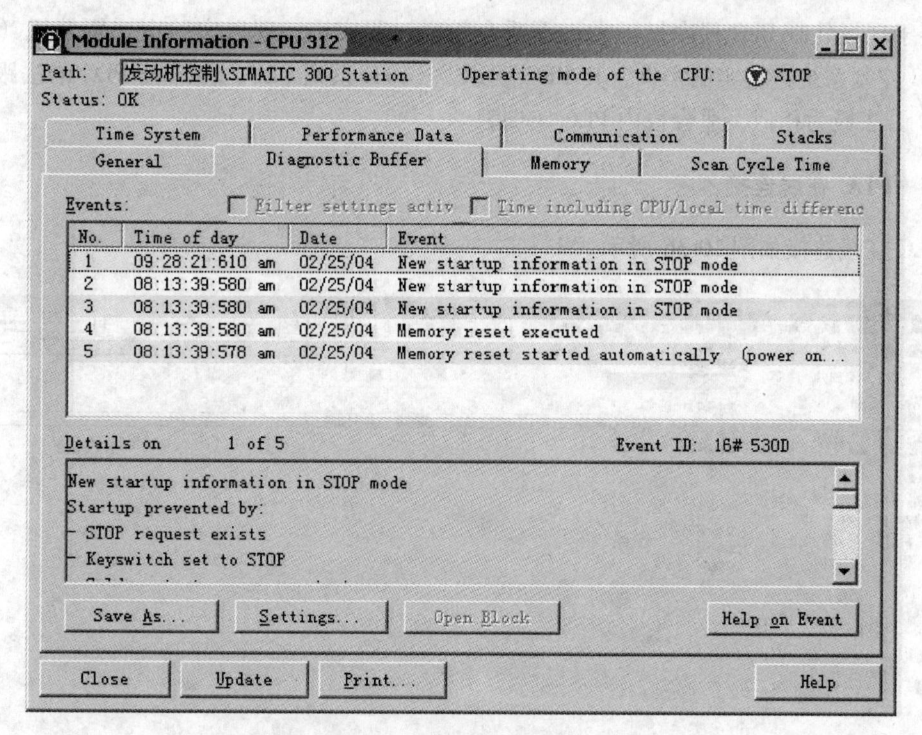

图 10-34 CPU 模块的在线模块信息窗口

最上面的事件是最近发生的事件。因编程错误造成 CPU 进入 STOP 模式，选择该事件，并点击"OpenBlock"按钮，将在程序编辑器中打开与错误有关的块，显示出错的程序段。

（2）用快速视窗和诊断视窗诊断故障。

1）用快速视窗诊断故障。

管理器中选择要检查的站，用命令"PLC→Diagnostics/Settings→HardwareDiagnose"打

开 CPU 的硬件诊断快速视窗（QuickView），显示该站中的故障模块。用命令“Option→Customize”，在打开的对话框的“View”标签页中，激活“诊断时显示快速窗”（图 10-35）。

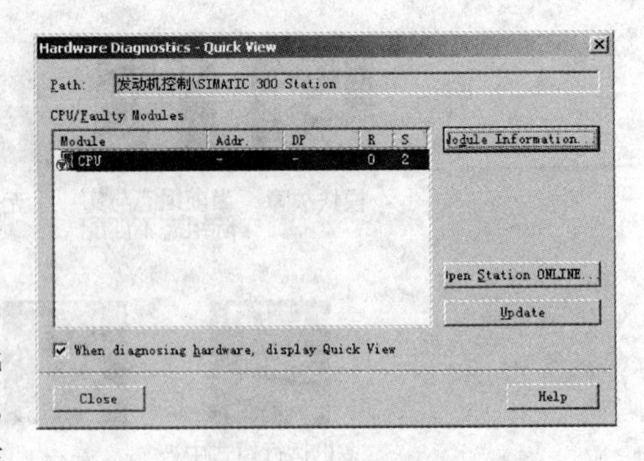

图 10-35 快速视窗

2）打开诊断视窗。

诊断视窗实际上就是在线的硬件组态窗口。在快速视窗中点击“OpenStationOnline”（在线打开站）按键，打开硬件组态的在线诊断视窗。在管理器中与 PLC 建立在线连接。打开一个站的“Hardware”对象，可以打开诊断视窗。

3）诊断视窗的信息功能。

诊断视窗显示整个站在线的组态。用命令“PLC > ModuleInformation”查看其模块状态。

10.6 PLC 系统在轧制中的应用实训

鉴于现场轧制 PLC 程序量巨大，不适合教学过程实训，现以实验室二辊轧机（图 6-3）PLC 控制系统进行实例实训，其 PLC 欧姆龙 CP1E 系列 PLC，由于其 PLC 语法跟西门子 PLC 语法极为相似，适合校内 PLC 实训教学。

10.6.1 PLC 在线连接

PLC 在线连接如图 10-36 所示。

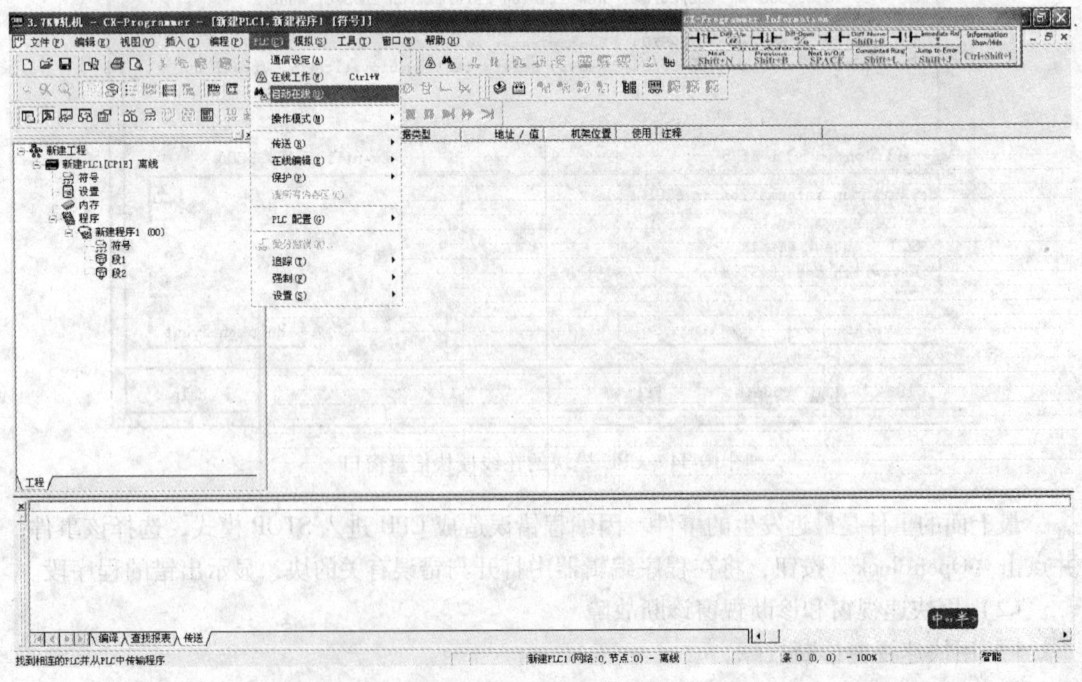

图 10-36 PLC 在线连接

10.6.2　PLC 程序上传和下载

PLC 程序上传见图 10-37，PLC 程序下载见图 10-38。

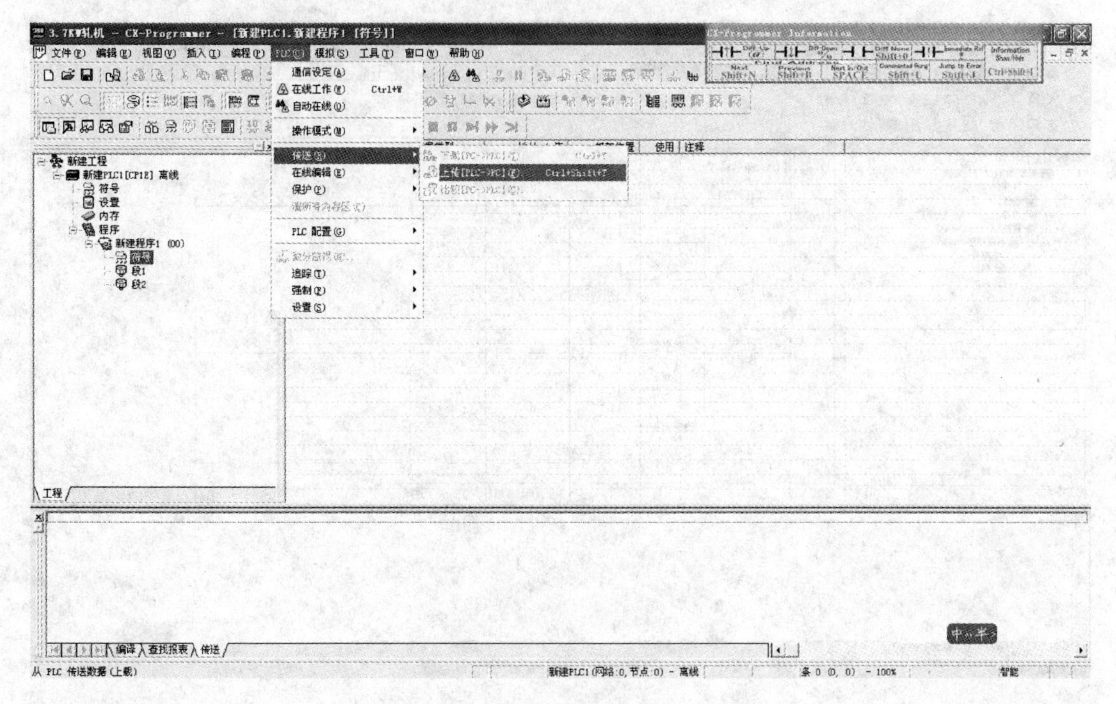

图 10-37　程序上传

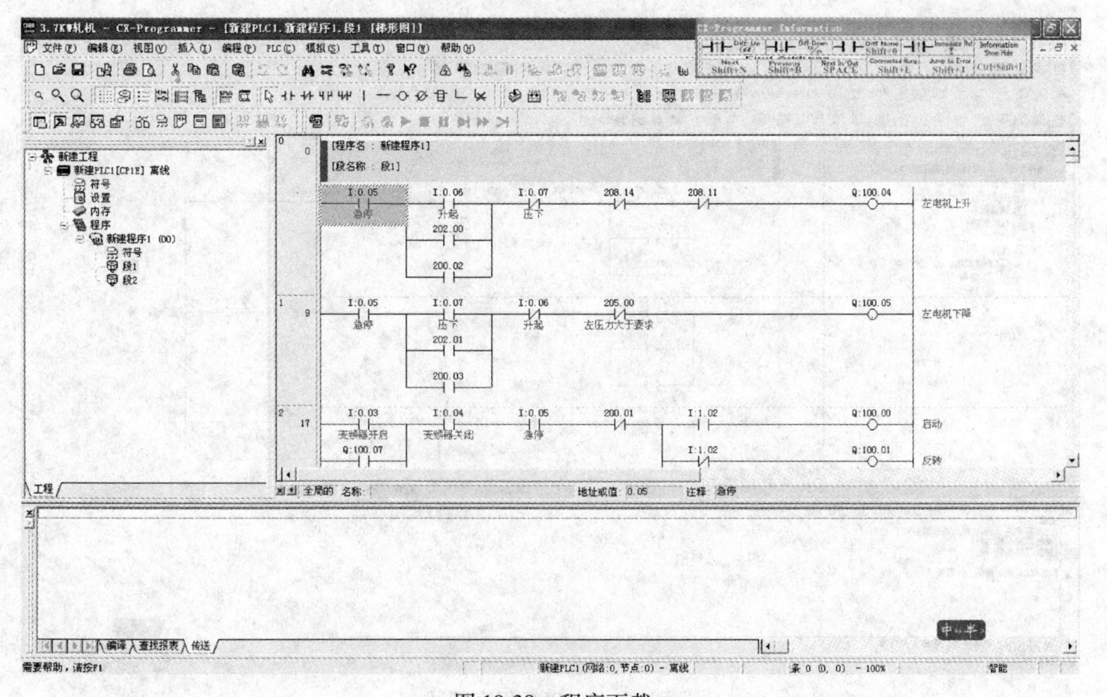

图 10-38　程序下载

10.6.3 PLC 程序模拟及调试

PLC 程序模拟见图 10-39，PLC 程序调试见图 10-40。

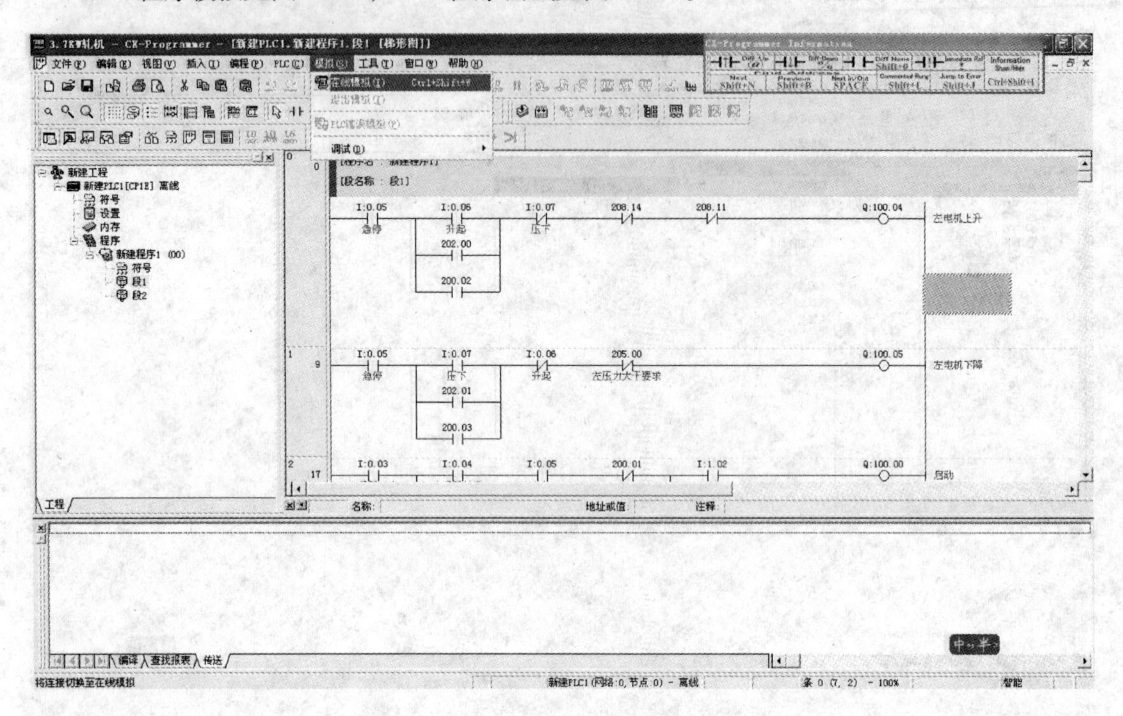

图 10-39 PLC 程序模拟

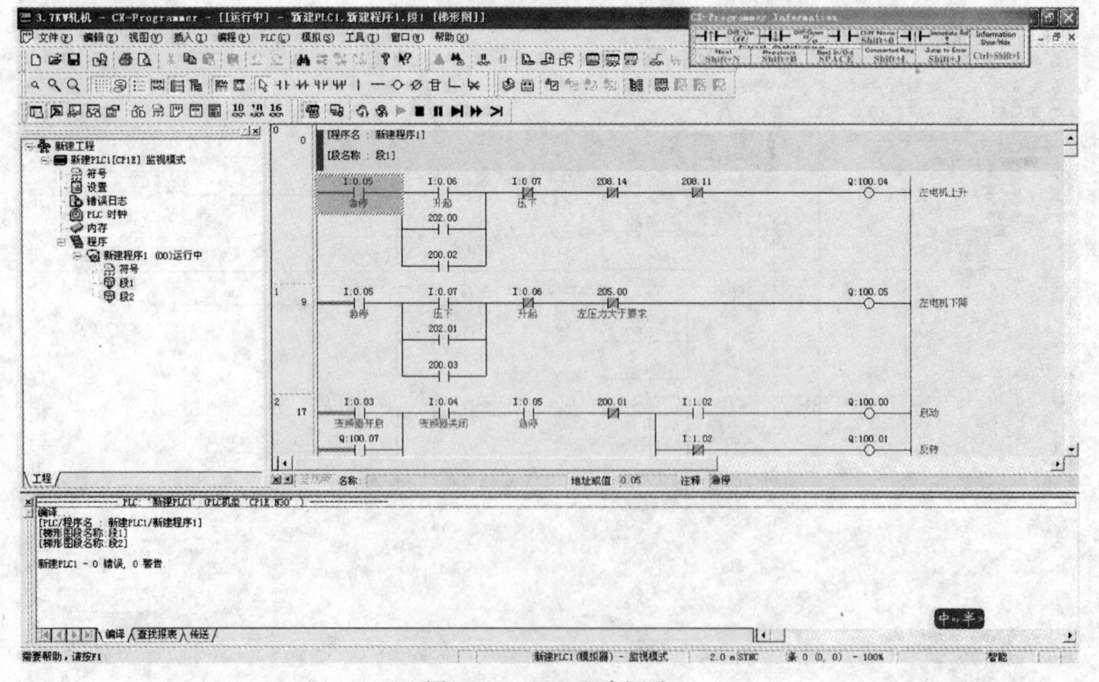

图 10-40 PLC 程序调试

(1) 符号表。

PLC 硬件 I/O 地址见表 10-7。

表 10-7 PLC 硬件 I/O 地址图

名 称	数据类型	地址/值	机架位置使用	注 释
	BOOL	0.03	输 入	变频器开启
	BOOL	0.04	输 入	变频器关闭
	BOOL	0.05	输 入	急 停
	BOOL	0.06	输 入	升 起
	BOOL	0.07	输 入	压 下
	BOOL	0.08	输 入	变频器报警
	BOOL	10	工 作	启 动
	BOOL	10.04	工 作	上 升
	BOOL	10.05	工 作	下 降
	BOOL	10.07	工 作	启动指示
	BOOL	100	输 出	启 动
	BOOL	100.01	输 出	反 转
	BOOL	100.04	输 出	左电机上升
	BOOL	100.05	输 出	左电机下降
	BOOL	100.06	输 出	报 警
	BOOL	100.07	输 出	启动指示
	BOOL	101	输 出	右电机上升
	BOOL	101.01	输 出	右电机下降
	BOOL	205	工 作	左压力大于要求
	BOOL	205.03	工 作	右压力大于要求
P_ First_ Cycle	BOOL	A200.11	工 作	第一次循环标志
P_ Step	BOOL	A200.12	工 作	步标志
P_ First_ Cycle_ Task	BOOL	A200.15	工 作	第一次任务执行标志
P_ Max_ Cycle_ Time	UDINT	A262	工 作	最长周期时间
P_ Cycle_ Time_ Value	UDINT	A264	工 作	当前扫描时间
P_ Cycle_ Time_ Error	BOOL	A401.08	工 作	循环时间错误标志
P_ Low_ Battery	BOOL	A402.04	工 作	电池电量低标志
P_ Output_ Off_ Bit	BOOL	A500.15	工 作	输出关闭位
P_ GE	BOOL	CF000	工 作	大于或等于 (GE) 标志
P_ NE	BOOL	CF001	工 作	不等于标志 (NE)
P_ LE	BOOL	CF002	工 作	小于等于 (LE) 标志
P_ ER	BOOL	CF003	工 作	指令执行错误 (ER) 标志
P_ CY	BOOL	CF004	工 作	进位 (CY) 标志
P_ GT	BOOL	CF005	工 作	大于 (GT) 标志
P_ EQ	BOOL	CF006	工 作	等于 (EQ) 标志
P_ LT	BOOL	CF007	工 作	小于 (LT) 标志
P_ N	BOOL	CF008	工 作	负数 (N) 标志
P_ OF	BOOL	CF009	工 作	上溢出 (OF) 标志
P_ UF	BOOL	CF010	工 作	下溢出 (UF) 标志
P_ AER	BOOL	CF011	工 作	访问错误标志
P_ 0_ 1s	BOOL	CF100	工 作	0.1s 时钟脉冲位
P_ 0_ 2s	BOOL	CF101	工 作	0.2s 时钟脉冲位
P_ 1s	BOOL	CF102	工 作	1.0s 时钟脉冲位

（2）轧机程序梯形图。

轧机程序梯形图见图 10-41。

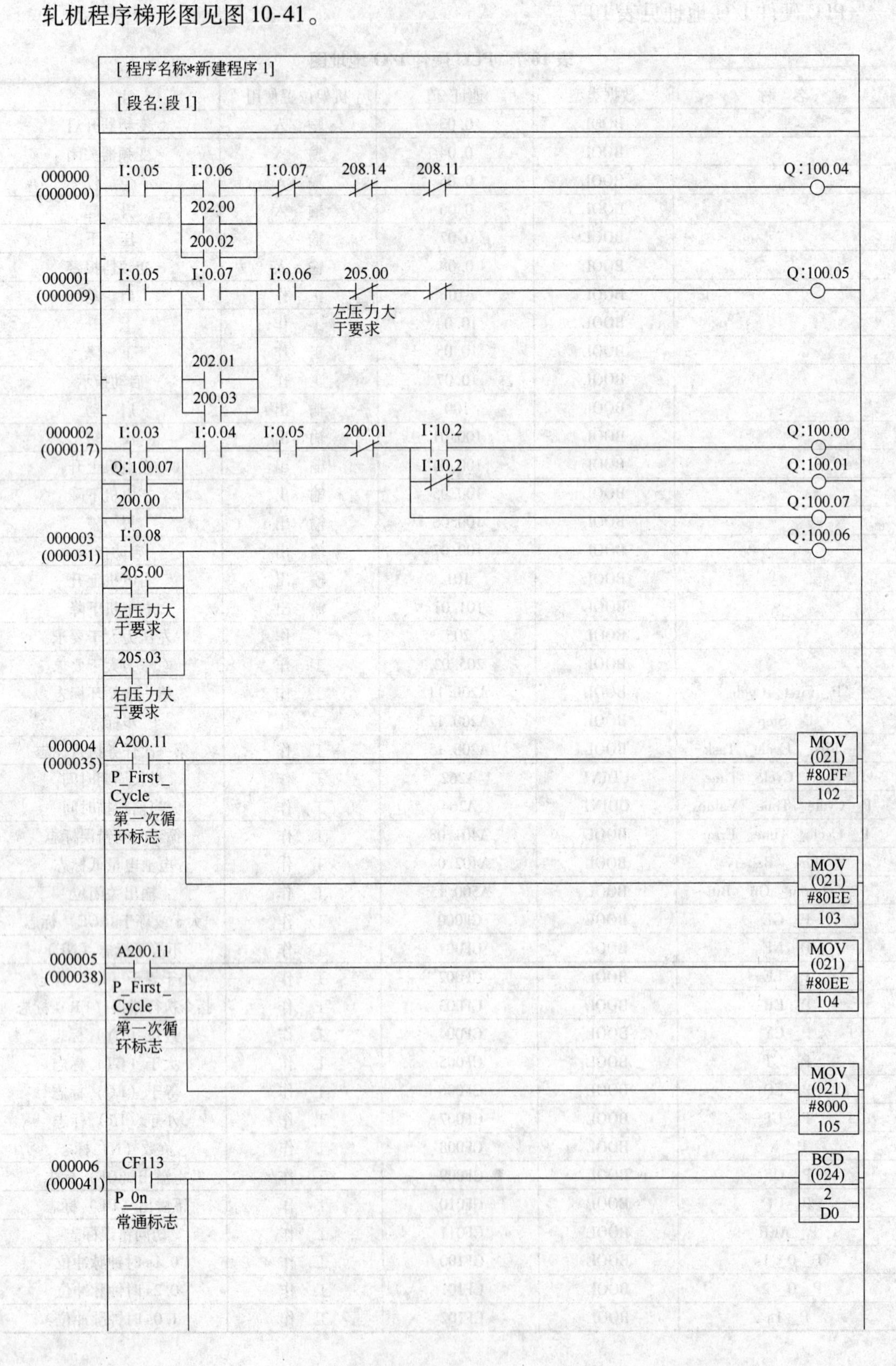

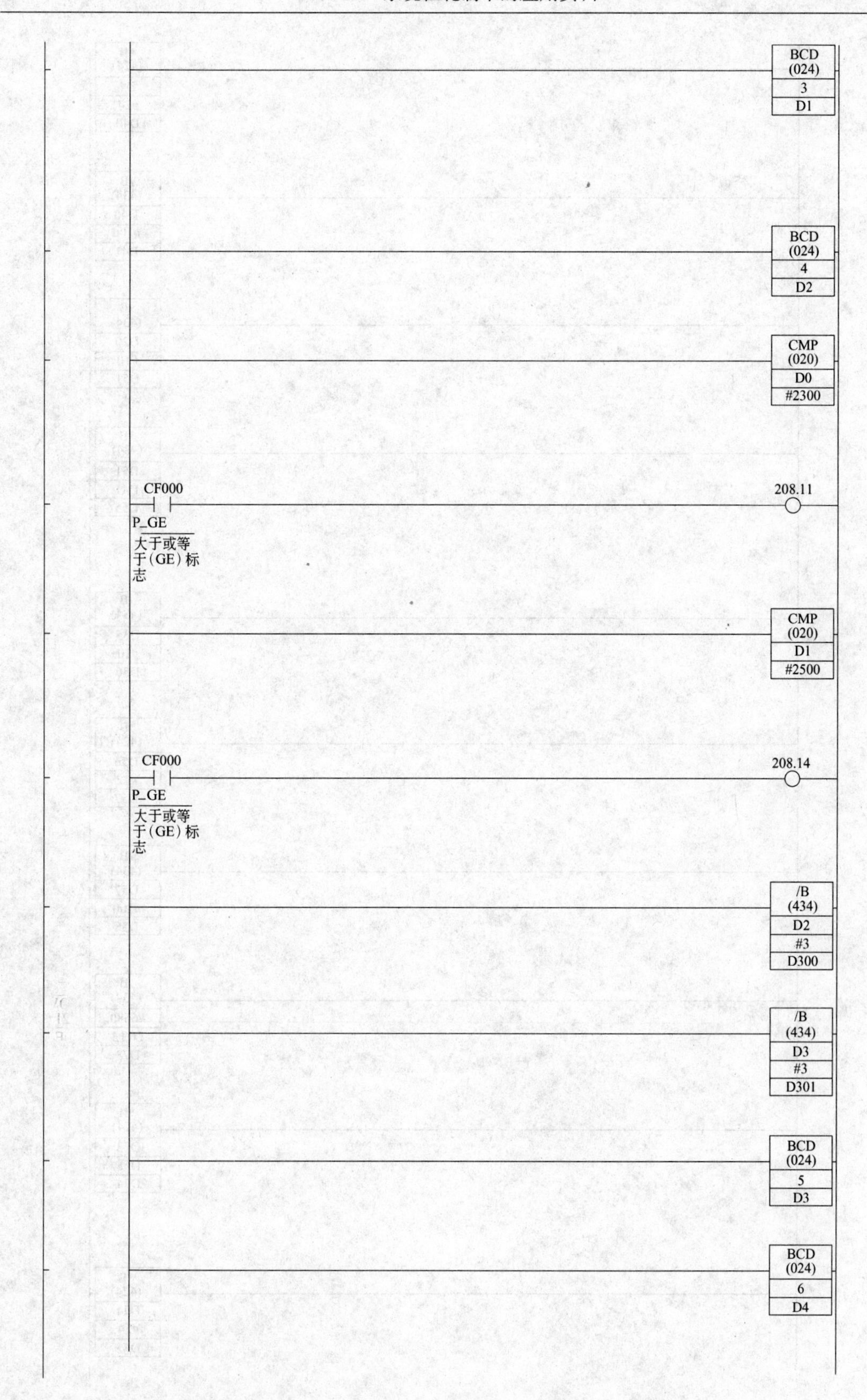
BCD
(024)
3
D1
BCD
(024)
4
D2
CMP
(020)
D0
#2300
CF000
P_GE
大于或等于(GE)标志
208.11
CMP
(020)
D1
#2500
CF000
P_GE
大于或等于(GE)标志
208.14
/B
(434)
D2
#3
D300
/B
(434)
D3
#3
D301
BCD
(024)
5
D3
BCD
(024)
6
D4

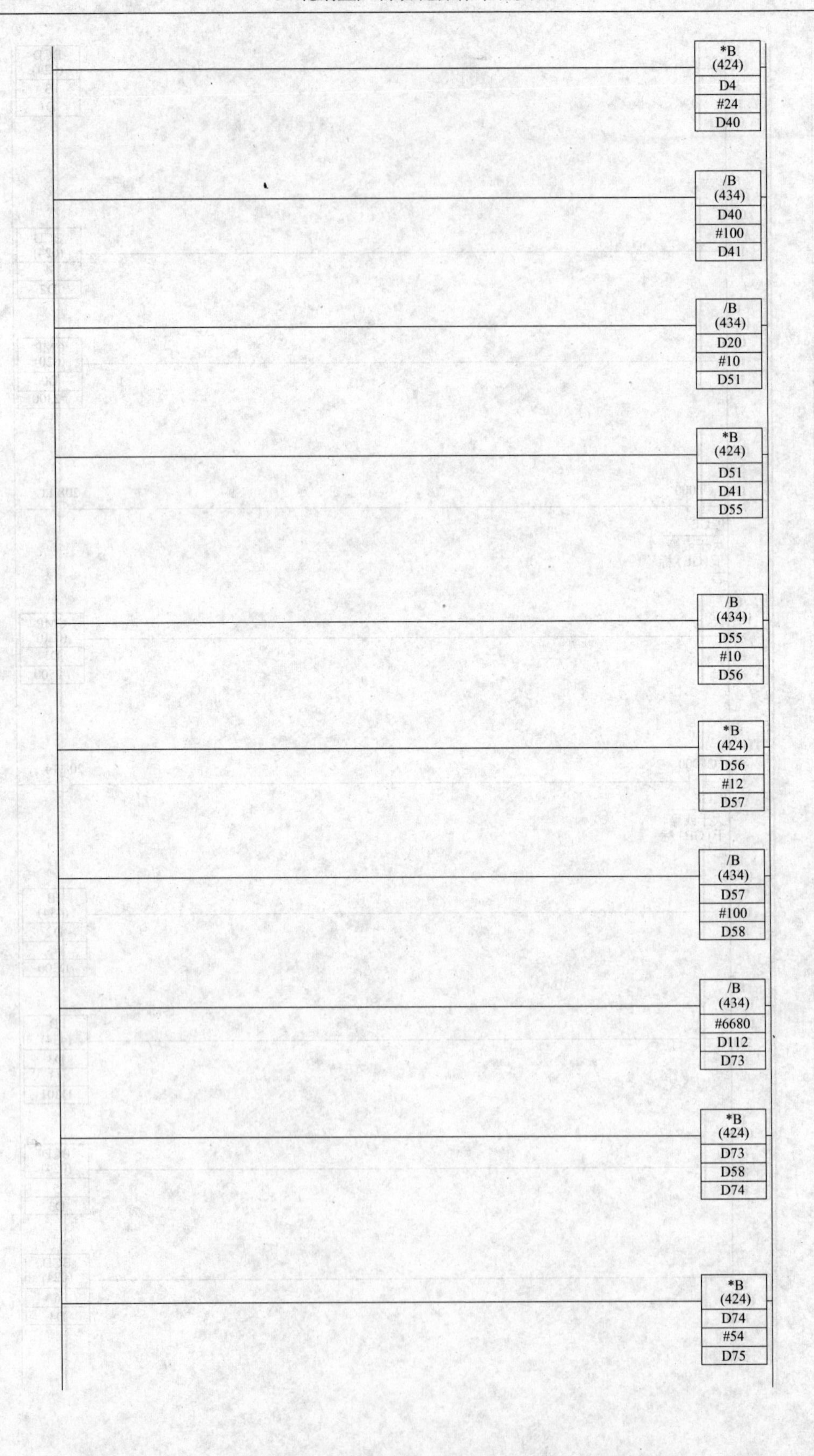
*B
(424)
D4
#24
D40
/B
(434)
D40
#100
D41
/B
(434)
D20
#10
D51
*B
(424)
D51
D41
D55
/B
(434)
D55
#10
D56
*B
(424)
D56
#12
D57
/B
(434)
D57
#100
D58
/B
(434)
#6680
D112
D73
*B
(424)
D73
D58
D74
*B
(424)
D74
#54
D75

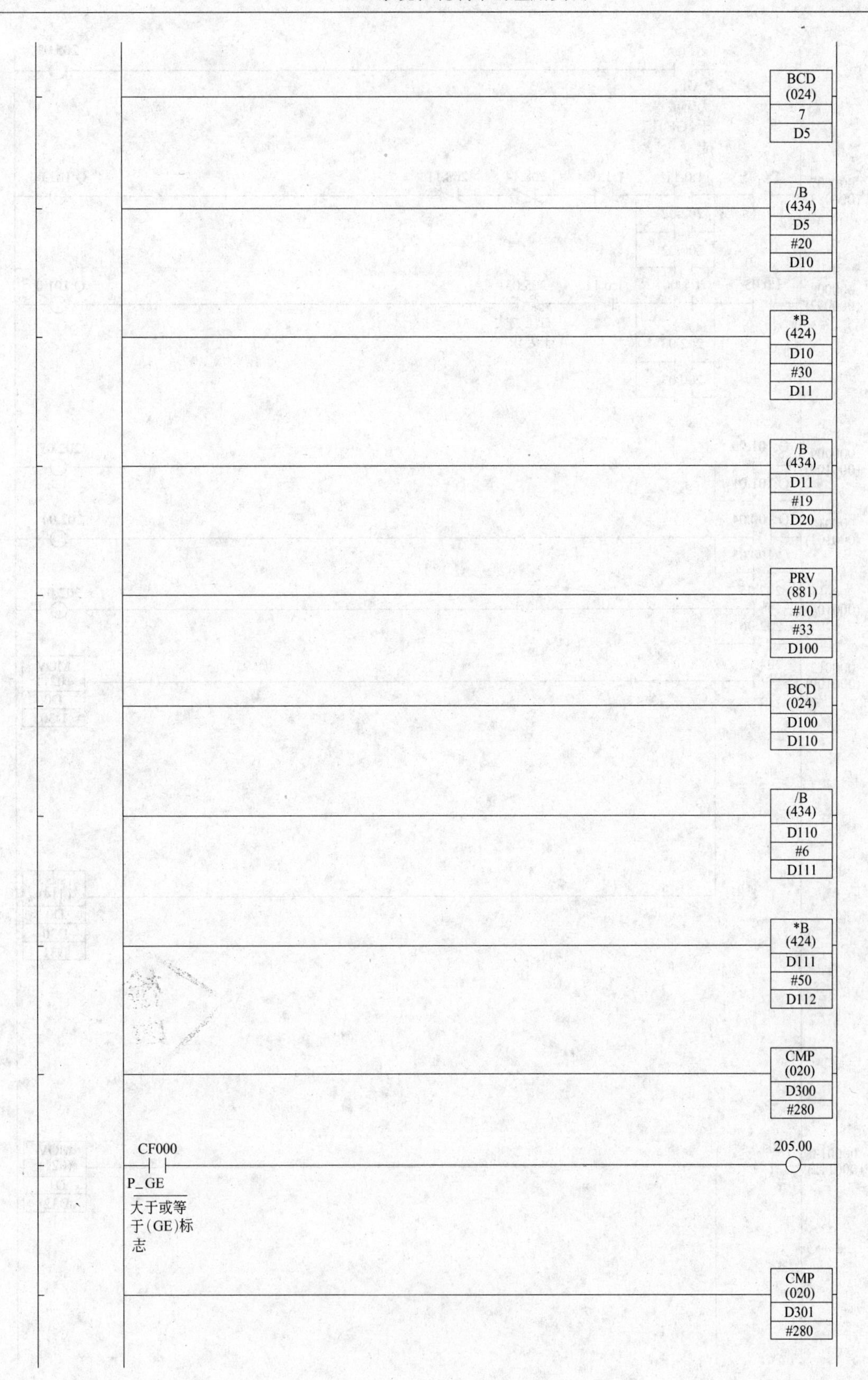
BCD
(024)
7
D5
/B
(434)
D5
#20
D10
*B
(424)
D10
#30
D11
/B
(434)
D11
#19
D20
PRV
(881)
#10
#33
D100
BCD
(024)
D100
D110
/B
(434)
D110
#6
D111
*B
(424)
D111
#50
D112
CMP
(020)
D300
#280
CF000
P_GE
大于或等于(GE)标志
205.00
CMP
(020)
D301
#280

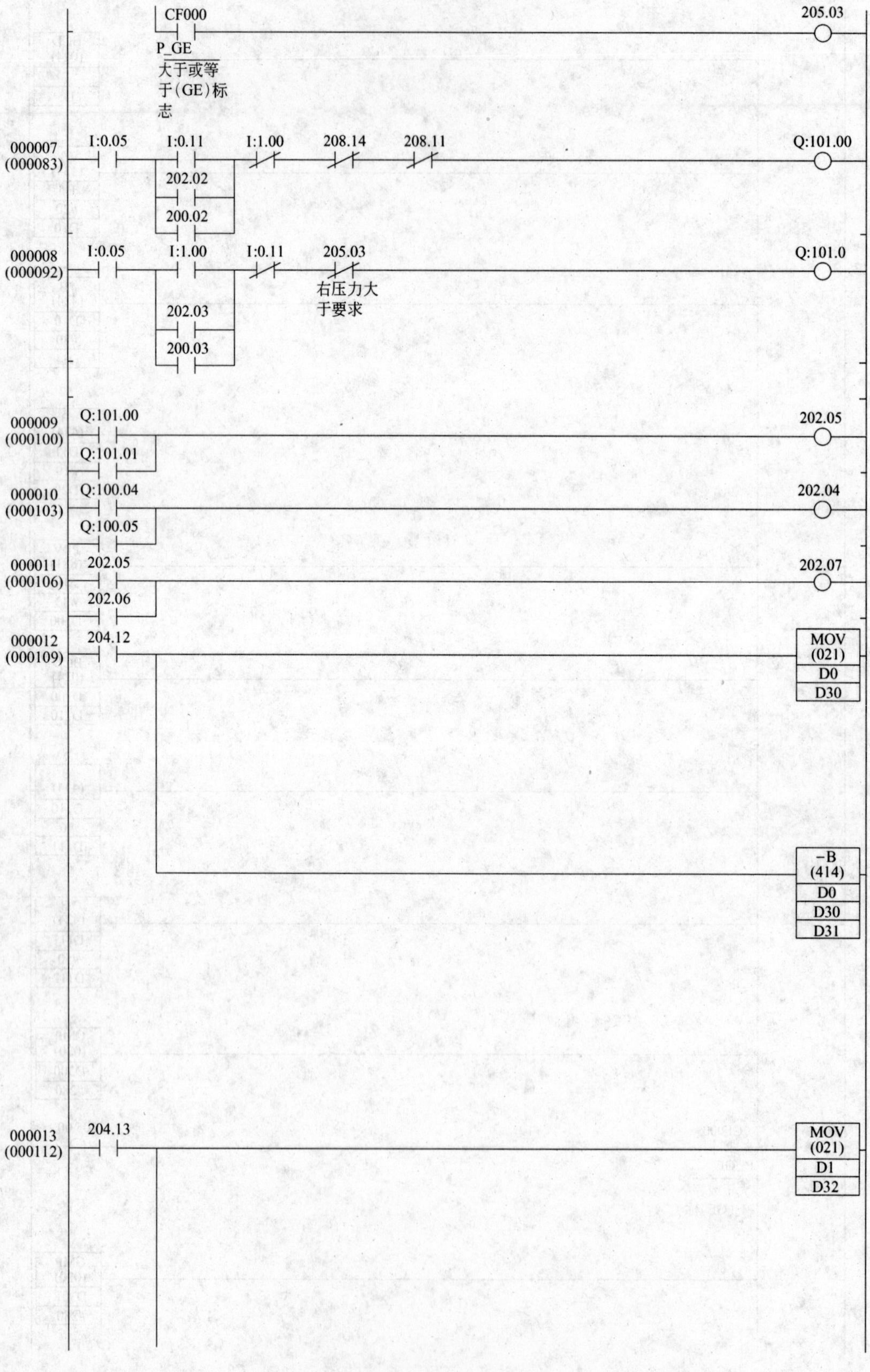

CF000
P_GE
大于或等于(GE)标志
205.03

000007 (000083)
I:0.05　I:0.11　I:1.00　208.14　208.11　Q:101.00
202.02
200.02

000008 (000092)
I:0.05　I:1.00　I:0.11　205.03　Q:101.0
右压力大于要求
202.03
200.03

000009 (000100)
Q:101.00　202.05
Q:101.01

000010 (000103)
Q:100.04　202.04
Q:100.05

000011 (000106)
202.05　202.07
202.06

000012 (000109)
204.12
MOV (021) D0 D30
-B (414) D0 D30 D31

000013 (000112)
204.13
MOV (021) D1 D32

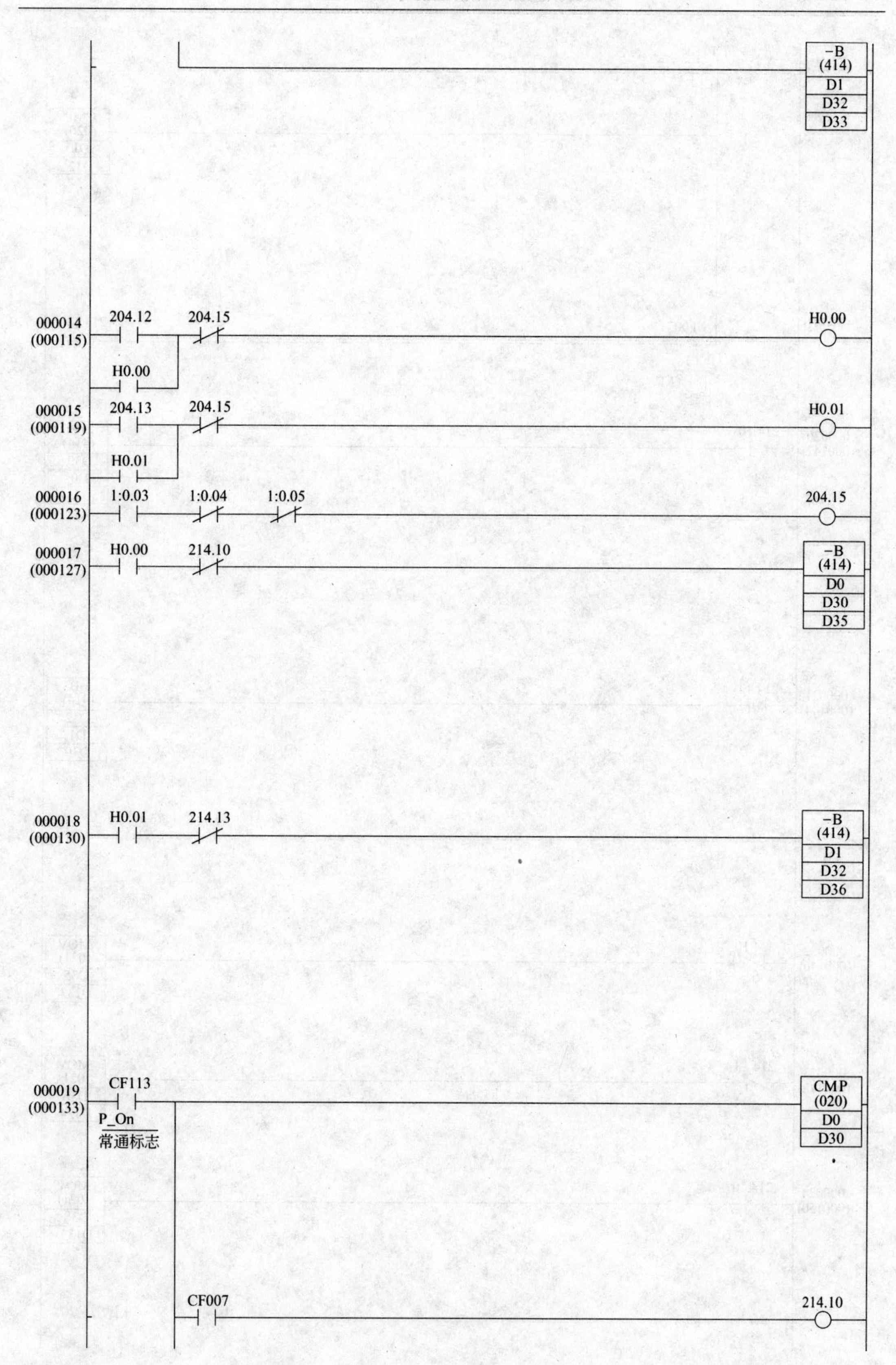

−B
(414)
D1
D32
D33
000014
(000115)
204.12
204.15
H0.00
H0.00
000015
(000119)
204.13
204.15
H0.01
H0.01
000016
(000123)
1:0.03
1:0.04
1:0.05
204.15
000017
(000127)
H0.00
214.10
−B
(414)
D0
D30
D35
000018
(000130)
H0.01
214.13
−B
(414)
D1
D32
D36
000019
(000133)
CF113
P_On
常通标志
CMP
(020)
D0
D30
CF007
214.10

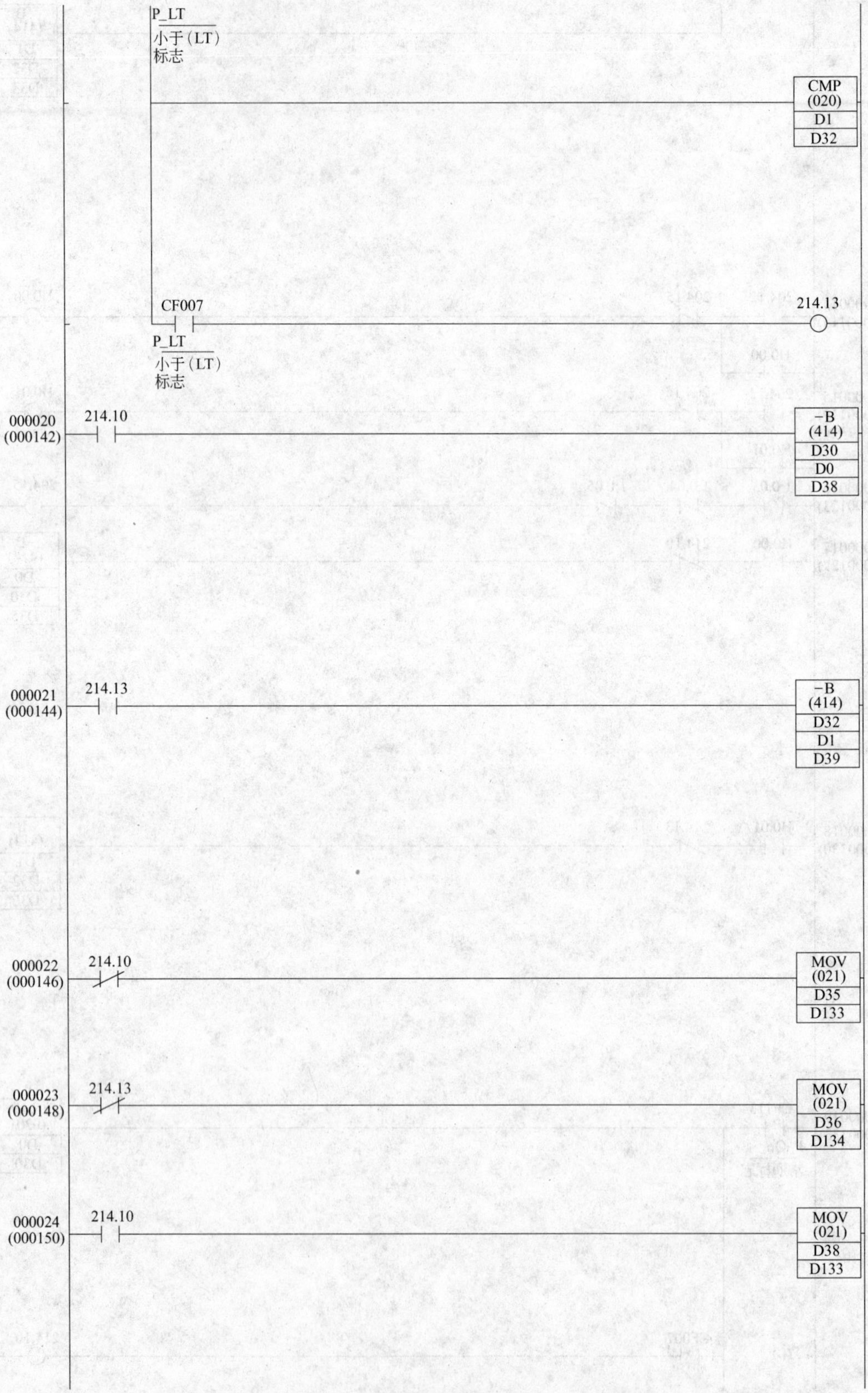

P_LT
小于(LT)
标志

CMP
(020)
D1
D32

CF007
P_LT
小于(LT)
标志
214.13

000020
(000142)
214.10
-B
(414)
D30
D0
D38

000021
(000144)
214.13
-B
(414)
D32
D1
D39

000022
(000146)
214.10
MOV
(021)
D35
D133

000023
(000148)
214.13
MOV
(021)
D36
D134

000024
(000150)
214.10
MOV
(021)
D38
D133

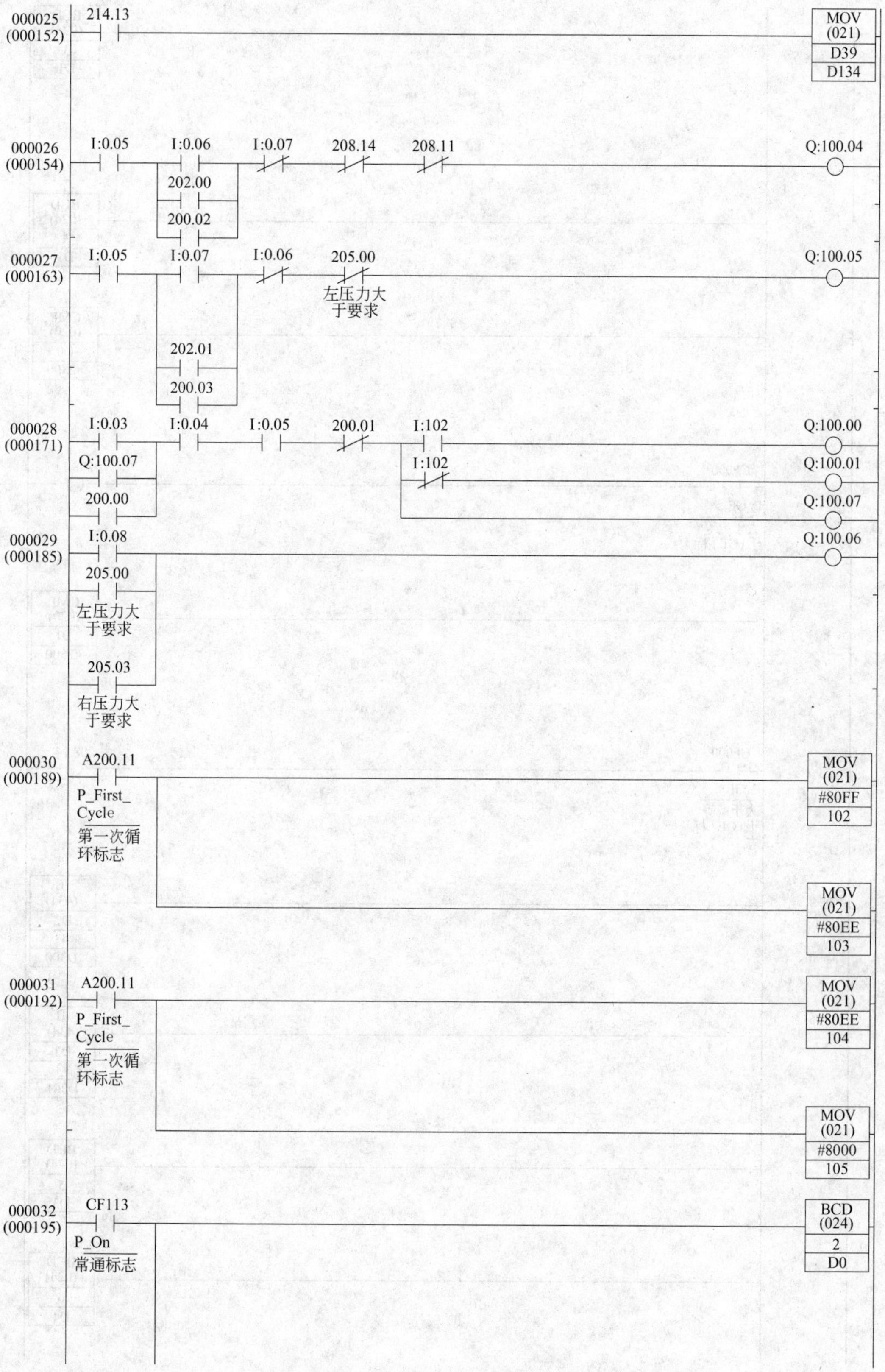

000025 (000152) 214.13 — MOV (021) D39 D134

000026 (000154) I:0.05, I:0.06, 202.00, 200.02, I:0.07, 208.14, 208.11 — Q:100.04

000027 (000163) I:0.05, I:0.07, 202.01, 200.03, I:0.06, 205.00 左压力大于要求 — Q:100.05

000028 (000171) I:0.03, Q:100.07, 200.00, I:0.04, I:0.05, 200.01, I:102 — Q:100.00; I:102 — Q:100.01; Q:100.07

000029 (000185) I:0.08, 205.00 左压力大于要求, 205.03 右压力大于要求 — Q:100.06

000030 (000189) A200.11 P_First_Cycle 第一次循环标志 — MOV (021) #80FF 102; MOV (021) #80EE 103

000031 (000192) A200.11 P_First_Cycle 第一次循环标志 — MOV (021) #80EE 104; MOV (021) #8000 105

000032 (000195) CF113 P_On 常通标志 — BCD (024) 2 D0

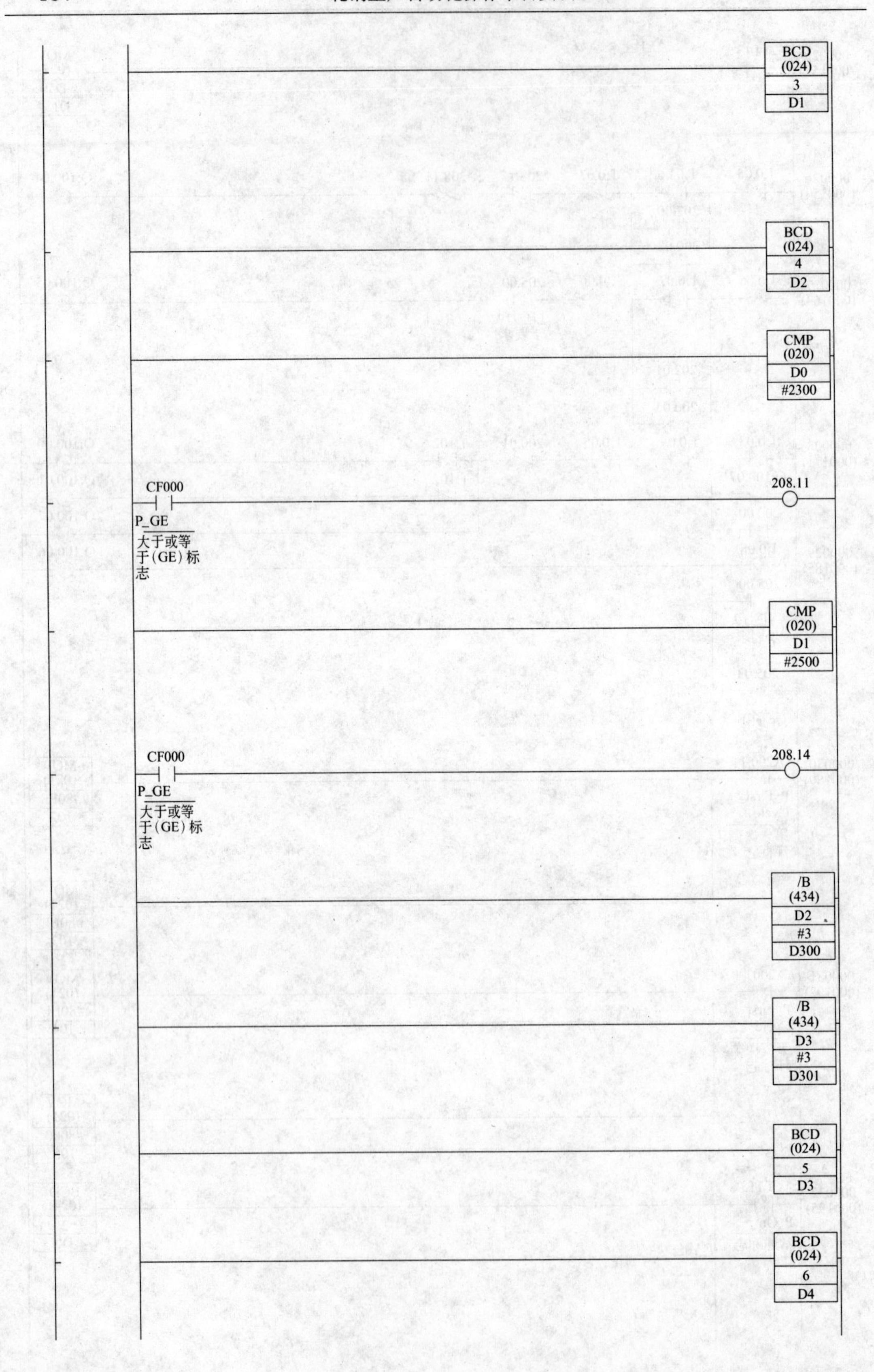
BCD
(024)
3
D1
BCD
(024)
4
D2
CMP
(020)
D0
#2300
CF000
P_GE
大于或等于(GE)标志
208.11
CMP
(020)
D1
#2500
CF000
P_GE
大于或等于(GE)标志
208.14
/B
(434)
D2
#3
D300
/B
(434)
D3
#3
D301
BCD
(024)
5
D3
BCD
(024)
6
D4

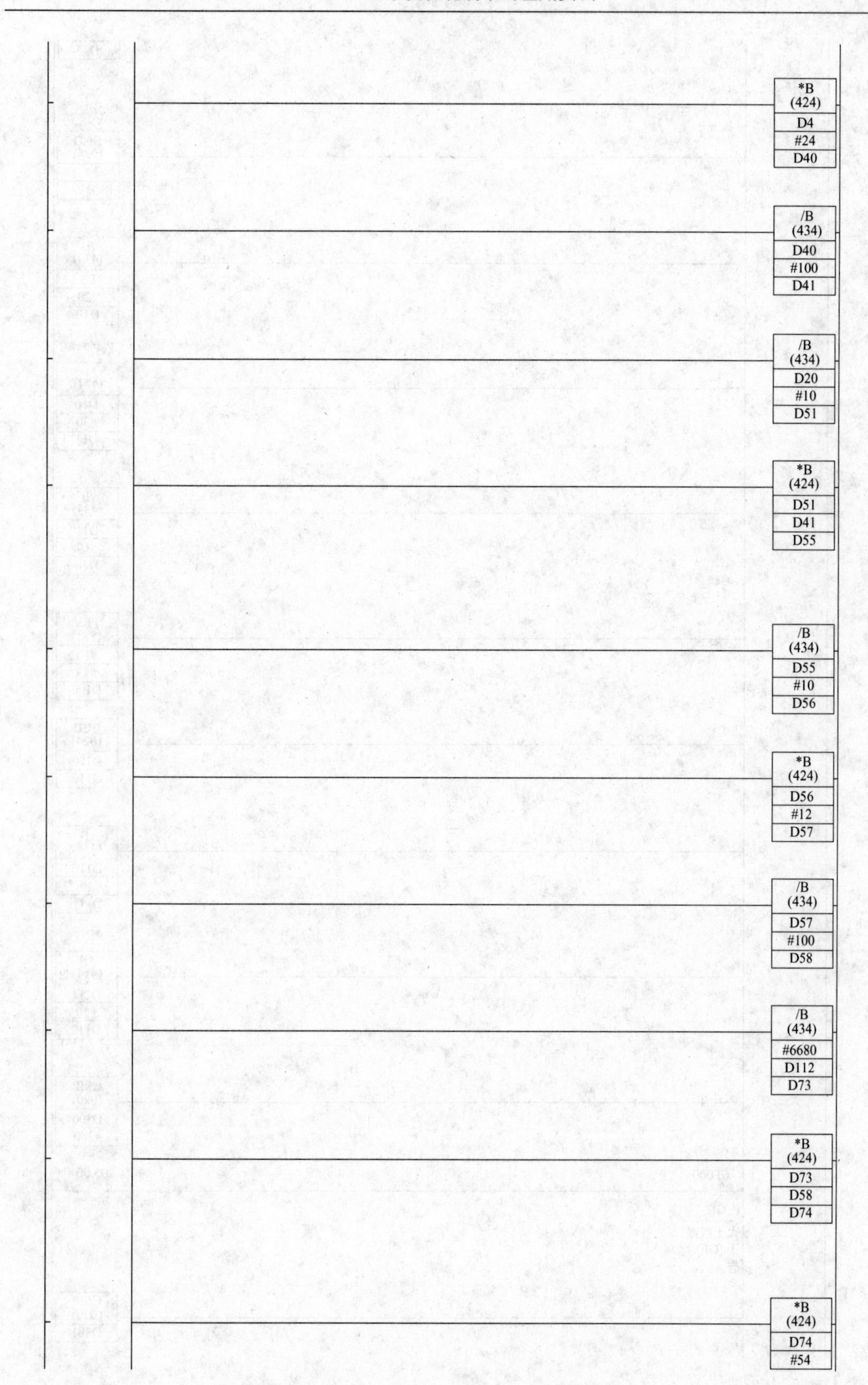
*B
(424)
D4
#24
D40
/B
(434)
D40
#100
D41
/B
(434)
D20
#10
D51
*B
(424)
D51
D41
D55
/B
(434)
D55
#10
D56
*B
(424)
D56
#12
D57
/B
(434)
D57
#100
D58
/B
(434)
#6680
D112
D73
*B
(424)
D73
D58
D74
*B
(424)
D74
#54

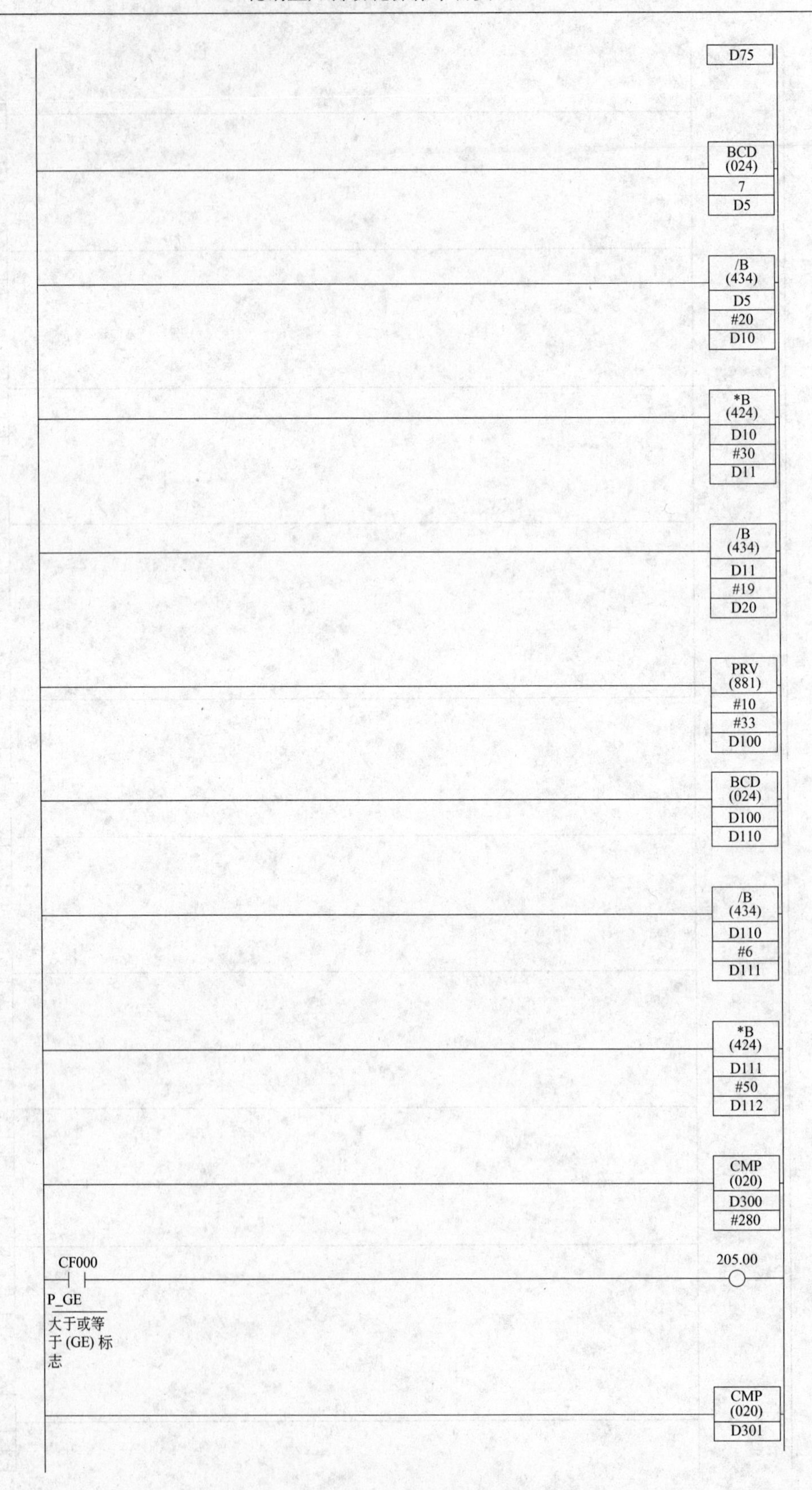
D75
BCD
(024)
7
D5
/B
(434)
D5
#20
D10
*B
(424)
D10
#30
D11
/B
(434)
D11
#19
D20
PRV
(881)
#10
#33
D100
BCD
(024)
D100
D110
/B
(434)
D110
#6
D111
*B
(424)
D111
#50
D112
CMP
(020)
D300
#280
CF000
P_GE
大于或等于(GE)标志
205.00
CMP
(020)
D301

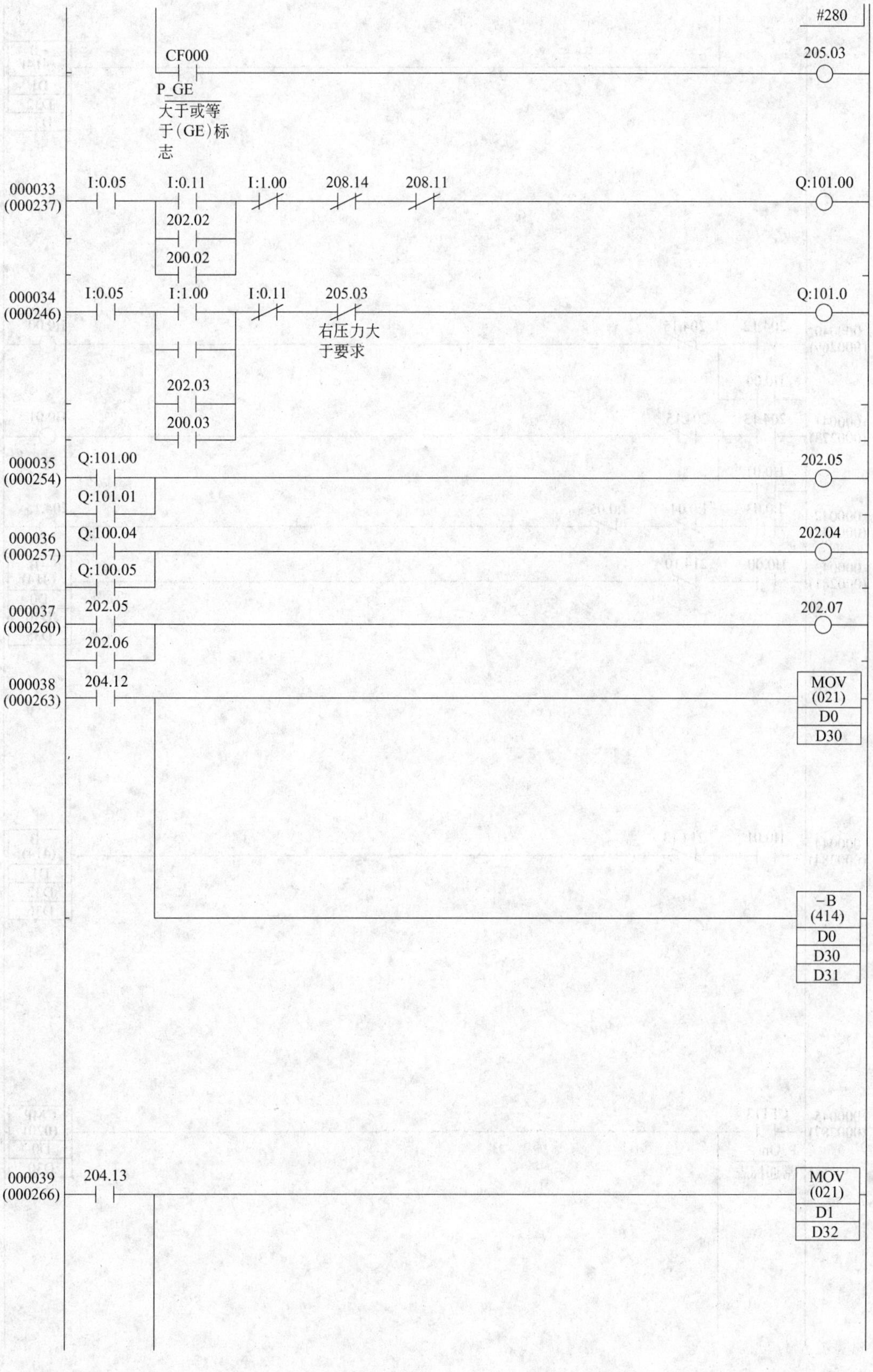

#280

CF000 205.03

P_GE
大于或等于(GE)标志

000033 (000237) I:0.05 I:0.11 I:1.00 208.14 208.11 Q:101.00
202.02
200.02

000034 (000246) I:0.05 I:1.00 I:0.11 205.03 Q:101.0
右压力大于要求
202.03
200.03

000035 (000254) Q:101.00 202.05
Q:101.01

000036 (000257) Q:100.04 202.04
Q:100.05

000037 (000260) 202.05 202.07
202.06

000038 (000263) 204.12
MOV (021) D0 D30
−B (414) D0 D30 D31

000039 (000266) 204.13
MOV (021) D1 D32

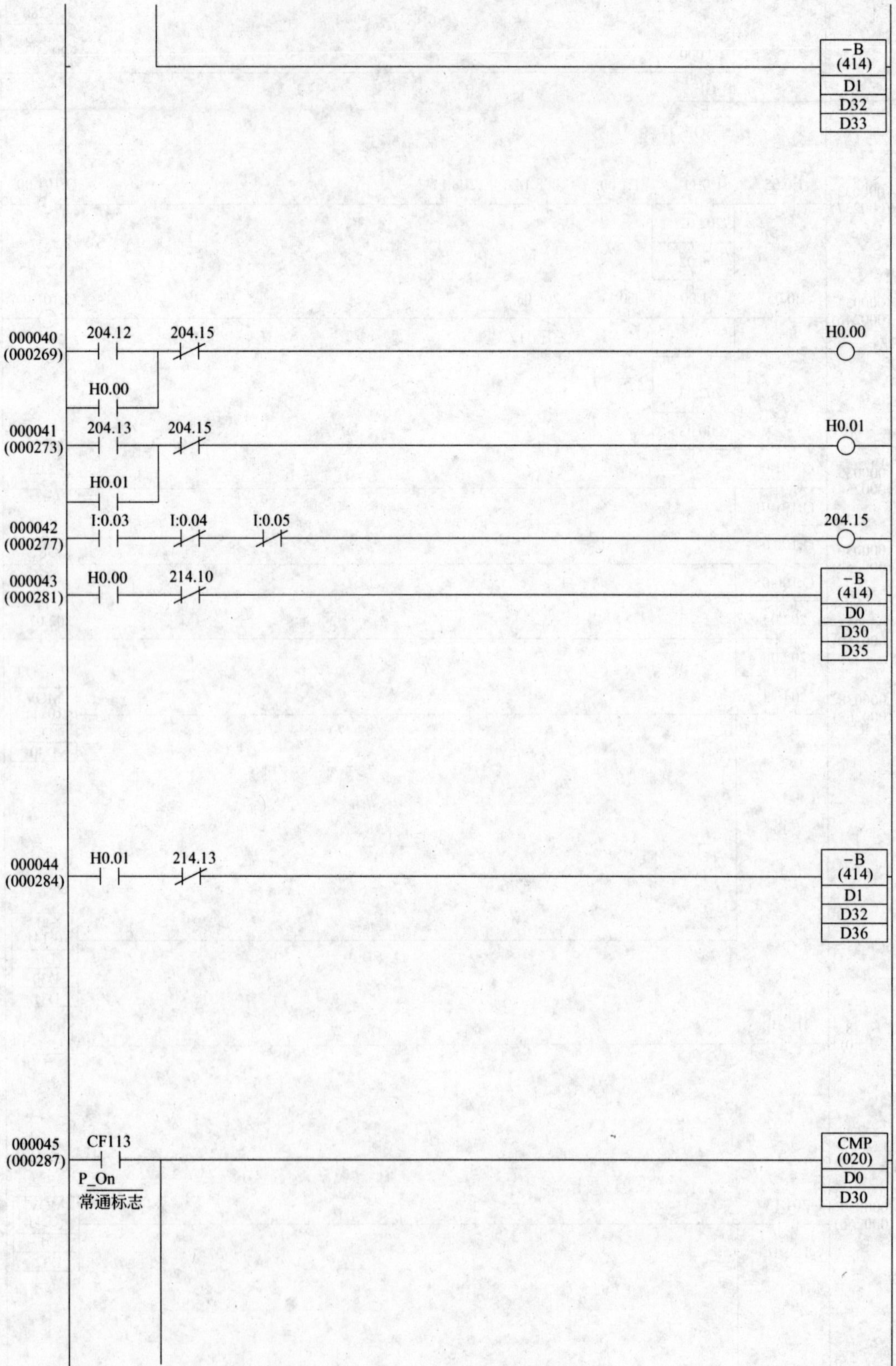

–B
(414)
D1
D32
D33

000040
(000269)
204.12　204.15　H0.00
H0.00

000041
(000273)
204.13　204.15　H0.01
H0.01

000042
(000277)
I:0.03　I:0.04　I:0.05　204.15

000043
(000281)
H0.00　214.10
–B
(414)
D0
D30
D35

000044
(000284)
H0.01　214.13
–B
(414)
D1
D32
D36

000045
(000287)
CF113
P_On
常通标志
CMP
(020)
D0
D30

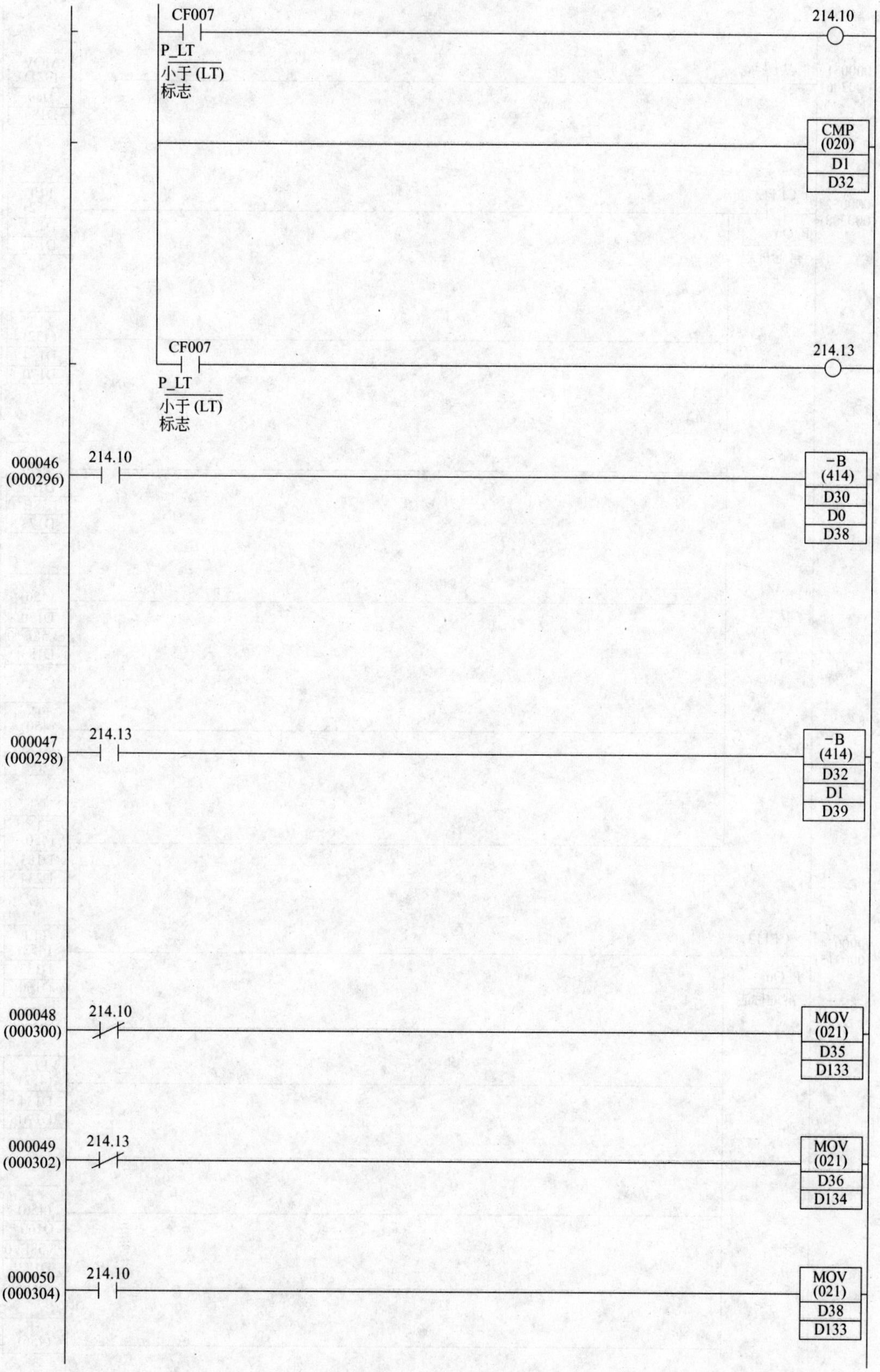

CF007
P_LT
小于 (LT)
标志
214.10

CMP
(020)
D1
D32

CF007
P_LT
小于 (LT)
标志
214.13

000046
(000296)
214.10
-B
(414)
D30
D0
D38

000047
(000298)
214.13
-B
(414)
D32
D1
D39

000048
(000300)
214.10
MOV
(021)
D35
D133

000049
(000302)
214.13
MOV
(021)
D36
D134

000050
(000304)
214.10
MOV
(021)
D38
D133

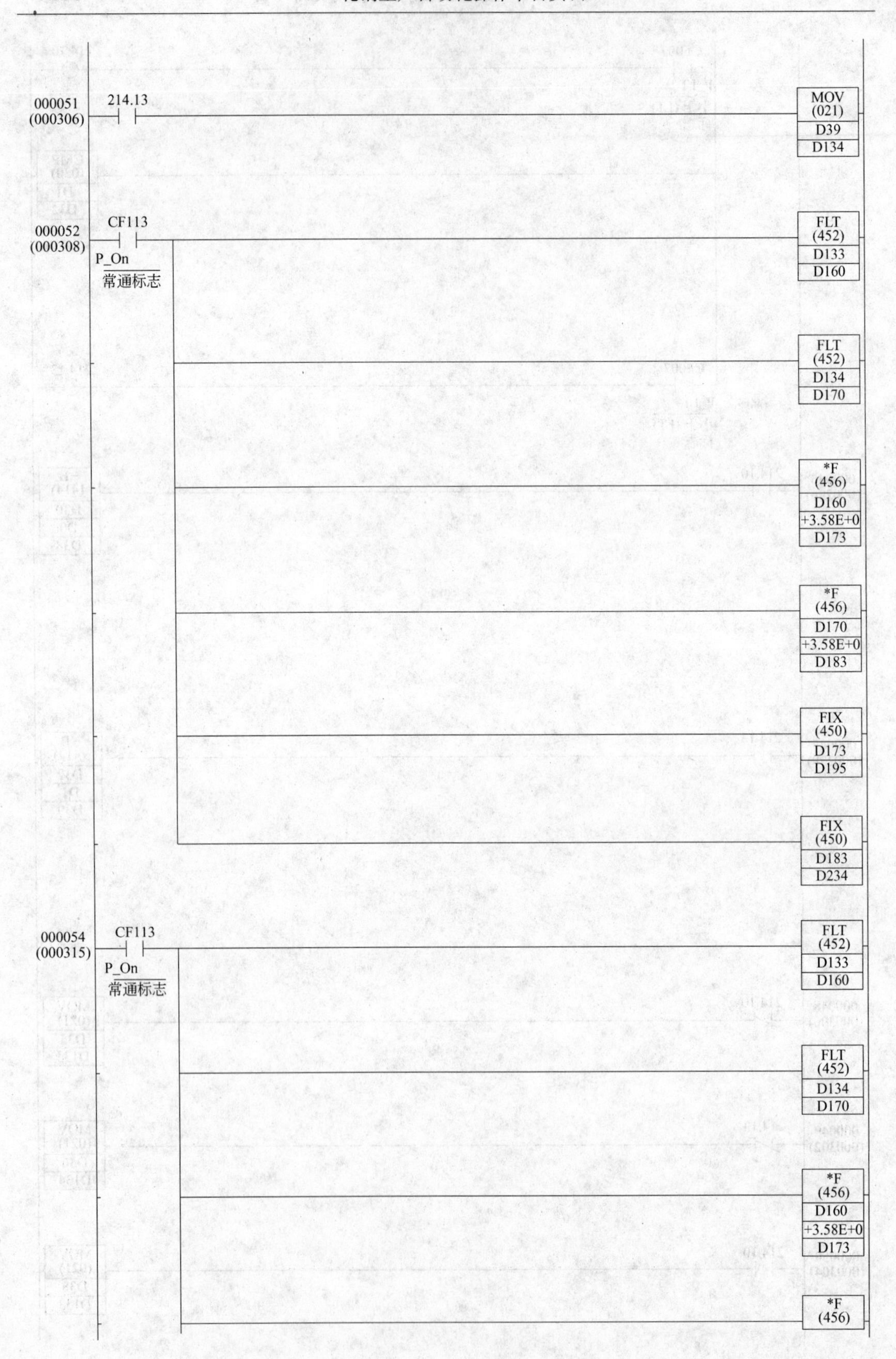
000051
(000306)
214.13
MOV
(021)
D39
D134
000052
(000308)
CF113
P_On
常通标志
FLT
(452)
D133
D160
FLT
(452)
D134
D170
*F
(456)
D160
+3.58E+0
D173
*F
(456)
D170
+3.58E+0
D183
FIX
(450)
D173
D195
FIX
(450)
D183
D234
000054
(000315)
CF113
P_On
常通标志
FLT
(452)
D133
D160
FLT
(452)
D134
D170
*F
(456)
D160
+3.58E+0
D173
*F
(456)

图 10-41 程序梯形图

思 考 题

10-1 轧钢自动化由哪几部分系统组成，各个系统的作用是什么？

10-2 轧制过程中常见的传感器有哪些，它们各有什么作用？

10-3 西门子 S7-300 和 S7-400 的硬件系统由哪几部分组成？

10-4 西门子 S7-300 和 S7-400 有哪些常用扩展功能模块，它们各有什么作用？

10-5 STEP7 硬件组态有哪几个基本步骤，并描述诊断方法的基本步骤。

10-6 S7-PLCSIM 基本功能及使用的基本步骤是什么？

10-7 使用 STEP7 进行在线调试的基本步骤是什么？

10-8 使用快速视窗和诊断视窗进行故障诊断的基本步骤是什么？

10-9 结合试验轧机 PLC 程序，画出 PLC 程序运行框图是什么。

10-10 结合试验轧机 PLC 程序，如何调整轧机的开口度（辊缝最大值）？

10-11 结合试验轧机 PLC 程序，如何调整轧机的最大设定轧制力（轧机最大报警轧制力）？

参考文献

[1] 张东胜．冶金企业新工人三级安全教育读本［M］．北京：中国劳动社会保障出版社，2009.
[2] 袁建路，张晓力．黑色金属压力加工实训［M］．北京：冶金工业出版社，2004.
[3] 周家林．材料成型设备［M］．北京：冶金工业出版社，2008.
[4] 黄庆学．轧钢机械设计［M］．北京：冶金工业出版社，2007.
[5] 邹家祥．轧钢机械［M］．第3版．北京：冶金工业出版社，2000.
[6] 赵刚，胡衍生．材料成型及控制工程综合实验指导书［M］．北京：冶金工业出版社，2008.
[7] 李胜利．材料加工实验与测试技术［M］．北京：冶金工业出版社，2010.
[8] 柳谋渊．金属压力加工工艺学［M］．北京：冶金工业出版社，2008.
[9] 王廷溥，齐克敏．金属塑性加工学［M］．第2版．北京：冶金工业出版社，2001.
[10] 刘天佑．钢材质量检验［M］．第2版．北京：冶金工业出版社，2007.
[11] 王岚，杨平，等．金相实验技术［M］．第2版．北京：冶金工业出版社，2010.
[12] 胡健．西门子S7-300/400PLC工程应用［M］．北京：北京航空航天大学出版社，2008.